高等职业教育化工技术类专业“十二五”规划教材

化工制图与CAD

Chemical Engineering Drawing and CAD

主　编　邢锋芝　穆风芸
主　审　王绍良

内 容 提 要

本教材根据生产实际对制图知识的需求，将“化工制图”与“计算机辅助绘图技术 AutoCAD”两门课程进行整合，以应用为主，重新构建教材体系，旨在使学生在掌握制图基本知识的基础上，在阅读化工设备图和化工工艺图以及使用计算机软件（AutoCAD）绘制典型化工工艺图方面得到全面系统的训练。

本教材按 50～90 学时编写，供高职高专院校化工技术类专业学生使用，同时也适用于成人教育、远程高等教育相关专业学生、自学人员及相关工程技术人员学习使用。

图书在版编目(CIP)数据

化工制图与 CAD/邢锋芝，穆凤芸主编. —天津：天津大学出版社，2012.8

高等职业教育化工技术类专业“十二五”规划教材

ISBN 978-7-5618-4428-1

Ⅰ. ①化… Ⅱ. ①邢… ②穆… Ⅲ. ①化工机械—机械制图—计算机制图—高等职业教育—教材 Ⅳ. ①TQ050.2-39

中国版本图书馆 CIP 数据核字(2012)第 186416 号

出版发行 天津大学出版社
出 版 人 杨欢
地　　址 天津市卫津路 92 号天津大学内(邮编：300072)
电　　话 发行部：022-27403647
网　　址 publish.tju.edu.cn
印　　刷 廊坊市长虹印刷有限公司
经　　销 全国各地新华书店
开　　本 185mm×260mm
印　　张 13.75
字　　数 343 千
版　　次 2012 年 8 月第 1 版
印　　次 2012 年 8 月第 1 次
印　　数 1—3000
定　　价 35.00 元

前　言

本教材是按照高职高专人才培养目标，围绕制图课程的教学改革，总结编者多年从事高等职业教育制图教学的经验，并借鉴各院校教改成果和经验编写而成的。本教材根据生产实际对制图知识的需求，将“化工制图”与“计算机辅助绘图技术 AutoCAD”两门课程进行整合，以应用为主，重新构建教材体系，旨在使学生在掌握制图基本知识的基础上，在阅读化工设备图、化工工艺图以及使用计算机软件（AutoCAD）绘制典型化工工艺图方面得到全面系统的训练。

本教材在编写过程中，遵循了人们识图的认知过程和教材体系的自有规律。教材采用最新国家标准和行业标准，体现教材的先进性。

本教材以生产实际中常用的化工设备和典型化工工艺流程为主线，以实例引出基本知识，结合每一个单元知识逐步解决项目中的问题，引导学生完成典型化工设备图、化工工艺流程图阅读，并使学生能够使用计算机软件绘制典型化工工艺图。

本教材由天津渤海职业技术学院邢锋芝副教授编写绪论、第 1 至第 2 章、第 6 至第 7 章，并对全部内容进行统稿，天津渤海职业技术学院穆凤芸副教授编写第 4 至第 5 章，天津渤海职业技术学院赵勇编写第 3 章，天津渤海职业技术学院郑勇峰编写附录部分。本教材由邢锋芝副教授和穆凤芸副教授担任主编，湖南化工职业技术学院王绍良教授担任主审。王绍良教授对教材编写提出了宝贵的指导意见。在编写过程中还得到天津渤海职业技术学院领导及同人的大力支持，在此一并表示感谢。

由于编写时间仓促以及作者水平有限，书中难免有不合宜之处，恳请读者批评指正。

编　者

2012 年 6 月

目　录

第0章 绪 论

0.1 图样的概念及其在生产中的作用

根据投影原理、制图标准和有关规定，表示工程对象并有必要的技术说明的图，称为图样。

人们在现代生产活动（如机器、设备、仪器等产品的设计、制造、维修）中，通常都离不开图样。图样作为表达设计意图和交流技术思想的一种工具，被称为工程技术界的“语言”。因此，凡从事与工程技术相关的行业的人员，都必须具有绘制和阅读图样的能力。

化工制图与CAD是一门研究如何绘制和阅读化工图样的技术基础课，主要介绍化工图样的图示原理、绘图方法、读图方法、相关的国家标准和行业标准及计算机辅助绘图技术的基本知识。

0.2 本课程的主要任务

本课程的主要任务是培养学生的画图和读图能力，主要有以下五点。

①使学生掌握正投影法的基本原理及其应用，培养学生的空间想象能力。

②培养学生的绘图和阅读相关工程图样的基本能力。

③讲授制图国家标准及相关的行业标准，使学生初步具有查阅标准和技术资料的能力。

④使学生能够阅读化工设备图、化工工艺图，能够运用计算机绘图软件绘制典型化工管道布置图和化工工艺流程图。

⑤培养学生认真负责的工作态度和一丝不苟、严谨科学的工作作风。

0.3 本课程的特点和学习方法

①本课程是一门空间概念性很强的课程。学习投影方法应注重对基本概念、基本规律的理解，将投影作图与空间形体分析结合起来，多看、多想，循序渐进地建立和发展投影分析和空间想象能力。

②本课程的实践性很强。学生需通过识图实践，建立和发展空间想象能力；通过阅读图样的实践，理解和巩固图样的规定画法和读图的各种知识；通过大量的读图实践和计算机绘图练习，不断提高读图能力和计算机绘图能力。学习本课程一定要注意实践，及时完成作业。

③树立标准化意识。图样是用于指导生产施工的技术文件，为确保设计思想的表达和对图样信息理解的一致性，学习本课程应树立标准化意识，掌握并严格遵循国家标准的有关规定。对常用的标准应该牢记并能熟练地运用。

第1章　化工设备和化工管道的认知

什么是零件？什么是部件？什么是化工图样？图样的作用是什么？这些问题常使初学者感到困惑，所以在学习化工制图基本知识之前，有必要对化工设备和化工管道有初步的了解。本章主要介绍生产过程中常用的化工设备和化工管道的作用、基本结构，为同学们学习化工制图奠定基础。

1.1 化工设备

1.1.1　常见化工设备的类型

化工生产中为了将原料加工成一定规格的成品，往往需要经过原料预处理、化学反应以及反应产物的分离和精制等一系列化工过程。实现这些过程所用的机械，常常都被划归为化工设备。

化工设备通常可分为两大类：动设备和静设备。

①动设备。动设备指主要作用部件为运动部件的机械，如各种过滤机、破碎机、离心分离机、旋转窑、搅拌机、旋转干燥机以及流体输送机械等。

②静设备。静设备指主要作用部件是静止的或者只有很少量运动的机械，如各种容器（槽、罐、釜等）、普通窑、塔器、反应器、换热器、普通干燥器、蒸发器、反应炉、电解槽、结晶设备、传质设备、吸附设备、流态化设备、普通分离设备以及离子交换设备等。

化工产品多种多样，它们的生产方法也各不相同。但是化工生产过程大都可归纳为一些基本操作，如蒸发、冷凝、吸收、蒸馏及干燥等，称为单元操作。为了使物料能进行各种反应和各种单元操作，就需要各种专用的化工设备。化工设备的种类很多，结构、形状、大小各不相同。常见的化工设备有反应器、换热器、塔器、容器等。

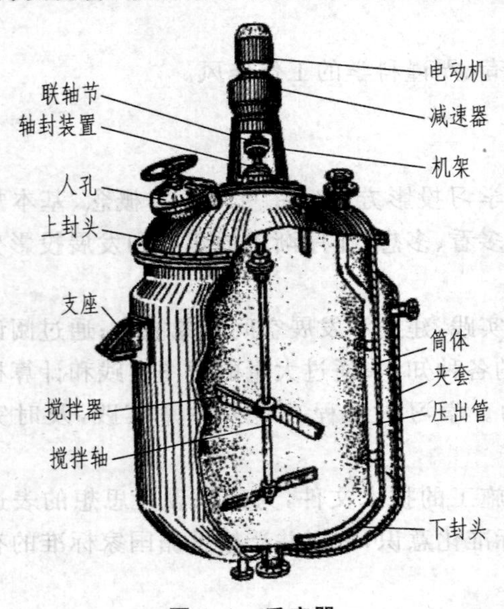

图1.1　反应器

1.1.2　常见化工设备的作用与基本结构

1. 反应器

反应器通常又称为反应罐或反应釜，主要用来使物料在其中进行化学反应。图1.1所示为一个带搅拌装置的反应器。反应器的主要结构通常由如下几个部分组成。

①壳体：由筒体及上、下两个封头焊接而成，提供了物料的反应空间。上封头常采用法兰结构，与筒体组成可拆式连接。

②传热装置：通过直接或间接的加热或冷却方式，提供反应所需要的热量或带走反应产生的热量。

③搅拌装置：由搅拌轴和搅拌器组成。

④传动装置：由电动机和减速器(带联轴器)组成。

⑤轴封装置：指转轴部分的密封结构，一般有填料箱密封和机械(端面)密封两种。

⑥其他装置：设备上必要的支座、人(手)孔、各种管口等通用部件。

2. 塔器

化工生产过程中的吸收、精馏、萃取以及洗涤等操作需在塔器设备中进行，塔多为细而高的圆柱形立式设备，通常分板式塔和其他新型塔等形式。填料塔也有各种形式。图1.2所示为填料塔。它由塔体、喷淋装置、填料、栅板及气液体进出口、卸料孔、裙座等零部件组成。液体从塔顶部的喷淋装置向下喷淋，气体由塔底部进入并上升，经过填料层，与液体充分接触，进行传热、传质或洗涤。为了使液体均匀下流，可在塔体的一定高度设再分布装置。填料用陶瓷、金属及工程塑料等材料做成各种表面积较大的形状，可以规则排列，也可以乱堆。填料层重量由栅板和支承圈支撑。液体由塔底排出，气体由塔顶逸出。通过卸料孔可以定期更换或清洗填料。塔体用裙座支撑于地基上。

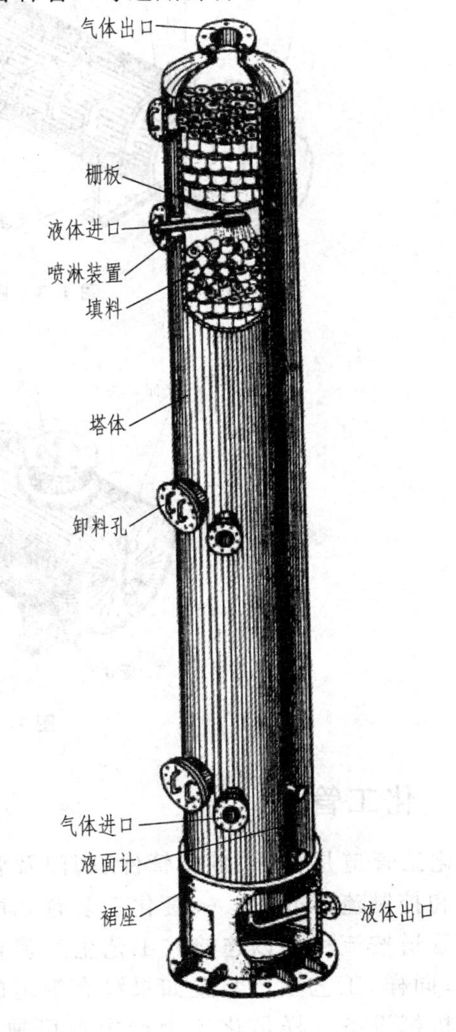

图 1.2　填料塔

3. 换热器

换热器主要用来使两种不同温度的物料进行热量交换，以达到加热或冷却的目的。常见换热器种类有列管式、套管式、螺旋板式等，其中列管式换热器最为常用。列管式换热器又分为多种形式，如固定管板式、浮头式、填函式、U形管式和滑动管板式等，但它们的基本结构和工作原理有不少共同之处。

图1.3所示为一固定管板式换热器，其主要结构除筒体、封头、支座等外，还有密集的换热管束按一定的排列方式固定在两端的管板上，两端管板用法兰与封头和管箱连接。管束与两端封头连通，形成管程，筒体与管束围成的管外空间称壳程。换热器工作时，一种物料走管程，另一种物料走壳程，从而进行热量交换。

4. 容器

容器主要用来储存物料，分为立式和卧式两类。图1.4所示为一卧式容器，它由筒体、封头、人孔、管法兰、支座等组成。

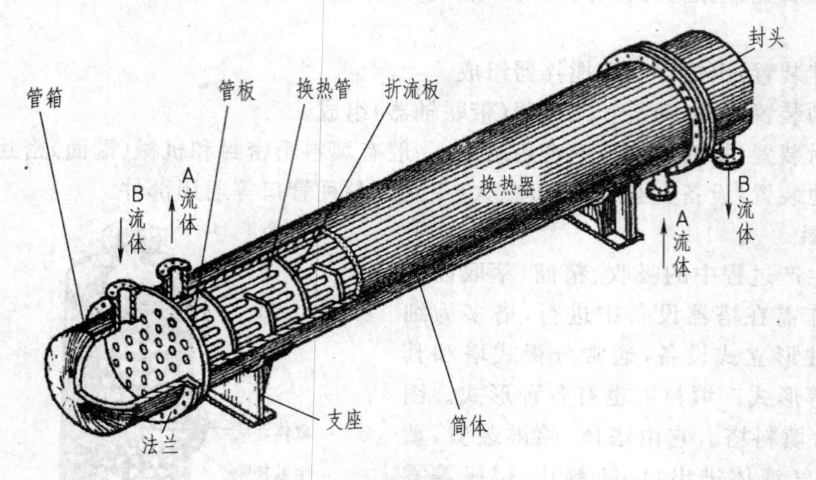

图 1.3　固定管板式换热器

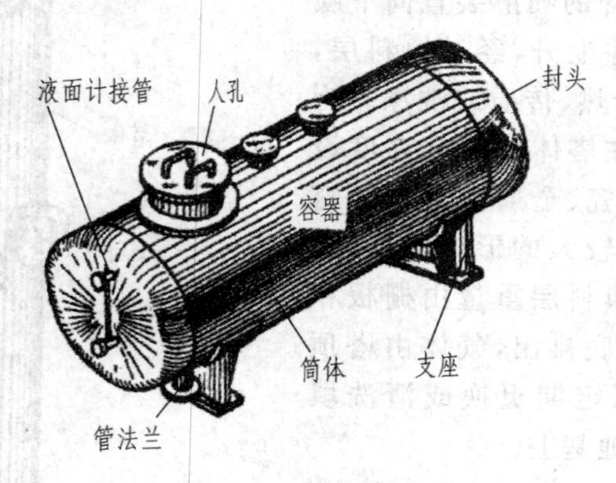

图 1.4　卧式容器

1.2　化工管道

化工管道是管子、各种管件、阀门及管架的总称。在化工生产中，必须通过管道来输送和控制流体介质。一套化工装置之所以能进行生产，是由于工艺过程所必需的设备用管道按流程加以连接。工艺生产装置的管道如同人体的血管，人没有血管就不能生存；同样，工艺生产装置如果没有管道的连接也就不能生产。所以，化工管道同一切化工机械设备一样是化工生产中不可缺少的组成部分。图 1.5 所示为某化工学院实训车间的一套化工装置，其中有管子、各种管件、阀门、管架、仪表、设备等。本节介绍管道的一些基本知识。

1.2.1　管子

用于管道中输送各种流体的零件称为管子。管子的分类方法很多，主要有以下几种。

①按用途分类，可分为流体输送用管、传热用管、结构用管和其他用管等。

②按材质分类，可分为金属管和非金属管。图 1.6 所示为无缝钢管。

③按形状分类，可分为套管、翅片管、各种衬里管等，见图 1.7～1.9。

图 1.5　化工装置

图 1.6　无缝钢管

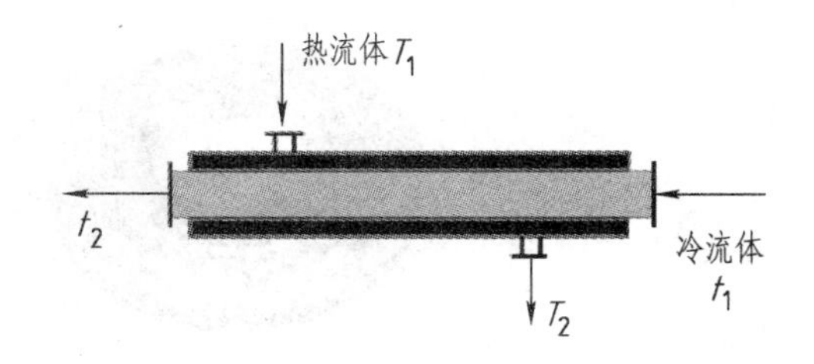

图 1.7　套管

图 1.8　翅片管

图 1.9　衬里管

1.2.2　管件

1. 常用管件

管件在管道系统中起着改变走向、改变标高、改变直径、封闭管端以及由主管引出支管的作用。管件的主要品种有弯头、三通、四通、异径管、管帽、螺纹短节等。图 1.10 所示为部分常用管件。管件常用材料有普通碳素钢、合金钢、不锈钢等。

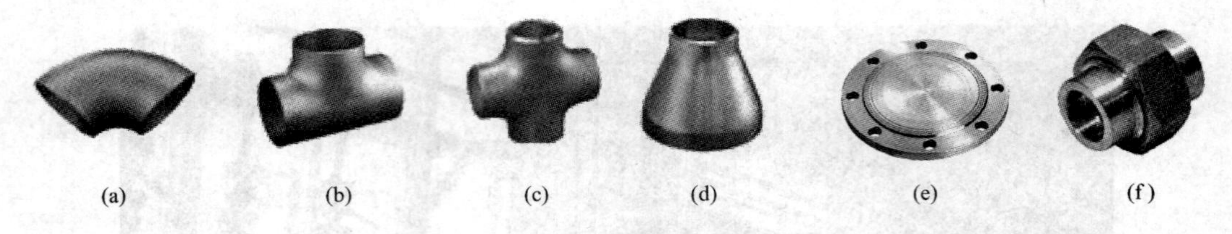

(a)　(b)　(c)　(d)　(e)　(f)

图 1.10　部分常用管件

(a)弯头　(b)三通　(c)四通　(d)同心异径管　(e)盲板　(f)活接头

2. 法兰

管法兰是工业管道系统中使用最广泛的一种可拆卸连接件。法兰及其紧固件包括法兰本身和起紧固密封作用的螺栓、螺母、垫片。图 1.11、图 1.12 所示分别为常用的管法兰和螺纹紧固件。

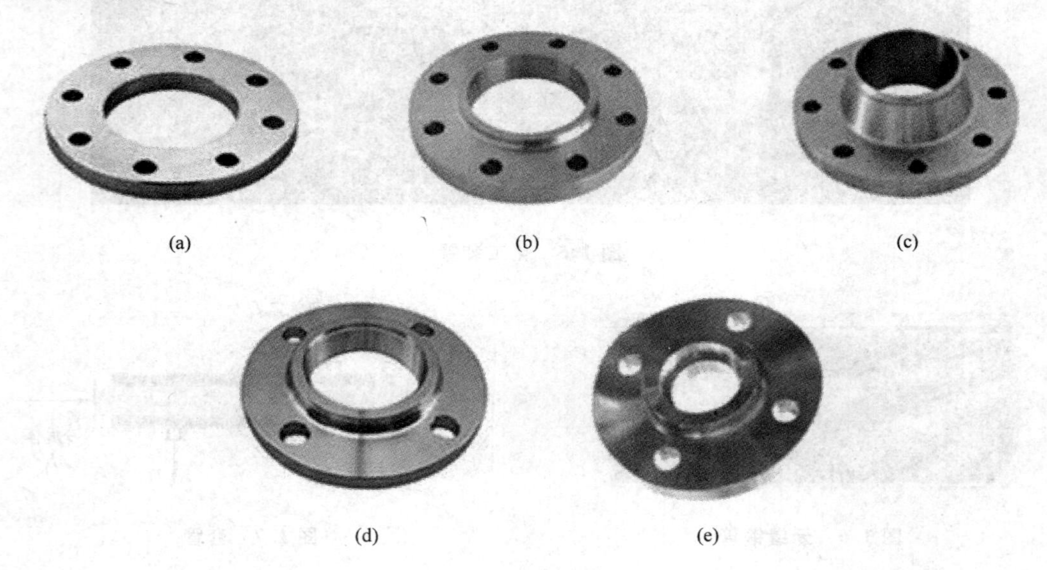

(a)　(b)　(c)　(d)　(e)

图 1.11　常用的管法兰

(a)板式平焊法兰　(b)带颈平焊法兰　(c)带颈对焊法兰　(d)螺纹法兰　(e)承插焊法兰

图 1.12　螺纹紧固件

1.2.3 阀门

1. 阀门的分类

①按用途和作用分为截断阀、调节阀、止回阀、分流阀、安全阀。

②按驱动形式分为手动阀、动力驱动阀。

③按公称压力分为真空阀、低压阀、中压阀、高压阀、超高压阀。

④按工作温度分为高温阀、中温阀、常温阀、低温阀、超低温阀。

⑤按阀门通用分类法一般分为闸阀、截止阀、止回阀、蝶阀、旋塞阀、球阀、隔膜阀、柱塞阀等。这种分类法是目前国内最常用的分类方法。该分类法按阀门的工作原理和用途来分,同时又考虑阀门结构上的区别。

2. 常见阀门的功能

阀门是流体管道的控制装置,在石油化工生产过程中发挥着重要的作用。其主要功能如下。

①接通或截断介质的通道,包括闸阀、截止阀、隔膜阀、球阀、旋塞阀、蝶阀等。图1.13所示为闸阀、截止阀、球阀。

②阻止介质倒流,包括各种结构的止回阀。

③调节介质压力、流量等,包括调节阀、节流阀、减压阀等。

④分离、分配或混合介质,包括各种结构的分配阀和疏水阀等。

⑤防止介质压力超过规定数值,保证管道或设备安全运行,包括各种类型的安全阀。

(a)

(b)

(c)

图1.13 阀门

(a)闸阀 (b)截止阀 (c)球阀

1.2.4 管架

管架按支架的作用分承重架、限制性支架和减振架三大类,其作用分别如下。

(1)承重架

承重架是用来承受管道的重力及其他垂直向下载荷的支架(含可调支架),包括滑动架、弹簧架、刚性吊架、滚动支架。

(2)限制性支架

限制性支架是用来阻止、限制或控制管道系统位移的支架(含可调限位架),包括导向架、限位架、定值限位架、固定架。

(3)减振架

减振架是用来控制或减小除重力和热膨胀作用以外的任何力(如物料冲击、机械振动、风力及地震等外部荷载)的作用所产生的管道振动的支架,包括弹簧、液压和机械三种类型。

1.2.5 分析图 1.14 所示醋酐残液蒸馏岗位的工艺流程和管道走向

由图 1.14 可以看出以下内容。

1. 工艺流程

(1)设备

醋酐残液蒸馏岗位有残液蒸馏釜(位号 R1101)、冷凝器(位号 E1102)和真空受槽(位号 V1103A、V1103B,这两个为相同设备)共四台设备。

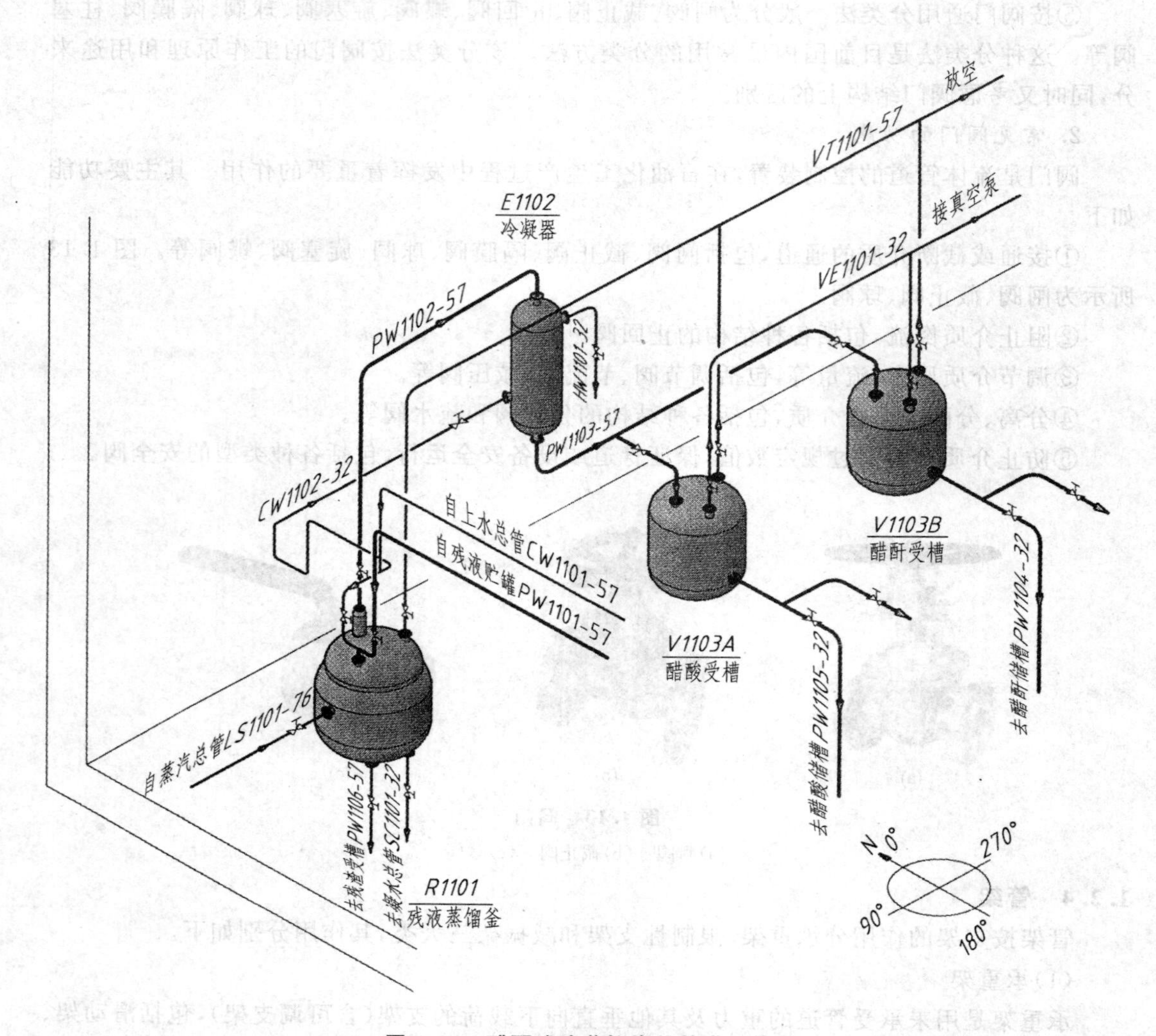

图 1.14 醋酐残液蒸馏岗位管道立体图

(2)主要物料的工艺流程

来自残液贮罐的醋酐残液沿管道 PW1101－57 进入蒸馏釜,由来自蒸汽总管的蒸汽加热,物料中醋酐蒸发变为蒸气。醋酐蒸气沿管道 PW1102－57 进入冷凝器,冷凝后的液态醋酐沿管道 PW1103－57 流入醋酐真空受槽 V1103B 中,然后由管道 PW1104－32 放入醋酐储槽。

蒸馏釜中蒸馏醋酐后的残渣,加水稀释后再继续加热,生成醋酸沿管道 PW1103－57 进入醋酸真空受槽 V1103A 中,然后由管道 PW1105－32 放入醋酸储槽。

(3)其他物料的工艺流程

残液蒸馏釜通过夹套加热，蒸汽来自 LS1101－76。通过水管 CW1101－57 向釜中加水，通过管道 SC1101－32 排水，釜顶部接放空管。蒸馏釜中的废渣沿管道 PW1106－57 放入残渣受槽。冷凝器上水来自管道 CW1102－32，回水管为HW1101－32。两个真空槽，由管道 VE1101－32 所连真空泵施加负压，顶部都接放空管。

(4)阀门控制情况

由于本系统为间断性操作，每段管道上都装有截止阀，因此不同的操作阶段是通过对有关阀门的操作而实现的。

2. 管道走向

①自残液贮罐来的醋酐残液沿管道 PW1101－57 由南向北拐弯向下进入蒸馏釜。另有水管 CW1101－57 也由南向北拐弯向下并分为两路：一路向西、向下，拐弯向南与管道 PW1101－57 相交；另一路向东、向北、向下，然后又向北、向上，再转弯向东接冷凝器。水管与物料管在蒸馏釜、冷凝器的进口处都装有截止阀。

②PW1103－57 是从冷凝器下部分别至真空受槽 A、B 的管道：它自出口向下、向东，先分出一路向南、向下，进入真空受槽 A；同时原管道继续向东、向南、向下进入真空受槽 B。两个入口管上都有截止阀。

③VE1101－32 是真空受槽 A、B 与真空泵之间的连接管道，由真空受槽 A 顶部向上，拐弯向东与自真空受槽 B 上部来的管道会合后继续向东与真空泵出口相接。管道 VE1101－32在与真空受槽 A、B 相接的立管上都装有阀门。

④VT1101－57 是与蒸馏釜、真空受槽 A、真空受槽 B 相连接的放空管，在连接各设备的立管上都装有截止阀。

第2章　制图的基本知识和技能

本章主要介绍国家标准《技术制图》与《机械制图》中的一些基本规定，平面图形的尺寸分析、线段分析和基本绘图步骤，计算机绘制平面图形的方法。

通过本章的学习，要达到以下基本要求：

①熟悉图纸的幅面及格式、比例、字体、图线、尺寸注法等国家标准中关于制图的基本规定；

②熟练掌握计算机基本绘图与编辑命令、图形显示控制命令的使用；

③掌握绘图工具与绘图环境设置，图层、颜色、线型、特性修改及属性匹配等命令的操作；

④能正确查阅国家标准，树立认真贯彻国家标准的意识；

⑤能对已知的平面图形进行尺寸分析、线段分析；

⑥能使用 AutoCAD 2009 的有关操作命令绘制平面图形。

2.1　制图国家标准简介

图样作为技术交流的共同语言，必须有统一的规范，否则会带来生产过程和技术交流中的混乱和障碍。国家质量监督检验检疫总局、国家标准化管理委员会发布了《技术制图》和《机械制图》、《建筑制图》等一系列制图国家标准。国家标准《技术制图》将各类专业制图中共同的内容制定成标准，在技术内容上具有统一性、通用性和通则性；国家标准《机械制图》、《建筑制图》、《电气制图》等是专业制图标准，是按照专业要求进行补充的，其技术内容是专业性和具体性的。它们都是绘制和使用工程图样的准绳。

在标准代号 GB/T 14689—2008 中，GB/T 为推荐性国家标准代号。其中 G、B、T 分别是“国家”、“标准”、“推荐”这三个词汉语拼音的第一个字母。GB 即表示国家标准，一般简称“国标”；T 表示该标准为国家推荐性标准；14689 是该标准的顺序编号；2008 为该标准发布的年号。

2.1.1　图纸的幅面和格式(GB/T 14689—2008)

1. 图纸幅面尺寸

为了使图纸幅面统一，便于装订和保存，绘制技术图样时，应优先采用基本幅面。基本幅面有五种，其尺寸关系如表 2.1 所示。必要时，可以使用加长幅面。加长幅面的尺寸可根据其基本幅面的短边成整数倍增加。

表 2.1　图纸基本幅面尺寸

<table>
<tr><th>幅面代号</th><th>A0</th><th>A1</th><th>A2</th><th>A3</th><th>A4</th></tr>
<tr><td>$B \times L$</td><td>841×1 189</td><td>594×841</td><td>420×594</td><td>297×420</td><td>210×297</td></tr>
<tr><td>e</td><td colspan="2">20</td><td colspan="3">10</td></tr>
<tr><td>c</td><td colspan="3">10</td><td colspan="2">5</td></tr>
<tr><td>a</td><td colspan="5">25</td></tr>
</table>

2. 图框格式

图框用粗实线画出，格式分为留装订边和不留装订边两种，分别如图 2.1 和图 2.2 所示，有关尺寸见表 2.1。同一产品的图样只能采用一种格式。

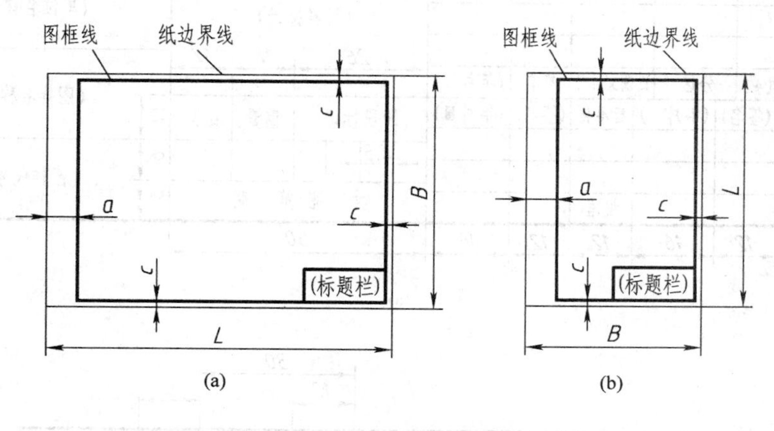

图 2.1　留装订边的图框格式

(a)X 型图纸　(b)Y 型图纸

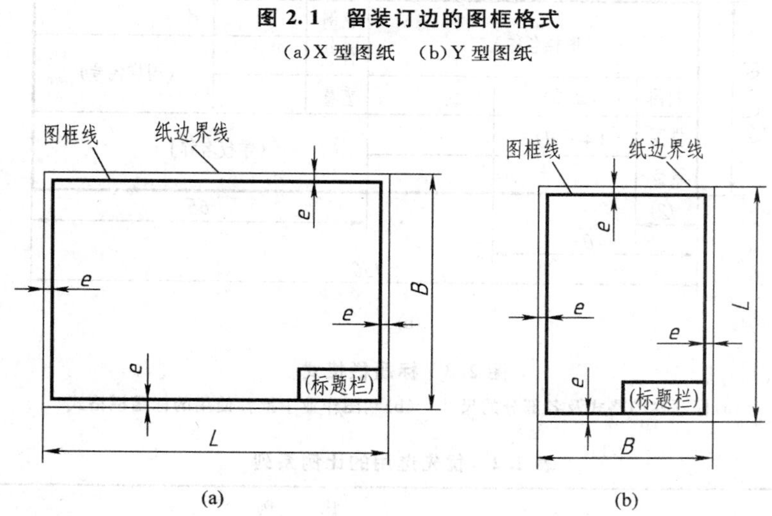

图 2.2　不留装订边的图框格式

(a)X 型图纸　(b)Y 型图纸

3. 标题栏

每张图纸的右下角必须有标题栏，标题栏的格式和尺寸应符合 GB/T 10609.1—2008 的规定，如图 2.3(a)、(b)所示。

2.1.2　比例(GB/T 14690—1993)

比例是指图样中图形与实物相应要素的线性尺寸之比。绘图时应尽量采用 1∶1 的比例，但因各种物体的大小与结构不同，可根据实际需要选择放大或缩小比例。表 2.2 和表 2.3 分别为国标规定的优先选用的比例系列和允许选用的比例系列。

绘图时，无论将图形放大还是缩小，图中标注的尺寸数值都按机件的实际大小标注，与所选用的比例无关，如图 2.4 所示。

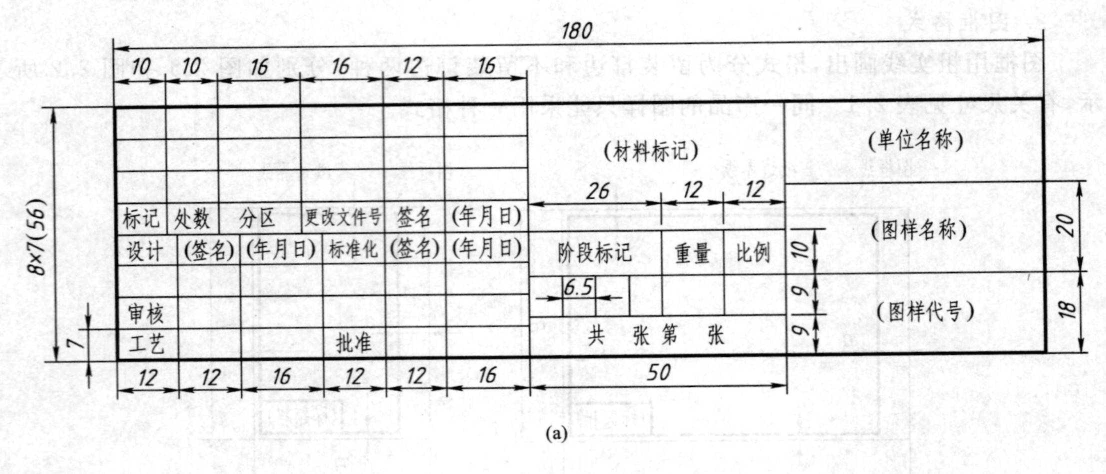

(a)

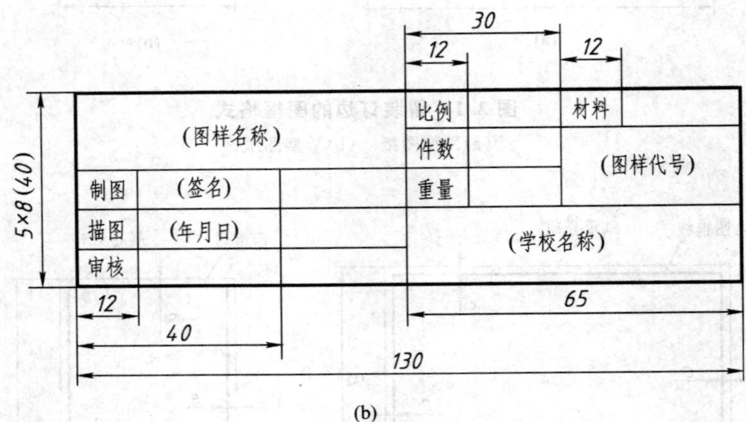

(b)

图 2.3 标题栏格式

(a)标题栏的格式及各部分的尺寸 (b)制图作业中推荐使用的标题栏格式

表 2.2 优先选用的比例系列

种 类	比 例				
原值比例	1∶1				
放大比例	2∶1	5∶1	10^n∶1	2×10^n∶1	5×10^n∶1
缩小比例	1∶2	1∶5	1∶10^n	1∶2×10^n	1∶5×10^n

注：*n* 为正整数。

表 2.3 允许选用的比例系列

种 类	比 例				
放大比例	2.5∶1	4∶1	2.5×10^n∶1	4×10^n∶1	
缩小比例	1∶1.5 1∶1.5×10^n	1∶2.5 1∶2.5×10^n	1∶3 1∶3×10^n	1∶4 1∶4×10^n	1∶6 1∶6×10^n

注：*n* 为正整数。

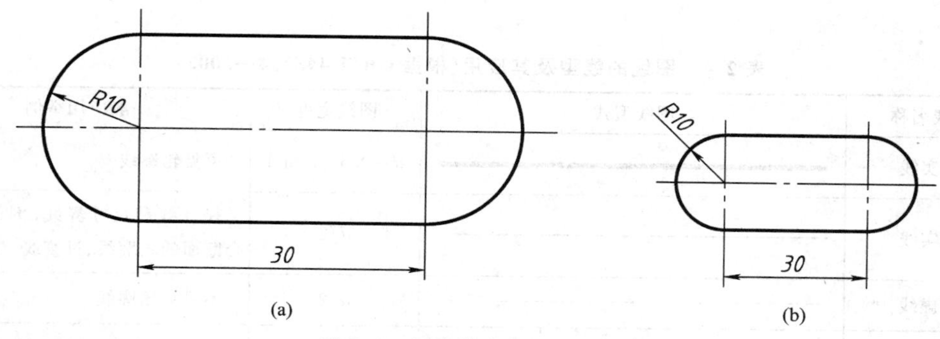

图 2.4 尺寸数字与图形比例

(a)1∶1 (b)1∶2

2.1.3 字体(GB/T 14691—1993)

1. 基本要求

①在图样中书写字体时要做到:字体工整、笔画清楚、间隔均匀、排列整齐。

②字体的号数(即字体高度 h 的毫米数)分为 20、14、10、7、5、3.5、2.5、1.8 八种,单位为 mm。

③汉字采用长仿宋体,并采用国家公布的简化字,字宽一般为 $h/\sqrt{2}$。

④字母和数字可写成斜体或直体。斜体字字头向右倾斜,与水平基准线成 75°。

2. 字体示例

字体示例如图 2.5 所示。

字体		示例
长仿宋体汉字	10号	字体工整 笔画清楚 间隔均匀 排列整齐
	7号	横平竖直 注意起落 结构匀称 填满方格
	5号	技术制图石油化工机械电子汽车航空土木建筑矿山设备工艺
	3.5号	螺纹齿轮指导驾驶引水通风化纤化工 机械零件工艺流程图设备布置图管路布置图
拉丁字母	大写斜体	*ABCDEFGHIJKLMNOPQRSTUV WXYZ*
	小写斜体	*abcdefghijklmnopqrstuvwxyz*
阿拉伯数字	斜体	*0 1 2 3 4 5 6 7 8 9*
	直体	0 1 2 3 4 5 6 7 8 9
罗马数字	斜体	*I II III IV V VI VII VIII IX X*
	直体	I II III IV V VI VII VIII IX X

图 2.5 字体示例

2.1.4 图线(GB/T 17450—1998、GB/T 4457.4—2002)

1. 线型

图样是由各种不同粗细和不同型式的图线组成的。GB/T 17450—1998 中规定了实线、虚线、点画线等 15 种基本图线。机械制图中常用到的图线的线型及其应用如表 2.4

所示。

表 2.4 图线的线型及其应用(根据 GB/T 4457.4—2002)

图线名称	图线型式	图线宽度	一般应用举例
粗实线		d=0.5～2 mm	可见轮廓线
细实线		$d/2$	尺寸线和尺寸界线、剖面线、重合断面的轮廓线、过渡线
细虚线		$d/2$	不可见轮廓线
细点画线		$d/2$	轴线、对称中心线、轨迹线
细双点画线		$d/2$	相邻辅助零件的轮廓线、极限位置的轮廓线
波浪线		$d/2$	断裂的边界线、视图与剖视图的分界线
双折线		$d/2$	断裂的边界线、视图与剖视图的分界线

2. 线宽

所有线型的图线分粗线、中粗线和细线三种,其宽度比例为 4∶2∶1。机械图样采用两种线宽,其比例为 2∶1。粗线宽度 d 取 0.5～2 mm,如表 2.4 所示。

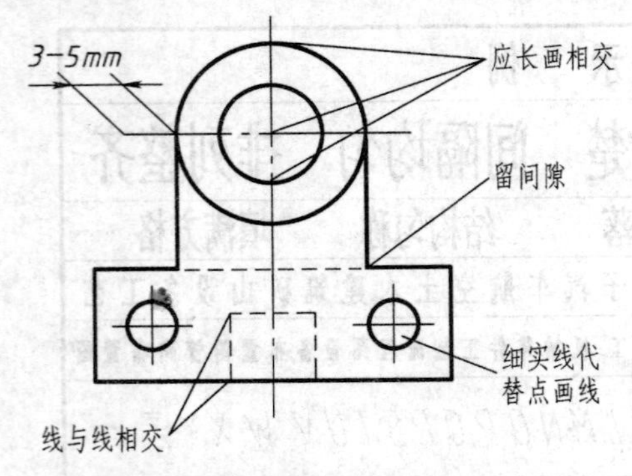

图 2.6 图线的画法及注意事项

3. 图线的画法及注意事项

如图 2.6 所示,图线的画法及注意事项包括以下六方面。

①同一图样中,同类图线的宽度基本一致。

②虚线、点画线及双点画线的线段长度和间隔应各自大致相等。

③两条平行线(包括剖面线)间的距离应不小于粗实线宽度的两倍,其最小距离不小于 0.7 mm。

④绘制圆的对称中心线时,圆心应为长画线的交点。点画线和双点画线的首末两端应是长画线而不是短画线。

⑤在较小的图形上绘制点画线、双点画线有困难时,可用细实线来代替。

⑥虚线与其他图线相交时,应画成线段相交;虚线为粗实线的延长线时,不能与粗实线相接,应留有间隙。

2.1.5 尺寸注法(GB/T 4458.4—2003、GB/T 16675.2—1996)

尺寸是图样中的重要内容之一,是制造零件的直接依据,也是图样中指令性最强的部分。因此,GB/T 4458.4—2003《机械制图 尺寸注法》和 GB/T 16675.2—1996《技术制图 简化表示法 第 2 部分:尺寸注法》中对尺寸标注做了专门的规定,这是在绘制、识读图样时必须遵守的,否则会引起混乱,甚至给生产带来损失。这里只介绍国家标准中关于尺寸注法的基本要求,其他内容将在以后的章节中逐步介绍。

1. 标注尺寸的基本规则

①机件的真实大小应以图样上所注的尺寸数值为依据，与图形的大小及绘图的准确度无关。

②图样中的尺寸以mm(毫米)为单位时，不需标注计量单位的代号(或名称)，如采用其他单位，则应注明相应的单位符号。

③对机件的每一尺寸，一般只标注一次，并应标注在反映该结构最清晰的图形上。

④图样中所标注的尺寸，为该图样所示机件的最后完工尺寸，否则应另加说明。

⑤标注尺寸时，应尽可能使用符号和缩写词。常用的符号和缩写词见表2.5。

表2.5 常用的符号和缩写词

名　称	符号和缩写词	名　称	符号和缩写词
直径	ϕ	45°倒角	C
半径	R	深 度	↧
球直径	$S\phi$	沉孔或锪平	⌴
球半径	SR	埋头孔	⌵
厚度	t	均布	EQS
正方形	□		

2. 尺寸的组成

一个完整的尺寸，一般应包括尺寸数字、尺寸线、尺寸界线和表示尺寸线终端的箭头，如图2.7所示。

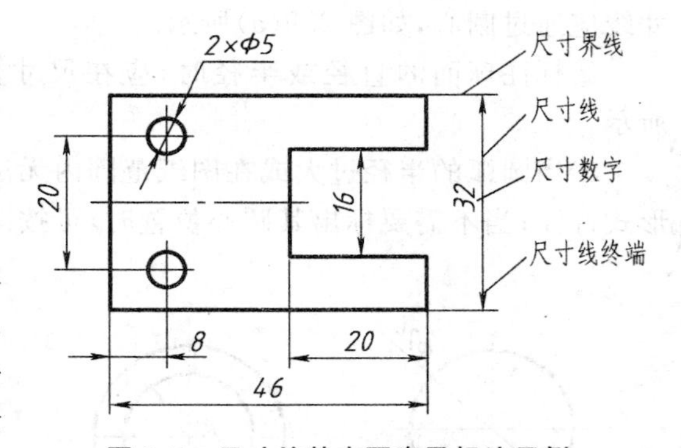

图2.7 尺寸的基本要素及标注示例

(1)尺寸界线

尺寸界线用来表示所注尺寸的范围。尺寸界线用细实线绘制，并应由图形的轮廓线、轴线或对称中心线处引出，尽量画在图外，并超出尺寸线末端2～3 mm，也可直接利用轮廓线、轴线或对称中心线做尺寸界线。

(2)尺寸线

尺寸线用来表示该尺寸度量的方向。尺寸线必须用细实线绘制在两尺寸界线之间，不得用其他图线代替，也不得与其他图线重合或画在其延长线上。尺寸线一般要与尺寸界线垂直。

(3)箭头

箭头用来表示尺寸的起止。箭头尖端与尺寸界线接触并指向尺寸界线，不得超出也不得分开。

(4)尺寸数字

尺寸数字用来表示物体实际尺寸的大小。

3. 尺寸注法

(1)线性尺寸的注法

标注线性尺寸时，尺寸线必须与所标注的线段平行，当同时有多个平行尺寸时，应把大尺寸放在小尺寸的外面，避免一尺寸的尺寸线与另一尺寸的尺寸界线相交。一般情况下，当尺寸线水平时，尺寸数字注写在尺寸线上方靠中间部位；当尺寸线竖直时，尺寸数字注写在尺寸线左侧，字头朝左。线性尺寸数字应按图 2.8(a)所示的方向标注，并尽可能避免在图示 30°范围内标注，若无法避免时，可按图 2.8(b)的形式标注。尺寸数字不可被任何图线通过，否则必须将该图线断开。

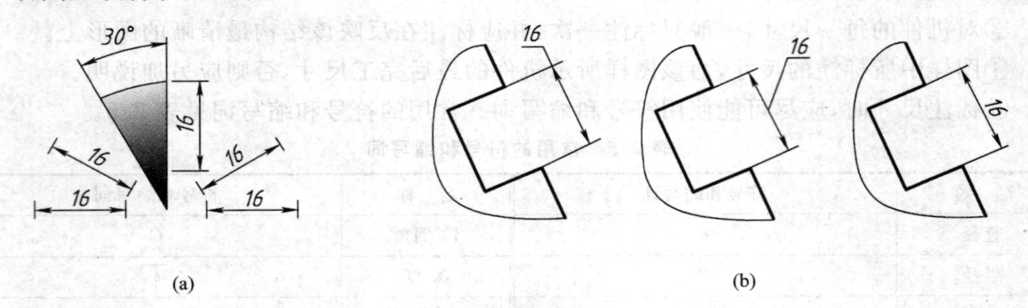

图 2.8 尺寸数字的注写方向

(a)一般情况尺寸注法 (b)30°角内尺寸注法

(2)圆、圆弧及球面的尺寸注法

①标注直径尺寸时，应在尺寸数字前加注符号“ϕ”；标注半径尺寸时，加注符号“R”。尺寸线应通过圆心，如图 2.9(a)所示。

②标注球面的直径或半径时，应在尺寸数字前加注符号“$S\phi$”或“SR”，如图 2.9(b)所示。

③当圆弧的半径过大或在图纸范围内无法按常规标出其圆心位置时，可按图 2.9(c)的形式标注；当不需要标出其圆心位置时，可按图 2.9(d)的形式标注。

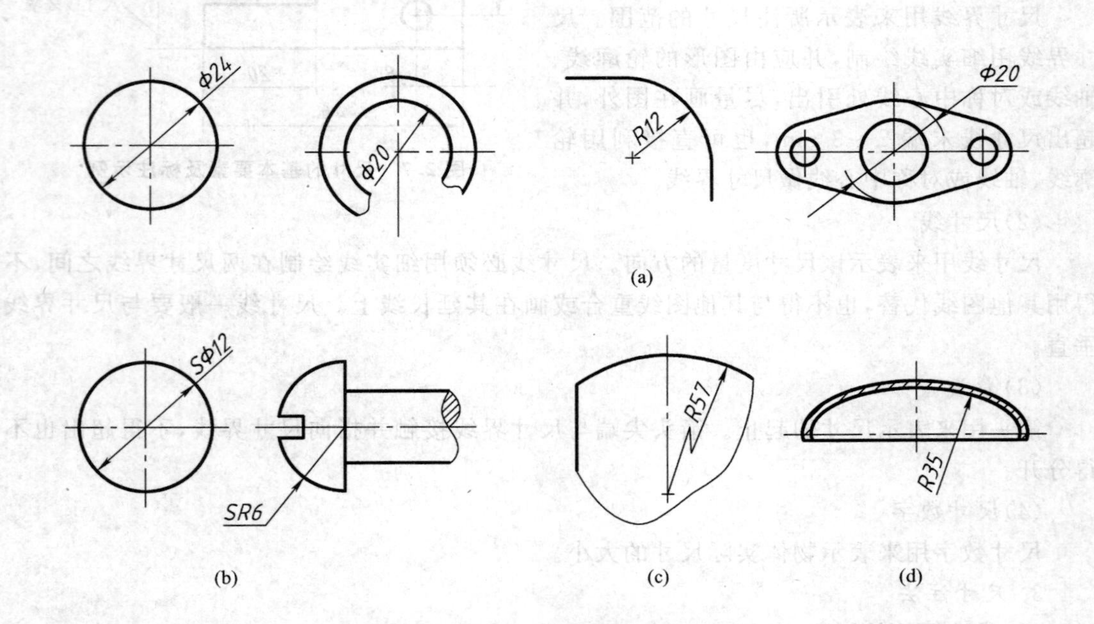

图 2.9 圆、圆弧及球面的尺寸注法

(a)标注直径或半径尺寸 (b)标注球面的直径或半径尺寸 (c)、(d)标注圆弧过大半径尺寸

(3) 角度尺寸的注法

如图 2.10 所示，角度的尺寸界线沿径向引出；尺寸线画成圆弧，其圆心为该角的顶点，半径取适当大小；尺寸数字一律水平注写，一般写在尺寸线的中断处，必要时也可写在外面或引出标注，角度尺寸必须注明单位。

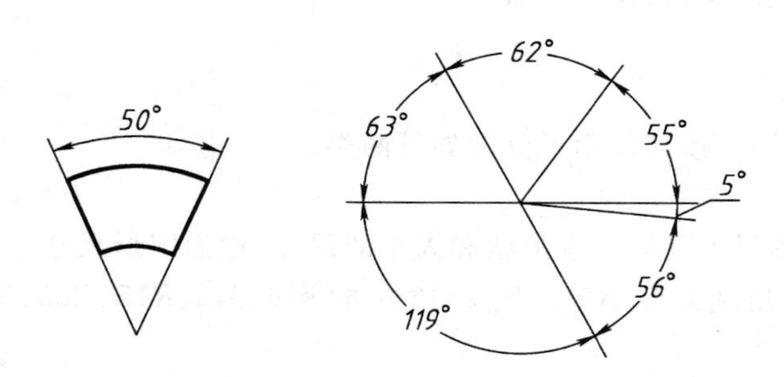

图 2.10　角度尺寸的注法

(4) 小尺寸的注法

标注小直径或半径尺寸时，箭头和数字都可以布置在外面，如图 2.11(a)所示；标注一连串的小尺寸时，可用实心小圆点或斜线代替箭头，但最外两端的箭头仍应画出，如图 2.11(b)所示。

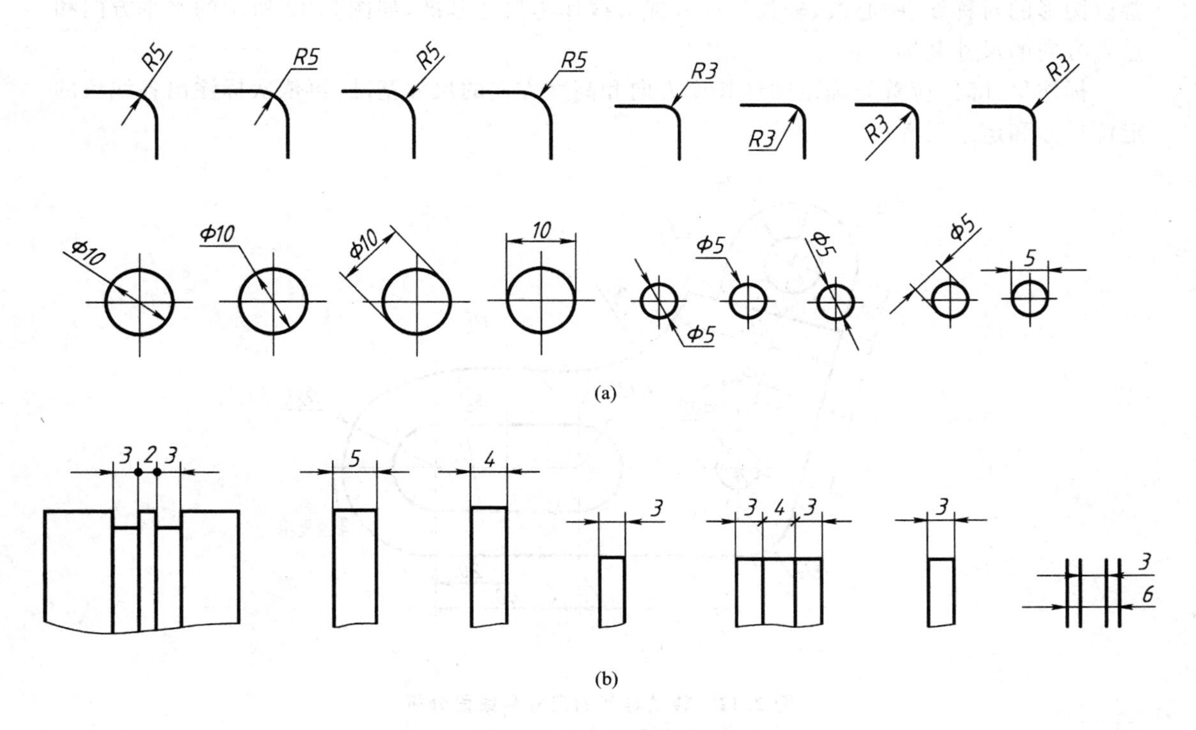

图 2.11　小尺寸的注法

(a)标注小直径或半径尺寸　(b)标注线性小尺寸

2.2 平面图形分析

平面图形是由若干条线段封闭连接而成的，这些线段之间的相对位置和连接方式由给定的尺寸和几何关系来确定。下面以图 2.12 所示的转动导架的平面轮廓图为例，说明平面图形的尺寸分析、线段分析及作图方法。

2.2.1 尺寸分析

1. 尺寸类型

平面图形中的尺寸，按其作用可分为如下两类。

(1)定形尺寸

用于确定平面图形上几何元素形状和大小的尺寸，称为定形尺寸。例如线段长度、圆及圆弧的直径和半径、角度的大小等。图 2.12 中的 $\phi16$、$\phi12$、$R15$、$R25$、$R85$、$R18$ 等，均属于定形尺寸。

(2)定位尺寸

用于确定线段在平面图形中所处位置的尺寸，称为定位尺寸。图 2.12 中的尺寸 20、40、44、45、15、15°等，均属于定位尺寸。

2. 尺寸基准

标注定位尺寸时，必须有一个起点，这个起点称为尺寸基准。在平面图形中，几何元素指图形中的点和线。平面图形有长和高两个方向，每一个方向至少应有一个尺寸基准。通常以图形的对称线、中心线、较长的底线或边线作为尺寸基准，如图 2.12 所示的水平方向和垂直方向的尺寸基准。

标注尺寸时，应首先确定图形长度方向和高度方向的尺寸基准，再依次标注出各线段的定位尺寸和定形尺寸。

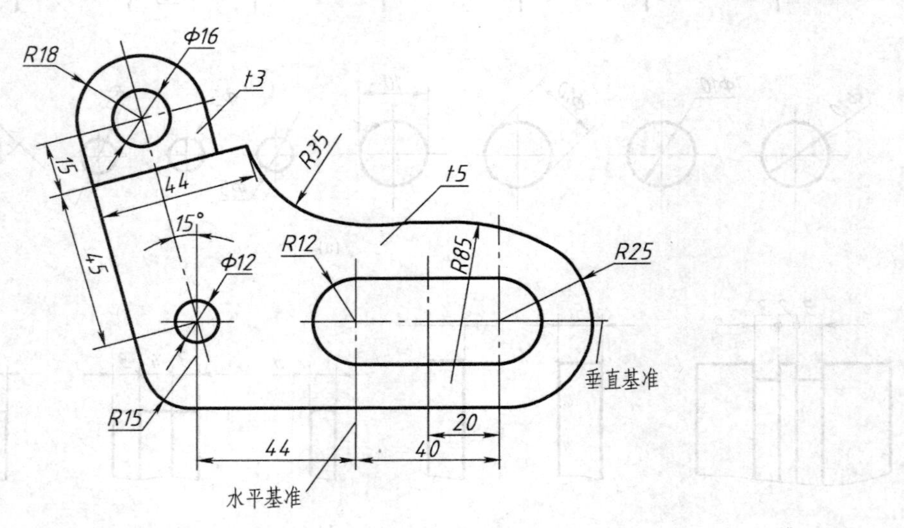

图 2.12 转动导架的尺寸和线段分析

2.2.2 线段分析

平面图形中的线段(直线或圆弧)，有的定形、定位尺寸齐全，作图时不依赖其他线段可独立画出；而有的线段仅有定形尺寸，没有定位尺寸或定位尺寸不全，必须依赖与其一端或两端相连接的线段才能画出。根据其定位尺寸的完整与否，线段可分为以下三类。

1. 已知线段

定位尺寸齐全，可独立画出的线段，称为已知线段，如图 2.12 中的 $\phi16$、$\phi12$ 的圆和 $R12$、$R25$、$R18$ 的圆弧。

2. 中间线段

定位尺寸不全，必须依赖与其一端相连接的线段才能画出的线段，称为中间线段。如图 2.12 中的 $R85$ 的圆弧，仅有一个定位尺寸。

3. 连接线段

通常没有定位尺寸，必须依赖与其两端相连接的线段才能画出的线段，称为连接线段。如图 2.12 中的 $R35$、$R15$ 的圆弧。

作图时，由于已知线段有两个定位尺寸，故可直接画出；中间线段虽然缺少一个定位尺寸，但它总是和一个已知线段相连接，所以利用相切的条件便可画出；连接线段缺少两个定位尺寸，因此只有借助于它与已经画出的两条相邻线段的相切条件才能画出来。

2.2.3 画图步骤

画平面图形时，应先对其进行尺寸分析、基准分析和线段分析；应先画已知线段，再画中间线段，最后画连接线段。

2.3 AutoCAD 基础

随着计算机技术的发展，特别是微型计算机的迅速普及，计算机辅助设计(Computer Aided Design，简称 CAD)技术在我国得以迅速广泛推广。在我国，许多高等院校的工科类专业将 AutoCAD 与工程制图结合，作为重点介绍的 CAD 应用软件。本书讲述的 AutoCAD 2009 在继承了以前版本许多优秀功能的基础上，又增加了许多新功能。为便于阅读理解，本书做如下约定。

如无特别说明，本书中的 AutoCAD 均指 AutoCAD 2009 中文版。

在执行命令的过程中，本书利用“→”表示菜单命令的执行顺序，如“绘图”→“圆”→“圆心、半径”命令，表示选择“绘图”主菜单，再选择其中的“圆”子菜单，最后选择子菜单中的“圆心、半径”命令，其他以此类推。

在没有特别指明时，“单击”、“双击”分别表示用鼠标左键单击、双击，“右击”则表示用鼠标右键单击；“拖动”是指单击鼠标左键以后，在不松开鼠标左键的情况下移动鼠标的位置，在指定位置松开鼠标后，达到操作结果。

2.3.1 AutoCAD 2009 的基本知识

1. AutoCAD 2009 的启动

双击 Windows 桌面上的系统快捷图标，即可启动 AutoCAD 2009。此时显示出“新功能专题研习”界面，如图 2.13 所示，提示是否要查看新功能，选中“不，不再显示此消息”单选按钮，单击“确定”按钮；此时会打开“客户参与计划”界面，选中“目前不参加”单选按钮，单击“确定”按钮；接下来会打开 AutoCAD 2009 操作界面。中文版 AutoCAD 2009 提供了“二维草图与注释”、“三维建模”和“AutoCAD 经典”三种工作空间模式，用户可以轻松地切换工作空间。本书只介绍 AutoCAD 经典空间。进入 AutoCAD 经典空间有下列两种方法。

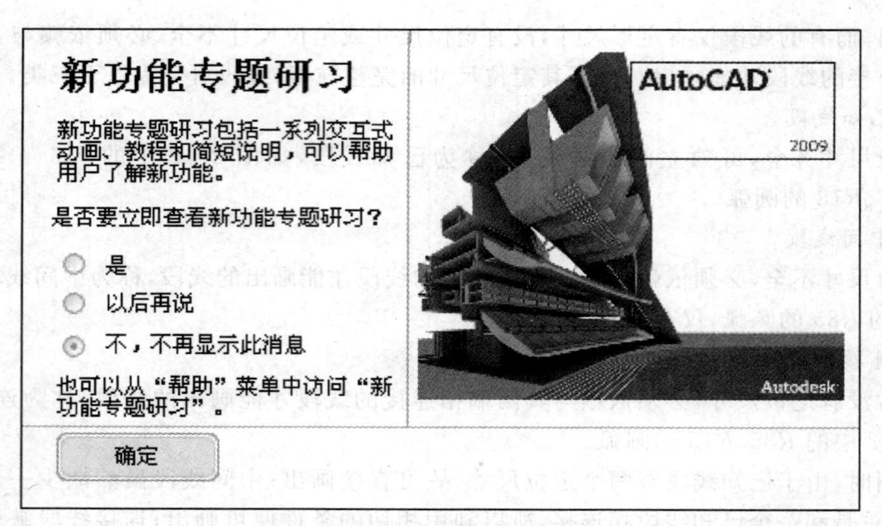

图 2.13 “新功能专题研习”界面

①单击“菜单浏览器”按钮，在弹出的菜单中选择“工具”→“工作空间”→“AutoCAD 经典”，即可进入“AutoCAD 经典”界面。

②在状态栏(在工作界面下方位置)中单击“切换工作空间”按钮，在弹出的菜单中选择“AutoCAD 经典”，即可进入“AutoCAD 经典”界面。“AutoCAD 经典”界面与 AutoCAD 传统界面基本相同。

2. 工作界面简介

“AutoCAD 经典”界面主要由“菜单浏览器”按钮、标题栏、菜单栏、工具栏、文本窗口与命令行、状态栏等元素组成，如图 2.14 所示。

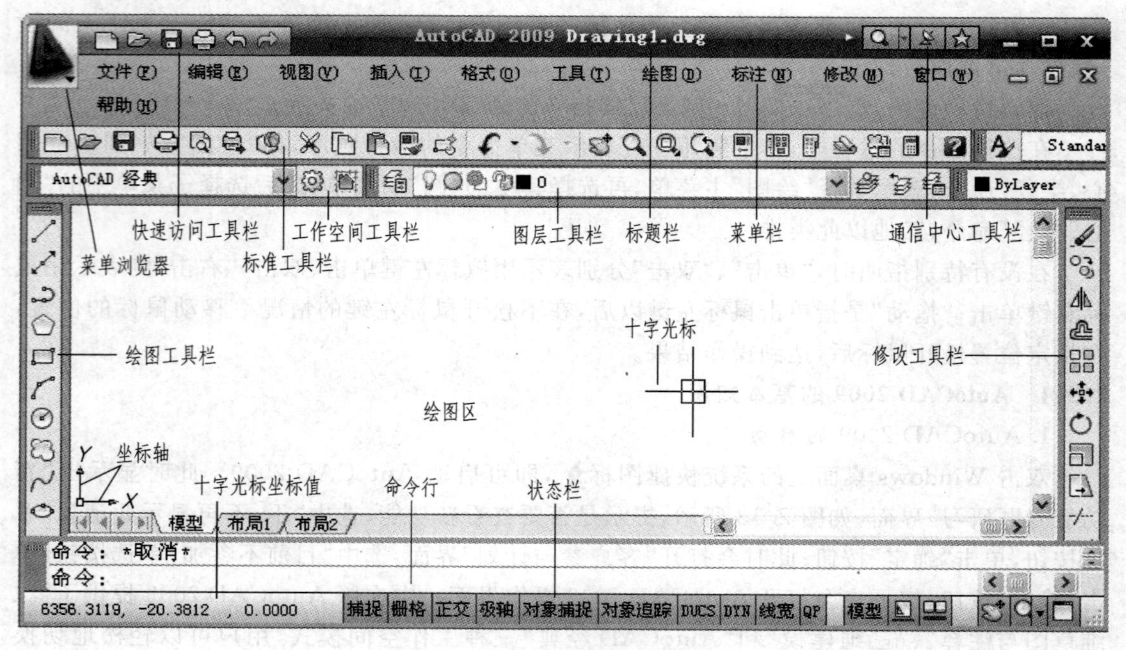

图 2.14 “AutoCAD 经典”界面

(1)“菜单浏览器”按钮

“菜单浏览器”按钮 ![icon]是 AutoCAD 2009 新增的功能按钮，位于界面左上角。单击该按钮，将弹出 AutoCAD 菜单，其中包含了 AutoCAD 的绝大多数功能和命令，选择命令后即可执行相应操作。

(2)工具栏

工具栏由一些执行相关或类似任务的工具集合而成。每一个图标代表一个相应的命令。在默认情况下，标准、图层、绘图、修改等工具栏都是可见的。个别图标按钮的右下方有一个小黑箭头，它显示了弹出式工具栏的存在。单击小箭头，即可选择想要使用的工具。

(3)标题栏

标题栏位于窗口最上一行，左端是快速访问工具栏，其后显示当前正在运行的程序名及文件名，如果是 AutoCAD 默认的图形文件，其名称为“AutoCAD 2009 Drawing *N*. dwg”(*N* 是数字)。其后为通信中心工具栏，最右端为“最小化”、“最大化”、“关闭”按钮。

(4)菜单栏

标题栏下面为菜单栏，可产生下拉菜单。AutoCAD 2009 的绝大多数命令，都可以在下拉菜单中找到；菜单上的灰色阴影项表示当前绘图工作期间该选项是不可用的。

(5)绘图区

工作界面的作图窗口是进行绘图的区域，称为绘图区。

(6)命令行与文本窗口

命令行位于作图窗口的底部，用于显示用户输入的命令，并显示 AutoCAD 的提示信息。

(7)状态栏

状态栏用于显示或设置当前的绘图状态，如图 2.15 所示。状态栏上位于左面的一组数字反映当前光标的坐标，其余按钮分别表示当前是否启用了捕捉、栅格、正交、极轴追踪、对象捕捉、对象捕捉追踪、允许/禁止动态 UCS、动态输入等功能以及是否按设置的线宽显示图形和当前绘图空间等。

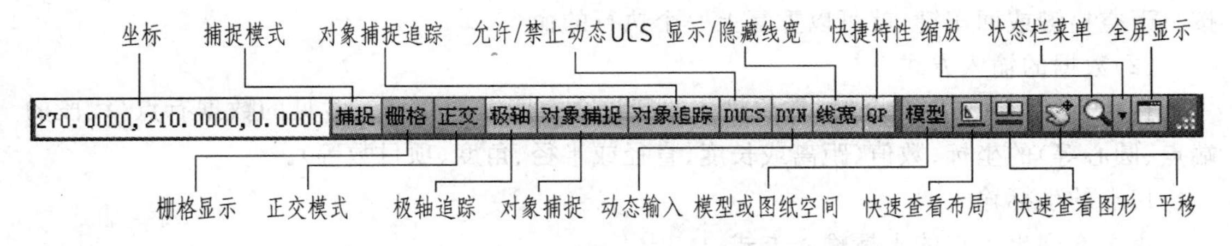

图 2.15 AutoCAD 2009 状态栏

3. 图形文件的建立、打开、存储和退出

(1)新图形文件的建立

建立图形文件，一般可采用下列三种方法。

①菜单：“文件”→“新建”。

②工具栏：在标准工具栏上单击“新建”图标 ![icon]。

③命令行：输入 NEW，然后按回车键(以下用“↙”表示按下回车键)。

执行上述操作后，界面上弹出“选择样板”对话框。在该对话框中直接单击“打开”按钮，可以快速地创建一个空白的新图形文件。

(2)打开图形文件

①菜单:“文件”→“打开”。

②工具栏:在标准工具栏上单击“打开”图标 。

③命令行:输入 OPEN↙。

执行上述操作后,界面上弹出“选择文件”对话框。在该对话框中选择已有的文件,单击“打开”按钮,就可以快速打开已有的图形文件。

(3)存储图形文件

①菜单:“文件”→“保存”。

②工具栏:在标准工具栏上单击“保存”图标 。

③命令行:输入 QSAVE↙。

执行上述操作后,以当前使用的文件名保存图形;如果要将图形以一个新文件名保存,用“SAVE AS”命令,弹出“图形另存为”对话框,输入新文件名,单击“保存”按钮,将当前图形以新的名称保存。

(4)退出图形文件

①菜单:“文件”→“退出”。

②工具栏:单击窗口右上角的“关闭”按钮 。

③命令行:输入 QUIT↙。

执行上述操作后,计算机将退出 AutoCAD 的界面。

4. 命令、数据的输入方式

(1)命令的输入方式

①键盘输入:用键盘输入命令后,按回车键,执行该命令。

②菜单输入:在下拉菜单中,用光标拾取命令,完成命令的输入。

③工具栏输入:在工具栏中用光标点取命令图标按钮,完成命令的输入。

④命令的重复:在命令输入过程中,当完成一个命令操作后再次出现命令提示符时,再按一下空格键或回车键,就可以重复上一个执行的命令。

(2)数据的输入方式

在执行 AutoCAD 命令时,需要输入执行该命令所需的数据。常见的数据有点(线段的端点、圆心等)的坐标、数值(距离或长度、直径或半径、角度、项目数等)。

1)点的坐标输入

表 2.6 列出了点的坐标输入方式。

2)距离的输入

在 AutoCAD 系统中许多提示符后面要求输入距离的数值,如提示符“输入高度:”、“输入列数:”、“输入宽度:”、“输入半径:”等,用键盘直接输入数值并按回车键即可;当已知一基点 A 时,可在系统显示上述提示时,指定另外一点位置,这时系统自动测量该点到基点 A 的距离。

3)角度的输入

一般规定,X 轴的正方向为 0°方向,逆时针方向为正值,顺时针方向为负值。系统显示输入角度提示时,用键盘直接输入其数值并按回车键。一般角度单位默认为度(°)。

表 2.6　点的坐标输入方式

方式	表示方法		输入格式	说　明
键盘输入	绝对坐标	直角坐标	X,Y,Z	在键盘上按顺序输入 X,Y,Z 三个数值所指定的点位置，各个数值之间用英文逗号隔开。画二维图形时，不需输入 Z
		极坐标	$L<\alpha$	L：点到坐标原点的距离。 α：点与当前坐标系原点的连线和 X 轴的夹角
	相对坐标	直角坐标	$@X,Y,Z$	@表示相对坐标，指当前点相对于前一个作图点的坐标增量
		极坐标	$@L<\alpha$	
用定标设备在屏幕上拾取点	一般位置点		直接拾取光标点	当不需要准确定位时，用鼠标移动光标到所需的位置，单击鼠标左键，就可将十字光标所在位置的点的坐标输入计算机中。
	特殊位置点或具有某种几何特征的点		利用目标捕捉功能	当需要准确确定某点位置时，要用目标捕捉功能捕捉当前图中的特殊点

【例 2.1】 绘制图 2.16 所示平面图形。

拾取直线命令后，命令行提示信息如下：

指定第一点：(用光标定位 A 点)

指定下一点或［放弃(U)］：@30,0↙

指定下一点或［放弃(U)］：@0,30↙

指定下一点或［闭合(C)/放弃(U)］：@24<−135↙

指定下一点或［闭合(C)/放弃(U)］：@−13,0↙

指定下一点或［闭合(C)/放弃(U)］：C↙

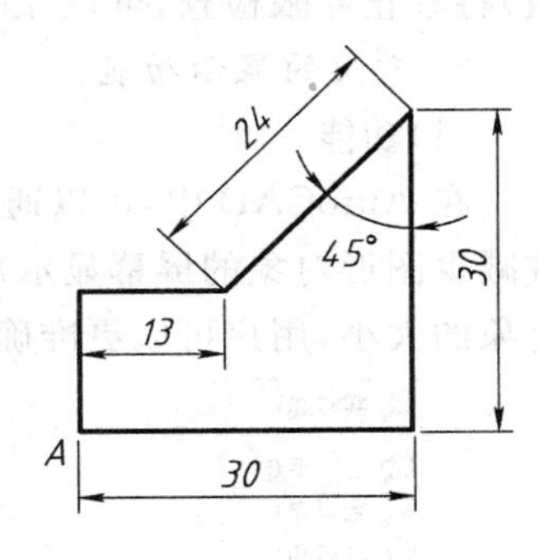

图 2.16　例 2.1 题图

2.3.2　设置绘图环境及图形显示功能

1. 设置绘图单位及绘图区域

在 AutoCAD 2009 中，启动后默认使用的是 ISO 标准设置。这样的设置不一定能满足每个用户的需要，因此用户要对图形单位进行重新设置。AutoCAD 2009 提供了适合任何专业绘图的绘图单位，如英寸、英尺、毫米等，而且精度范围大。

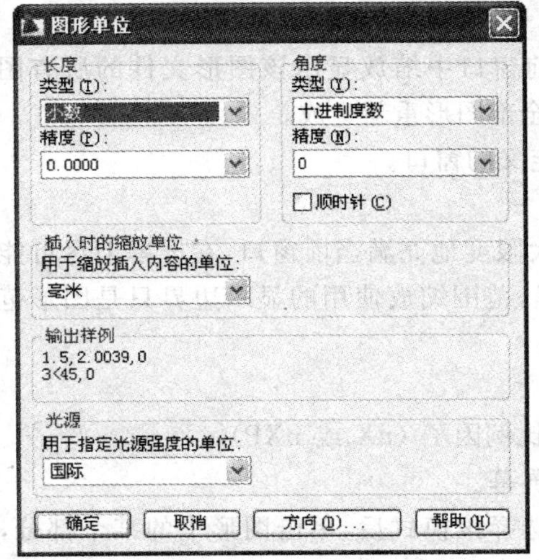

图 2.17　“图形单位”对话框

可以采用 1∶1 的比例因子绘图，所有的直线、圆和其他对象都可以以真实大小来绘制。例如，一个零件长 2 000 mm，可以按 2 000 mm 的真实大小来绘制，打印出图时将图形按图纸大小进行缩放。

(1)设置绘图单位

设置绘图单位有以下两种方式。

①菜单：“格式”→“单位”。

②命令行：输入 UNITS↙。

通过以上两种方式都可以打开“图形单位”对话框。图 2.17 所示为化工图样常用设置。

(2)设置绘图区域

在 AutoCAD 2009 中，无论使用真实尺寸绘图，还是使用变比后的数据绘图，都可以在模型空间中设置一个想象的矩形绘图区域，称为图形界限，以使绘图更规范和便于检查。在世界坐标系下，图形界限由一对二维点确定，即左下角点和右上角点。

①菜单："格式"→"图形界限"。

②命令行：输入 LIMITS↙。

拾取上述命令后，则显示如下提示信息：

指定左下角点或[开(ON)/关(OFF)]＜0.0000,0.0000＞：↙

指定右上角点＜420.0000,297.0000＞：↙

完成上述操作，就设置了一个绘图区域，"开(ON)"或"关(OFF)"选项可以设置能否在图形界限之外指定一点。其中，选择"开(ON)"选项将打开界限检查，不能在图形界限之外绘制对象，也不能使用"移动"或"复制"等命令将图形移动到图形界限之外；可以指定两个点(中心和圆周上的点)来画圆，但圆的一部分可能在界限之外。选择"关(OFF)"选项(默认值)将禁止界限检查，可以在图形界限之外绘制对象或指定点。

2. 常用的显示功能

(1)功能

在 AutoCAD 中，可以通过按一定比例缩放视图来观察图形对象。缩放视图可以增大或减少图形对象的屏幕显示尺寸，但对象的真实尺寸保持不变。通过改变显示区域和图形对象的大小，用户可以更准确、更详细地绘图。

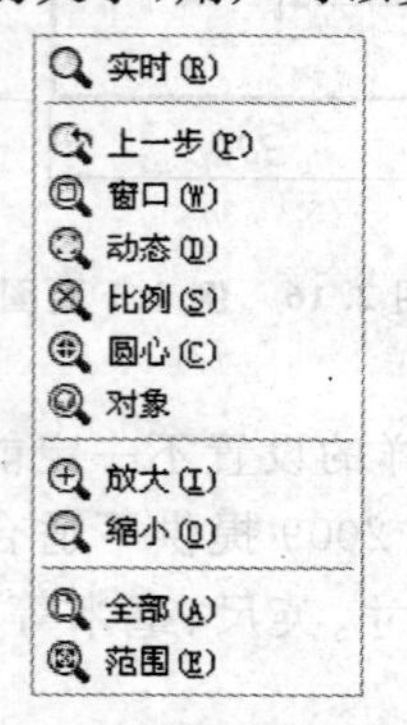

图 2.18 "缩放"下拉菜单

(2)启动命令的方式

①菜单："视图"→"缩放"，弹出下拉菜单，如图 2.18 所示。

②工具栏：打开缩放工具栏。

③命令行：输入 ZOOM↙。将显示以下提示信息：

指定窗口的角点，输入比例因子(nX 或 nXP)，或者[全部(A)/中心(C)/动态(D)/范围(E)/上一个(P)/比例(S)/窗口(W)/对象(O)]＜实时＞：

(3)选项说明

①全部(A)：在当前窗口中缩放显示该图形文件的所有图形，该操作中系统要对全部图形重新生成。

②中心(C)：缩放显示由中心点和放大比例所定义的窗口。

③动态(D)：缩放显示在视图框中的部分图形。

④范围(E)：将当前图形文件中的全部图形最大限度地充满当前窗口，在屏幕上尽可能大地显示所有图形对象。与全部缩放模式不同的是，范围缩放使用的显示边界只是图形范围而不是图形界限。

⑤上一个(P)：恢复上一个显示的图形。

⑥比例(S)：以指定的比例因子缩放显示，输入比例因子(nX 或 nXP)。

⑦窗口(W)：将矩形范围内的图形放大至整个屏幕。

⑧对象(O)：显示图形文件中的某一个部分。选择该模式后，单击图形中的某个部分，该部分将显示在整个图形窗口中。

⑨实时：进入实时缩放模式，鼠标指针呈放大镜形状。此时向上拖动光标可放大整个

图形；向下拖动光标可缩小整个图形；释放鼠标后停止缩放。

2.3.3 基本图形的绘制

1. 几个常用的基本命令

(1)删除命令

1)功能

擦除拾取到的图形实体。

2)启动命令的方式

①命令行：输入 ERASE↙。

②下拉菜单："修改"→"删除"。

③工具栏：在修改工具栏中，单击"删除"图标按钮。

按照提示选取删除对象，按回车键完成操作。

如果意外删错了对象，可以使用 UNDO 命令或 OOPS 命令将其恢复。

(2)实时平移命令

1)功能

在不改变缩放系数的情况下，观察当前窗口中图形的不同部位。此命令如同通过一个显示窗口去观察一幅图，为能看到图样的各个部分，将图纸上、下、左、右移动，而窗口不动。

2)启动命令的方式

①命令行：输入 PAN↙。

②工具栏：在标准工具栏中，单击"实时平移"按钮。

完成上述操作，屏幕上出现一个手形符号，通过拖动鼠标上、下、左、右移动光标，可实现图形的上、下、左、右移动。此时如果单击鼠标右键，在屏幕上会弹出一个如图 2.19 所示的快捷菜单，可以操作各选择项。

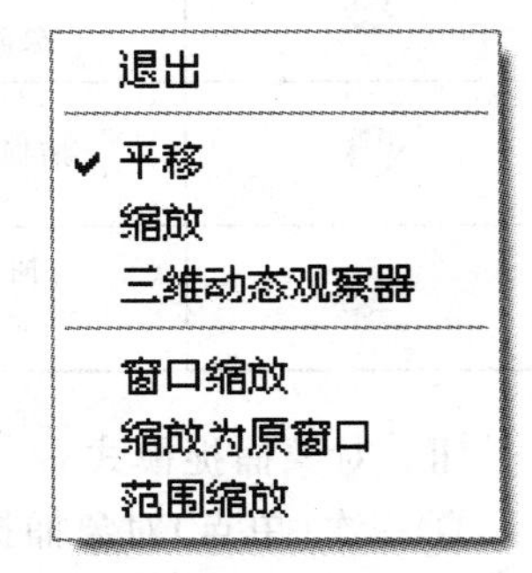

图 2.19 快捷菜单

(3)特殊点捕捉命令

1)使用正交模式

使用 ORTHO 命令，可以打开或关闭正交模式，来控制是否以正交方式绘图。

在正交模式下，可以方便地绘出与当前 X 轴或 Y 轴平行的线段。打开或关闭正交模式有以下两种方法。

①在 AutoCAD 程序窗口的状态栏中，单击"正交"按钮。

②按 F8 键打开或关闭。

打开正交功能后，输入的第一点是任意的，但当移动光标准备指定第二点时，引出的橡皮筋线已不再是这两点之间的连线，而是起点到光标十字线的垂直线中较长的那段线，此时单击，橡皮筋线就变成所绘直线。

2)使用对象捕捉功能

在绘图的过程中，经常要指定一些已有对象上的点，例如端点、圆心和两个对象的交点等。如果只凭观察来拾取，不可能非常准确地找到这些点。为此，AutoCAD 2009 提供了对象捕捉功能，可以迅速、准确地捕捉到某些特殊点，从而精确地绘制图形，提高绘图效率。

Ⅰ. 对象捕捉工具栏

图 2.20 所示为对象捕捉工具栏，表 2.7 所示为常用对象捕捉图标按钮、模式及功能。

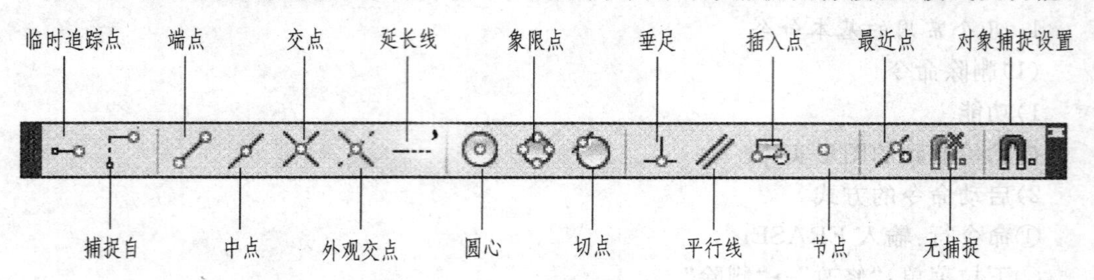

图 2.20　对象捕捉工具栏

表 2.7　常用对象捕捉图标按钮、模式及功能

图标按钮	模　　式	功　　能
	捕捉端点	捕捉相关实体的端点
	捕捉中点	捕捉相关实体的中点
	捕捉交点	捕捉相关实体对象之间的交点
	捕捉圆心	捕捉相关实体的圆心
	捕捉象限点	捕捉距光标中心最近相关实体上的象限点，即 0°、90°、180°、270°的点
	捕捉切点	捕捉相关实体上，与最后生成的一个点连线形成相切的且离光标最近的点
	捕捉垂足	捕捉相关实体上或在它们的延长线上，与最后生成的一个点连线形成正交的点

Ⅱ. 对象捕捉模式

①一次(单点)对象捕捉模式。该模式只对当前运行命令有效，且一次只能指定一种捕捉模式。在要求输入一个点时，单击对象捕捉工具栏中的某一按钮(见图 2.20)，即可进行单点捕捉。

②连续对象捕捉模式。在绘图和编辑过程中，当出现输入一点提示时，可利用已设置的对象捕捉功能准确地捕捉到某些特殊点，准确、快速地绘制图形。连续对象捕捉命令可通过"草图设置"对话框(见图 2.21)方式调用。

在 AutoCAD 中，可以使用下列方法之一打开图 2.21 所示的"草图设置"对话框。

a. 菜单："工具"→"草图设置"。

b. 右键单击状态栏上的"对象捕捉"按钮，将出现快捷菜单，然后单击"设置"选项。

c. 单击对象捕捉工具栏上图标按钮。

提示：

只有在对象捕捉功能打开时，对象捕捉模式设置才起作用；在 AutoCAD 程序窗口的状态栏中，单击"对象捕捉"按钮打开或关闭该功能；按 F3 键也可打开或关闭对象捕捉功能。

(4)取消命令

可以通过按 ESC 键取消未完成的命令。

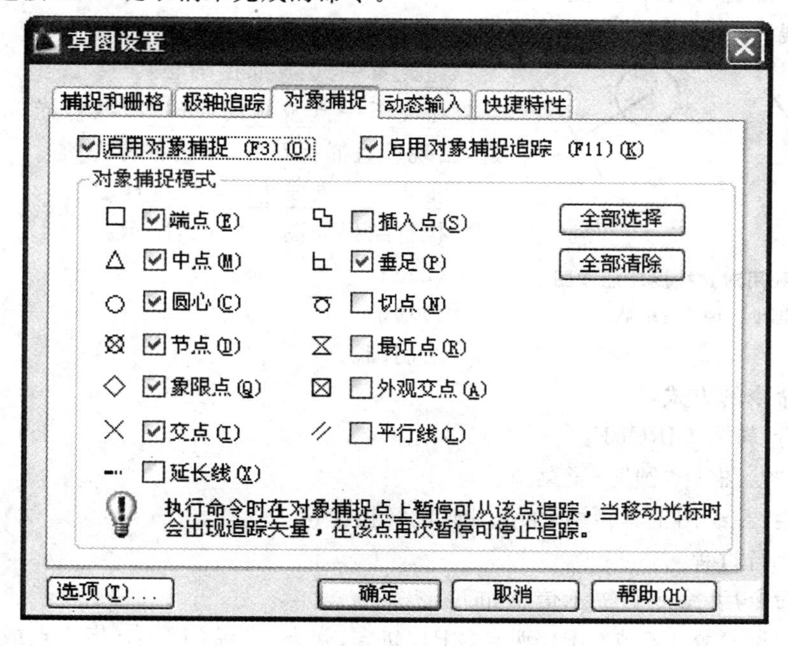

图 2.21 “草图设置”对话框

2. 实体绘制命令

绘图命令是用于生成图形元素的命令。常用的命令都放在绘图工具栏中，如图 2.22 所示。工具栏中的图标形象地显示了该命令的功能。下面介绍常用基本绘图命令的功能及用法。

图 2.22 绘图工具栏

(1)直线

1)功能

使用直线命令，可以创建单个线段或一系列连续的线段。

2)启动命令的方式

①菜单：“绘图”→“直线”。

②命令行：输入 LINE↙。

③工具栏：在绘图工具栏中，单击“直线”图标按钮 。

3)命令执行过程

拾取直线命令后，命令行提示信息如下：

指定第一点：(指定 A 点)

指定下一点或［放弃(U)］：(指定 B 点)

指定下一点或［放弃(U)］：↙

执行结果如图 2.23 所示。

图 2.23 利用直线命令作图

【例 2.2】 画一直线使其过已知圆的圆心并垂直于已知直线，如图 2.24(a)所示。

设置对象捕捉，并打开捕捉功能；

拾取直线命令，命令行提示信息如下：

图 2.24 利用对象捕捉功能作图

(a)原图 (b)执行结果

指定第一点：(捕捉圆心)

指定下一点或［放弃(U)］：(将光标移至直线附近，出现垂直捕捉符号，单击鼠标左键)

指定下一点或［放弃(U)］：↙

执行结果如图 2.24(b)所示。

(2)圆

1)功能

绘制圆。

2)启动命令的方式

①命令行：输入 CIRCLE↙。

②菜单："绘图"→"圆"→子菜单。

③工具栏：在绘图工具栏中，单击"圆"图标按钮⊙。

3)命令执行过程

拾取圆命令后，命令行提示信息如下：

指定圆的圆心或［三点(3P)/两点(2P)/切点、切点、半径(T)］：(指定点或输入选项)

通过绘图菜单中的圆的子菜单可以知道绘制圆的方法有六种。

Ⅰ. 圆心、半径方式

拾取圆命令后，命令行提示信息如下：

指定圆的圆心或［三点(3P)/两点(2P)/切点、切点、半径(T)］：(指定圆心)↙

指定圆的半径或［直径(D)］：(指定点(此点与圆心的距离决定圆的半径)或输入半径值)↙

结果如图 2.25 所示。

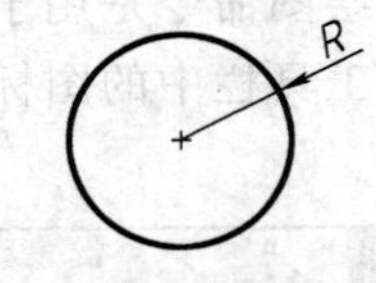

图 2.25 利用圆心、半径方式绘制圆

Ⅱ. 圆心、直径方式

拾取圆命令后，命令行提示信息如下：

指定圆的圆心或［三点(3P)/两点(2P)/切点、切点、半径(T)］：(指定圆心)↙

指定圆的半径或［直径(D)］：D↙

指定圆的直径 <当前>：(指定点(此点与圆心的距离决定圆的直径)或输入直径值)↙

结果如图 2.26 所示。

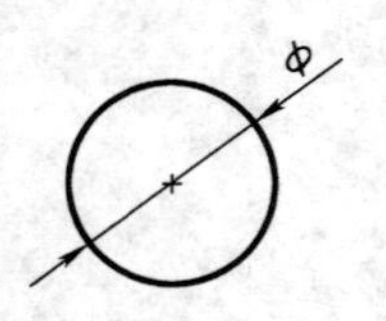

图 2.26 利用圆心、直径方式绘制圆

Ⅲ. 三点方式

基于圆周上的三个点绘制圆。

拾取圆命令后，命令行提示信息如下：

指定圆的圆心或［三点(3P)/两点(2P)/切点、切点、半径(T)］：3P↙

指定圆上的第一个点：(指定点 1)

指定圆上的第二个点：(指定点 2)

指定圆上的第三个点：(指定点 3)

结果如图 2.27 所示。

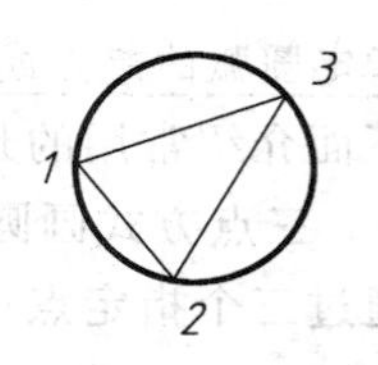

图 2.27 利用三点方式绘制圆

Ⅳ. 两点方式

基于圆直径上的两个端点绘制圆。

拾取圆命令后，命令行提示信息如下：

指定圆的圆心或[三点(3P)/两点(2P)/切点、切点、半径(T)]：2P↙

指定圆直径的第一个端点：(指定点 1)

指定圆直径的第二个端点：(指定点 2)

结果如图 2.28 所示。

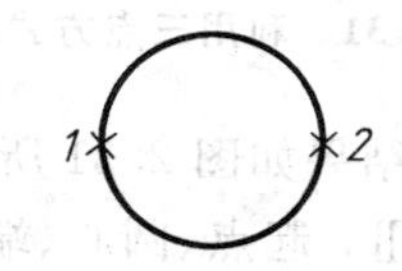

图 2.28 利用两点方式绘制圆

Ⅴ. 相切、相切、半径方式

通过指定两个相切对象和圆的半径绘制圆。

拾取圆命令后，命令行提示信息如下：

指定圆的圆心或[三点(3P)/两点(2P)/切点、切点、半径(T)]：T↙

指定对象与圆的第一个切点：(选择圆、圆弧或直线)

指定对象与圆的第二个切点：(选择圆、圆弧或直线)

指定圆的半径 <当前>：(给定一个半径值)↙

结果如图 2.29 所示。

图 2.29 利用相切、相切、半径方式绘制圆

Ⅵ. 相切、相切、相切方式

基于指定的三个相切对象绘制圆。

拾取圆命令后，命令行提示信息如下：

指定圆的圆心或[三点(3P)/两点(2P)/切点、切点、半径(T)]：3P↙

指定圆上的第一个点：(单击对象捕捉工具栏上“切点”图标按钮)_TAN 到

(指定第一个相切对象)

指定圆上的第二个点：_TAN 到

(指定第二个相切对象)

指定圆上的第三个点：_TAN 到

(指定第三个相切对象)

结果如图 2.30 所示。

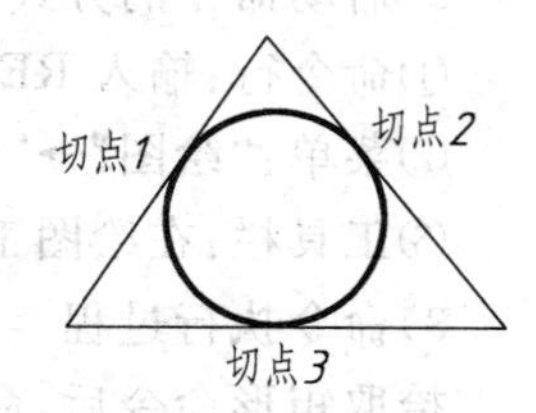

图 2.30 利用相切、相切、相切方式绘制圆

(3)圆弧

1)功能

绘制圆弧。

2)启动命令的方式

①命令行：输入 ARC↙。

②菜单：“绘图”→“圆弧”→子菜单。

③工具栏：在绘图工具栏中，单击“圆弧”图标按钮。

3)命令执行过程

拾取圆弧命令后，命令行提示信息如下：

指定圆弧的起点或［圆心(C)］:(指定点或输入 C,或按回车键与上一条直线、圆弧相切)

下面介绍常用的几种绘制圆弧方法。

Ⅰ. 三点方式画圆弧

通过三个指定点可以顺时针或逆时针绘制圆弧。

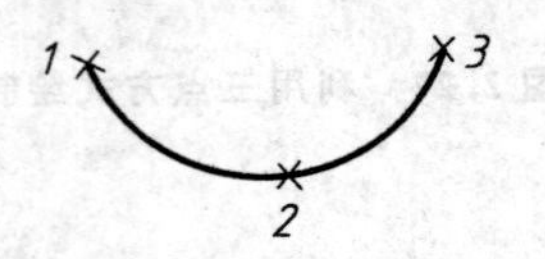

图 2.31　利用三点方式画圆弧

拾取圆弧命令后,命令行提示信息如下:

指定圆弧的起点或［圆心(C)］:(指定圆弧的起点 1)

指定圆弧的第二个点或［圆心(C)/端点(E)］:(指定第二个点 2)

指定圆弧的端点:(指定第三个点 3)

结果如图 2.31 所示。

Ⅱ. 起点、圆心、端点方式画圆弧

拾取圆弧命令后,命令行提示信息如下:

指定圆弧的起点或［圆心(C)］:(指定点 1)

指定圆弧的第二个点或［圆心(C)/端点(E)］: C(选择圆心方式)↙

指定圆弧的圆心:(指定圆心)

指定圆弧的端点或［角度(A)/弦长(L)］:(指定点 2)

结果如图 2.32 所示。

图 2.32　利用起点、圆心、端点方式画圆弧

其他方法,同学可根据命令行提示自己练习。

(4)矩形

1)功能

绘制矩形。

2)启动命令的方式

①命令行:输入 RECTANG↙。

②菜单:"绘图"→"矩形"。

③工具栏:在绘图工具栏中,单击"矩形"图标按钮□。

3)命令执行过程

拾取矩形命令后,命令行提示信息如下:

指定第一个角点或［倒角(C)/标高(E)/圆角(F)/厚度(T)/宽度(W)］:

创建矩形有以下几种方法。

Ⅰ. 用指定的点作为对角点创建矩形

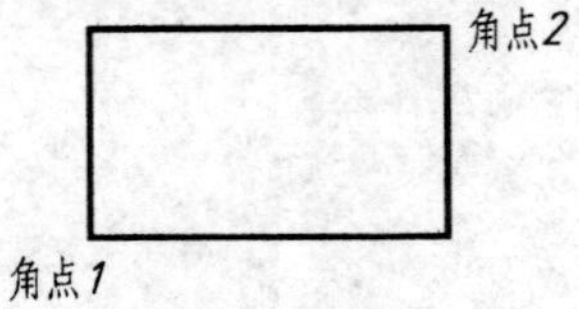

角点2

角点1

图 2.33　使用对角点创建矩形

拾取矩形命令后,命令行提示信息如下:

指定第一个角点或［倒角(C)/标高(E)/圆角(F)/厚度(T)/宽度(W)］:(指定第一角点 1)

指定另一个角点或［面积(A)/尺寸(D)/旋转(R)］:(指定第二角点 2)

结果如图 2.33 所示。

Ⅱ. 使用长、宽创建矩形

拾取矩形命令后，命令行提示信息如下：

指定第一个角点或［倒角(C)/标高(E)/圆角(F)/厚度(T)/宽度(W)］：(指定第一个角点)

指定另一个角点或［面积(A)/尺寸(D)/旋转(R)］：D(选择尺寸方式)↙

指定矩形的长度 ＜0.0000＞：20↙

指定矩形的宽度 ＜0.0000＞：12↙

指定另一个角点或［面积(A)/尺寸(D)/旋转(R)］：(用鼠标左键指定另一点方向，操作结束)

结果如图 2.34 所示。

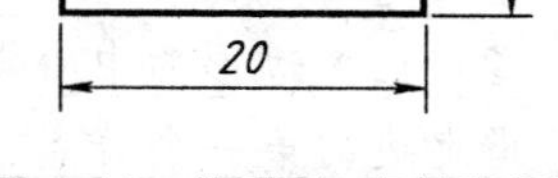

图 2.34　使用长、宽创建矩形

Ⅲ. 创建带圆角的矩形

拾取矩形命令后，命令行提示信息如下：

指定第一个角点或［倒角(C)/标高(E)/圆角(F)/厚度(T)/宽度(W)］：F(指定圆角半径方式)↙

指定矩形的圆角半径 ＜0.0000＞：2↙

指定第一个角点或［倒角(C)/标高(E)/圆角(F)/厚度(T)/宽度(W)］：(指定第一个角点)

指定另一个角点或［面积(A)/尺寸(D)/旋转(R)］：D↙

指定矩形的长度 ＜0.0000＞：20↙

指定矩形的宽度 ＜0.0000＞：12↙

指定另一个角点或［面积(A)/尺寸(D)/旋转(R)］：(用鼠标左键指定另一个角点方向)

结果如图 2.35 所示。

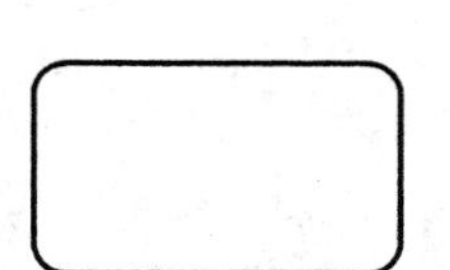

图 2.35　创建带圆角的矩形

矩形命令的其他选项，同学可根据命令行提示自己练习。

(5)正多边形

1)功能

绘制 3～1 024 条边的正多边形。

2)启动命令的方式

①命令行：输入 POLYGON↙。

②菜单：“绘图”→“多边形”。

③工具栏：在绘图工具栏中，单击“正多边形”图标按钮⬠。

3)命令执行过程

拾取正多边形命令后，命令行提示信息如下：

输入边的数目 ＜当前值＞：(输入 3～1 024 之间的值)↙

指定正多边形的中心点或［边(E)］：(指定点或输入 E↙)

绘制正多边形有以下几种方法。

Ⅰ. 中心点法

拾取正多边形命令后，命令行提示信息如下：

输入边的数目 ＜当前值＞：6↙

指定正多边形的中心点或［边(E)］：(指定正多边形的中心点 O)

输入选项[内接于圆(I)/外切于圆(C)]＜当前选项＞：(输入 I 或 C,或按回车键接受当前选项)

指定圆的半径：(输入一个数值)↙

如图 2.36(a)所示,内接于圆(输入 I)指正多边形在圆内,下一步输入的圆的半径是指从正多边形中心到正多边形顶点的距离;如图 2.36(b)所示,外切于圆(输入 C)指正多边形在圆外,下一步输入的圆的半径是指从正多边形中心到正多边形一条边的垂直距离。

Ⅱ. 边长法

通过指定一条边的两个顶点来绘制正多边形。

拾取正多边形命令后,命令行提示信息如下：

输入边的数目 ＜当前值＞：6↙

指定正多边形的中心点或[边(E)]：E(选择边长方式)↙

指定边的第一个端点：(指定一个顶点 $P1$)

指定边的第二个端点：(输入 $P2$ 或边长)

结果如图 2.36 (c)所示。

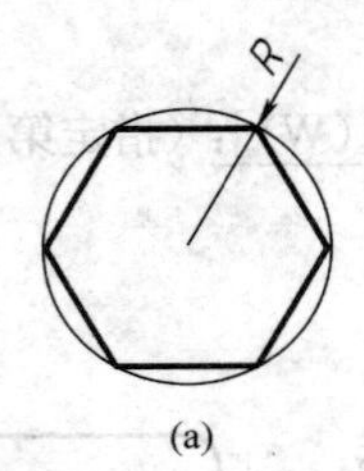

(a)

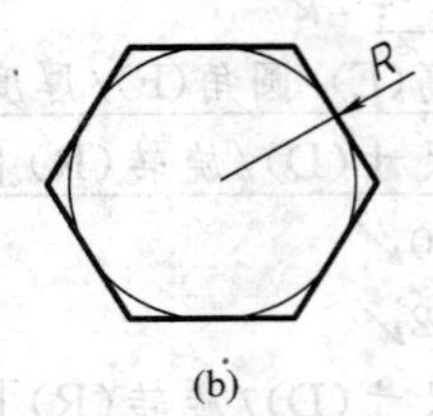

(b)

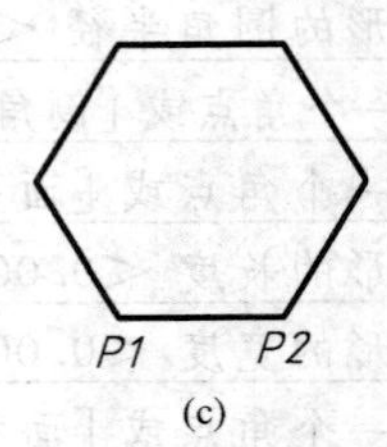

(c)

图 2.36 绘制正多边形

(a)内接于圆法 (b)外切于圆法 (c)边长法

(6)椭圆和椭圆弧

1)功能

绘制椭圆和椭圆弧。

2)启动命令的方式

①命令行：输入 ELLIPSE↙。

②菜单："绘图"→"椭圆"。

③工具栏：在绘图工具栏中,单击"椭圆"图标按钮 或"椭圆弧"图标按钮 。

3)命令执行过程

Ⅰ. 利用轴端点法绘制椭圆

拾取椭圆命令后,命令行提示信息如下：

指定椭圆的轴端点或[圆弧(A)/中心点(C)]：(指定轴端点 1)

指定轴的另一个端点：(指定轴端点 2)

指定另一条半轴长度或[旋转(R)]：(指定轴端点 3)

结果如图 2.37 所示。

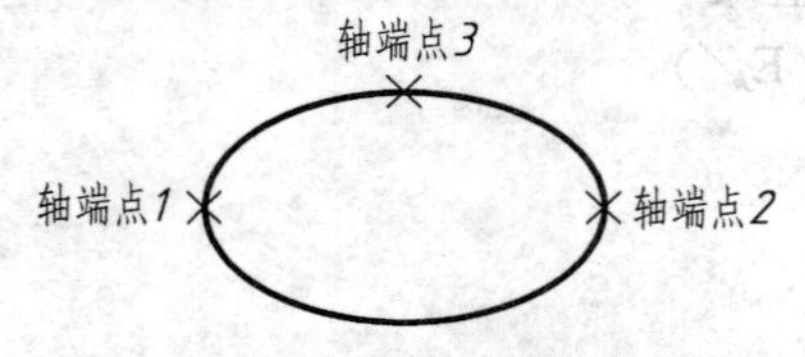

图 2.37 利用轴端点法绘制椭圆

提示：

根据两个端点定义椭圆的第一条轴。第一条轴可以是长轴,也可以是短轴。

Ⅱ.利用轴端点法绘制椭圆弧

拾取椭圆命令后，命令行提示信息如下：

指定椭圆的轴端点或［圆弧(A)/中心点(C)］：A↙

指定椭圆弧的轴端点或［中心点(C)］：(指定轴端点 1)

指定轴的另一个端点：(指定轴端点 2)

指定另一条半轴长度或［旋转(R)］：(指定轴端点 3)

指定起始角度或［参数(P)］：0↙

指定终止角度或［参数(P)/包含角度(I)］：180↙

结果如图 2.38 所示。

轴端点1 轴端点2 轴端点3

图 2.38 利用轴端点法绘制椭圆弧

提示：

椭圆弧按起始点的逆时针方向绘制。

(7)点

1)功能

绘制点，等分线段。

2)启动命令的方式

①命令行：输入 POINT↙。

②菜单："绘图"→"点"。

③工具栏：在绘图工具栏中，单击"点"图标按钮▣。

3)命令执行过程

拾取绘制点命令后，命令行提示信息如下：

当前点模式：PDMODE=0　PDSIZE=0.0000

指定点：(指定点的位置)

指定点：(继续指定点的位置或按回车键确认)

Ⅰ.设置点样式

在默认情况下，绘制的点是一个小圆点，为了看图方便可以设置点的样式。设置的步骤如下：

①菜单："格式"→"点样式"。

②在"点样式"对话框中选择一种点样式。"点样式"对话框如图 2.39 所示。

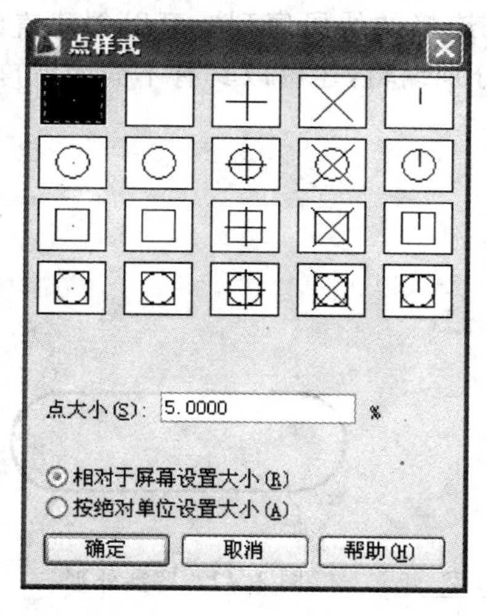

图 2.39 "点样式"对话框

③在"点大小"文本框中以相对于屏幕大小或以绝对单位指定一个大小。

④单击"确定"按钮，完成点样式设置。

Ⅱ.定距等分

在指定的对象上按指定的长度绘制点或者插入块。

【例 2.3】 将图 2.40(a)所示线段按 6 个图形单位标记，每个单位长度为 10 mm。

命令行：MEASURE↙

选择要定距等分的对象：(选择直线段 AB)

指定线段长度或［块(B)］：10↙

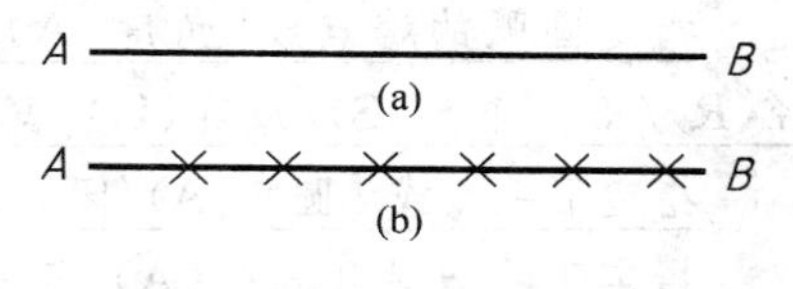

图 2.40 定距等分

(a)原图　(b)定距等分图

结果如图 2.40(b)所示。

提示：

放置点的起始位置从离对象选取点较近的端点开始；如果对象总长不能被所选长度整除，则最后放置点到对象端点的距离将不等于所选长度。

Ⅲ. 定数等分

在指定的对象上绘制等分点或者在等分点处插入块。

【例 2.4】 将图 2.41(a)所示直线段进行 5 等分。

命令行：DIVIDE↙

选择要定数等分的对象：(选取直线 *CD*)

输入线段数目或［块(B)］：5↙

结果如图 2.41(b)所示。

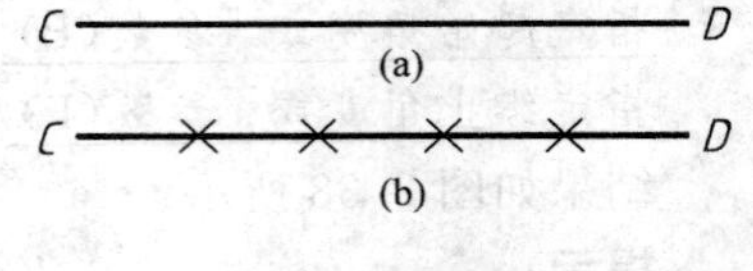

图 2.41 定数等分

(a)原图 (b)定数等分图

提示：

因为输入的是等分数，而不是放置点的个数，所以如果将所选对象分成 *N* 份，则实际上只生成 *N*－1 个点。每次只能对一个对象操作，而不能对一组对象操作。

(8)多段线

1)功能

在 AutoCAD 中多段线是作为单个对象创建的相互连接的线段序列。可以创建直线段、弧线段或两者的组合线段；既可以一起编辑，也可以分别编辑，还可以具有不同的宽度。绘制流程图和布管图时应用多段线。

2)启动命令的方式

①命令行：输入 PLINE↙。

②菜单："绘图"→"多段线"。

③工具栏：在绘图工具栏中，单击"多段线"图标按钮 。

【例 2.5】 创建如图 2.42 所示的容器外形。

拾取多段线命令后，命令行提示信息如下：

指定起点：(指定点 1)

当前线宽为 0.0000

指定下一个点或［圆弧(A)/半宽(H)/长度(L)/放弃(U)/宽度(W)］：(指定点 2)

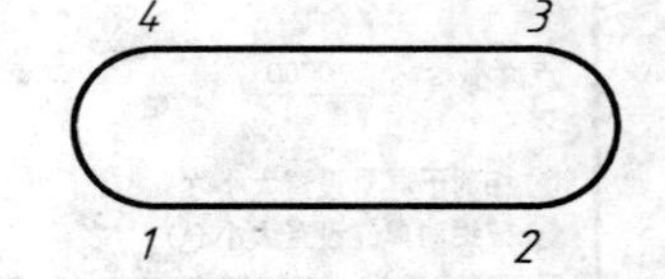

图 2.42 容器外形

指定下一点或［圆弧(A)/闭合(C)/半宽(H)/长度(L)/放弃(U)/宽度(W)］：A(转换为画圆弧方式)↙

指定圆弧的端点或［角度(A)/圆心(CE)/闭合(CL)/方向(D)/半宽(H)/直线(L)/半径(R)/第二个点(S)/放弃(U)/宽度(W)］：(指定点 3)

指定圆弧的端点或［角度(A)/圆心(CE)/闭合(CL)/方向(D)/半宽(H)/直线(L)/半径(R)/第二个点(S)/放弃(U)/宽度(W)］：L(转换为画直线方式)↙

指定下一点或［圆弧(A)/闭合(C)/半宽(H)/长度(L)/放弃(U)/宽度(W)］：(指定点 4)

指定下一点或［圆弧(A)/闭合(C)/半宽(H)/长度(L)/放弃(U)/宽度(W)］：A↙

指定圆弧的端点或［角度(A)/圆心(CE)/闭合(CL)/方向(D)/半宽(H)/直线(L)/半径(R)/第二个点(S)/放弃(U)/宽度(W)］：(指定点 1)

指定圆弧的端点或[角度(A)/圆心(CE)/闭合(CL)/方向(D)/半宽(H)/直线(L)/半径(R)/第二个点(S)/放弃(U)/宽度(W)]：↙(结束操作)

结果如图 2.42 所示。

【例 2.6】 创建如图 2.43 所示的流程线和箭头。

图 2.43 流程线和箭头

拾取多段线命令后，命令行提示信息如下：

指定起点：(指定点 1)

当前线宽为 0.0000

指定下一个点或 [圆弧(A)/半宽(H)/长度(L)/放弃(U)/宽度(W)]：(指定点 2)

指定下一点或 [圆弧(A)/闭合(C)/半宽(H)/长度(L)/放弃(U)/宽度(W)]：W(设置多段线宽度)↙

指定起点宽度 <0.0000>：2(箭头起始宽度)↙

指定端点宽度 <2.0000>：0(箭头终点宽度)↙

指定下一点或 [圆弧(A)/闭合(C)/半宽(H)/长度(L)/放弃(U)/宽度(W)]：(指定点 3)

指定下一点或 [圆弧(A)/闭合(C)/半宽(H)/长度(L)/放弃(U)/宽度(W)]：(指定点 4)

指定下一点或 [圆弧(A)/闭合(C)/半宽(H)/长度(L)/放弃(U)/宽度(W)]：↙(结束操作)

结果如图 2.43 所示。

(9)样条曲线

1)功能

样条曲线是一种通过或接近指定点的光滑曲线。样条曲线适于表达具有不规则变化曲率半径的曲线，如图 2.44 所示的设备图形断裂面。

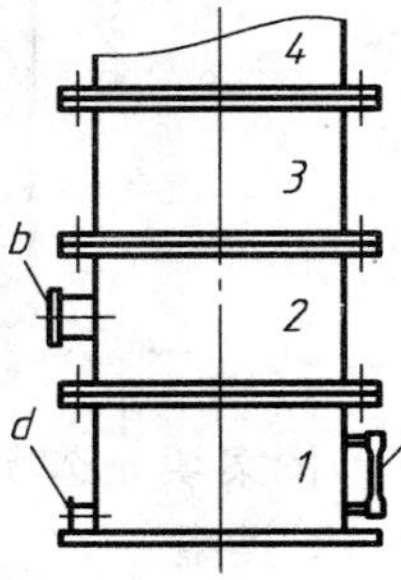

图 2.44 样条曲线的应用

2)命令的格式

①命令行：输入 SPLINE↙。

②菜单："绘图"→"样条曲线"。

③工具栏：在绘图工具栏中，单击"样条曲线"图标按钮 。

【例 2.7】 过点 1～6 绘制如图 2.45 所示样条曲线。

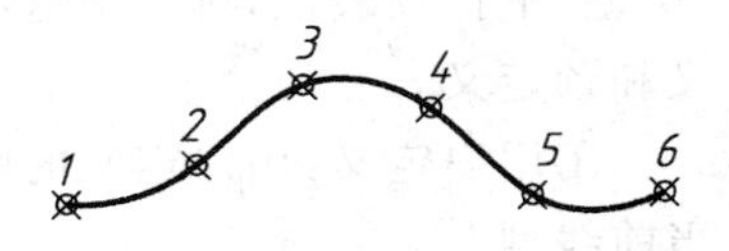

图 2.45 用样条曲线绘制的图形

拾取样条曲线命令后，命令行提示信息如下：

指定第一个点或 [对象(O)]：(指定点 1)

指定下一点：(指定点 2)

指定下一点或 [闭合(C)/拟合公差(F)] <起点切向>：(指定点 3)

指定下一点或 [闭合(C)/拟合公差(F)] <起点切向>：(指定点 4)

指定下一点或 [闭合(C)/拟合公差(F)] <起点切向>：(指定点 5)

指定下一点或 [闭合(C)/拟合公差(F)] <起点切向>：(指定点 6)

指定下一点或 [闭合(C)/拟合公差(F)] <起点切向>：↙

指定起点切向：(移动光标指定起点切向)

指定端点切向：(移动光标指定端点切向)

结果如图 2.45 所示。

(10)图案填充

1)功能

将选定的图案填充到指定的图形区域内，自动识别填充边界。

2)启动命令的方式

①命令行:输入 HATCH↙。

②菜单:"绘图"→"图案填充"。

③工具栏:在绘图工具栏中,单击"图案填充"图标按钮。

图 2.46 所示为"图案填充和渐变色"对话框。

图 2.46 "图案填充和渐变色"对话框

3)图案填充选项说明

Ⅰ.类型

如图 2.46 所示,在"类型和图案"区域,点击"类型"下拉列表框,有三个选项:用户定义、自定义和预定义。

①用户定义:用户定义的图案基于图形中的当前线型。

②自定义:自定义图案是在任何自定义 pat 文件中定义的图案,这些文件已添加到搜索路径中。可以控制任何图案的角度和比例。

③预定义:预定义图案存储在随产品提供的 acad. pat 或 acadiso. pat 文件中。

初学者最常使用的是"预定义"选项,该选项能够满足基本的使用要求。

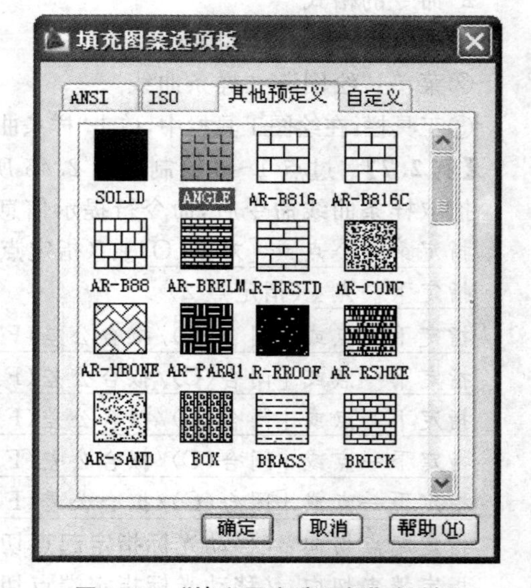

图 2.47 "填充图案选项板"对话框

Ⅱ.可用的预定义图案

当"类型"选定为"预定义"时,在"图案"下拉列表框中会出现可用的预定义图案,其中,最近使用的 6 个用户预定义图案出现在列表顶部。

单击"图案"下拉列表框右侧的"..."按钮,显示"填充图案选项板"对话框,如图 2.47 所示。从中可以同时查看所有预定义图案的预览图像,这将有助于用户做出选择。

Ⅲ. 样例

显示选定图案的预览图像。可以单击“样例”选框以显示“填充图案选项板”对话框。

Ⅳ. 间距

指定用户定义图案中的直线间距。只有将“类型”设置为“用户定义”时,此选项才可用。

Ⅴ. 角度

指定填充图案的角度(相对当前 UCS 坐标系的 X 轴)。

Ⅵ. 比例

放大或缩小预定义或自定义图案。只有将“类型”设置为“预定义”或“自定义”时,此选项才可用。

Ⅶ. 添加:拾取点

根据围绕指定点构成封闭区域的现有对象确定边界。单击“添加:拾取点”按钮,对话框将暂时关闭,系统将会提示拾取一个点,这时单击要进行图案填充的区域,按回车键返回对话框。

Ⅷ. 添加:选择对象

根据构成封闭区域的选定对象确定边界。单击“添加:选取对象”按钮,对话框将暂时关闭,系统将会提示选择对象,此时选择要进行图案填充的区域的对象,按回车键返回对话框。

(11)面域

1)功能

面域是指具有边界的平面区域。面域命令可将包含封闭区域的对象转换为面域对象。

2)启动命令的方式

①命令行:输入 REGION↙。

②菜单:“绘图”→“面域”。

③工具栏:在绘图工具栏中,单击“面域”图标按钮。

使用对象选择方法并在完成选择后按回车键返回。面域是用闭合的形状或环创建的二维区域。闭合多段线、直线和曲线都是有效的选择对象。曲线包括圆弧、圆、椭圆弧、椭圆和样条曲线。

2.3.4 编辑图形

在 AutoCAD 中,单纯地使用绘图命令或绘图工具只能创建出一些基本图形对象,要绘制复杂的图形,就必须借助图形编辑命令。在编辑对象前,首先要选择对象,然后进行编辑。当选中对象时,在其中部或两端将显示若干个小方框(即夹点),利用它们可对图形进行简单编辑。此外,AutoCAD 2009 还提供了丰富的对象编辑工具,可以合理地构造和组织图形,以保证绘图的准确性,简化绘图操作,极大地提高了绘图效率。

1. 实体选择方式

在对图形进行编辑操作之前,首先选择要编辑的对象。AutoCAD 用虚线亮显所选的对象构成选择集。在 AutoCAD 中,选择对象的方法很多。例如,可以通过单击对象逐个拾取,也可利用矩形窗口或交叉窗口选择;可以选择最近创建的对象、前面的选择集或图形中的所有对象,也可以向选择集中添加对象或从中删除对象。下面介绍初学者常用的三种实体选择方式。

(1)单个拾取方式

该方式每次只选中一个实体。输入编辑命令后，默认情况下，光标变为一个小方框(即拾取框)。此时直接移动鼠标，将小方框对准选择对象并单击鼠标左键，所选实体变成虚线显示，表示该对象被选中。

(2)窗口选择方式

该方式选中完全在窗口中的实体。输入编辑命令后，命令提示行出现“选择对象:”，此时用鼠标指定窗口左角点 A，再指定窗口右角点 B，如图 2.48 所示，完全处于窗口内的实体就被选中。

(3)交叉窗口选择方式

该方式选中完全或部分在窗口中的实体。输入编辑命令后，命令提示行出现“选择对象:”，此时用鼠标指定窗口右角点 A，再指定窗口左角点 B，如图 2.49 所示，部分或完全处于窗口内的实体被选中。

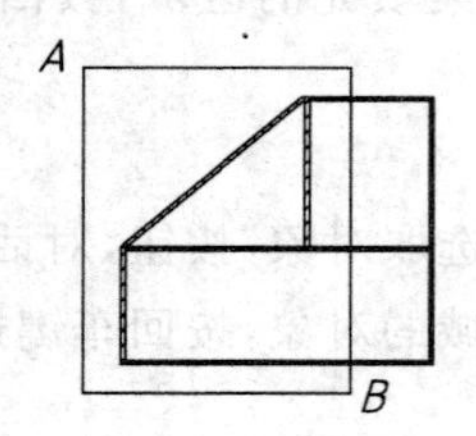

图 2.48 窗口选择方式

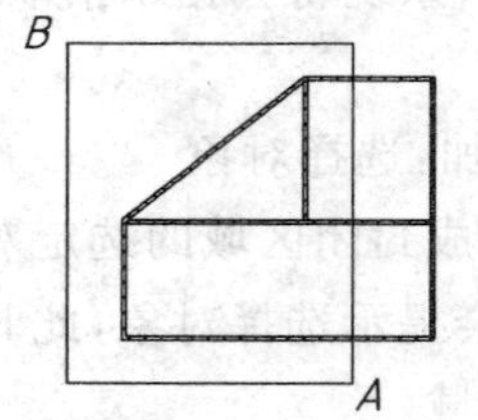

图 2.49 交叉窗口选择方式

2. 编辑命令

(1)对象复制(COPY)

1)功能

可以将已有的对象复制出一个或多个副本，并放置到指定的位置。

2)启动命令的方式

①命令行:输入 COPY↙。

②菜单:“修改”→“复制”。

③工具栏:在绘图工具栏中，单击“复制”图标按钮。

拾取该命令后，首先需要选择对象，然后指定位移的基点和位移矢量(相对于基点的方向和大小)。

使用复制命令还可以同时创建多个副本。在“指定第二个点或[退出(E)/放弃(U)]<退出>:”提示信息下，通过连续指定位移的第二个点来创建该对象的其他副本，直到按回车键结束。

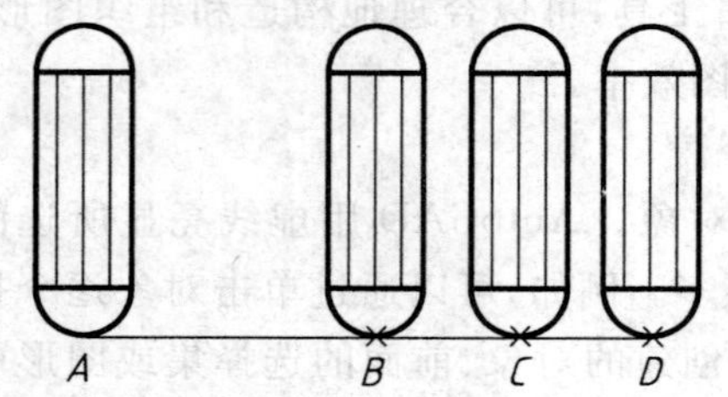

图 2.50 复制对象示例

【例 2.8】 将图 2.50 所示 A 点处的设备复制三个。

拾取复制命令后，命令行提示信息如下：

<u>选择对象</u>:(选择要复制的对象设备)

<u>选择对象</u>:↙(结束实体选择)

<u>当前设置:复制模式＝多个</u>

指定基点或［位移(D)/模式(O)］<位移>：(指定基点 A)
指定第二个点或 <使用第一个点作为位移>：(指定基点 B)
指定第二个点或［退出(E)/放弃(U)］<退出>：(指定基点 C)
指定第二个点或［退出(E)/放弃(U)］<退出>：(指定基点 D)
指定第二个点或［退出(E)/放弃(U)］<退出>：↙(结束操作)
结果如图 2.50 所示。

(2)镜像命令(MIRROR)

1)功能

镜像命令用于创建轴对称图形。

2)启动命令的方式

①命令行：输入 MIRROR↙。

②菜单："修改"→"镜像"。

③工具栏：在修改工具栏中，单击"镜像"图标按钮。

【例 2.9】 作出如图 2.51(a)所示图形的左半部分的对称图形。

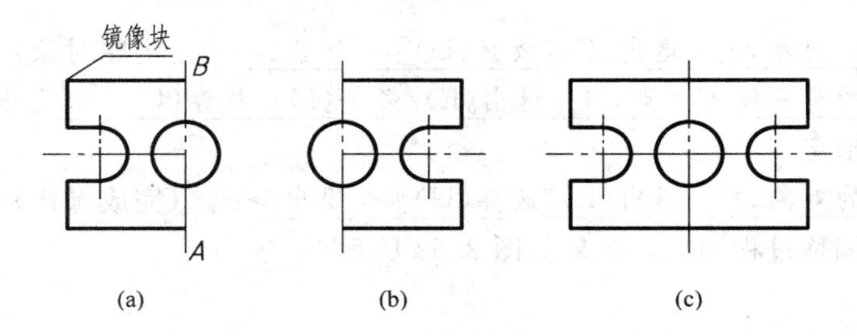

图 2.51 镜像复制对象

(a)原图形 (b)删除源对象的镜像图形 (c)不删除源对象的镜像图形

拾取镜像命令后，命令行提示信息如下：
选择对象：(选择镜像对象)
选择对象：↙(结束选取操作)
指定镜像线的第一个点：(指定 A 点)
指定镜像线的第二个点：(指定 B 点)
要删除源对象吗？［是(Y)/否(N)］<N>：(如果直接按回车键，则镜像复制对象，并保留原来的对象，如图 2.51(c)；如果输入 Y，再按回车键，则在镜像复制对象的同时删除源对象，如图 2.51(b)所示)

(3)偏移命令(OFFSET)

1)功能

在实际应用中，常利用偏移命令的特性创建平行线或同心圆等图形。

2)启动命令的方式

①命令行：输入 OFFSET↙。

②菜单："修改"→"偏移"。

③工具栏：在修改工具栏中，单击"偏移"图标按钮。

【例 2.10】 将如图 2.52 所示的直线、矩形、圆偏移 10 个单位。

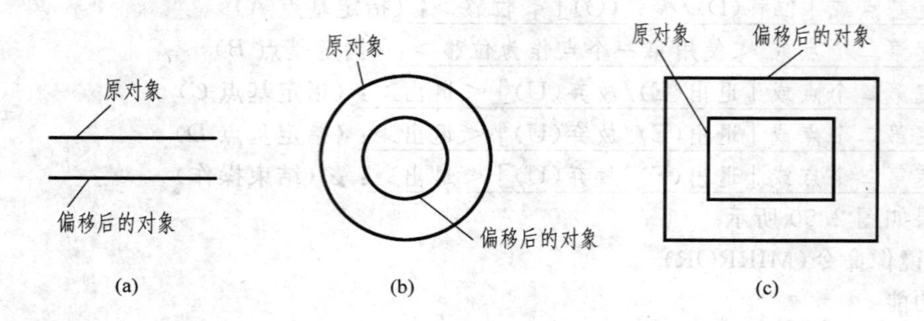

图 2.52 偏移对象

(a)直线偏移 (b)圆曲线偏移 (c)矩形偏移

拾取偏移命令后，命令行提示信息如下：

当前设置：删除源＝否 图层＝源 OFFSETGAPTYPE＝0

指定偏移距离或［通过(T)/删除(E)/图层(L)］<通过>：10(输入一个正数作为偏移距离)↙

选择要偏移的对象，或［退出(E)/放弃(U)］<退出>：(指定原对象)

指定要偏移的那一侧上的点，或［退出(E)/多个(M)/放弃(U)］<退出>：(在需要偏移的对象的一侧指定一个点)

选择要偏移的对象，或［退出(E)/放弃(U)］<退出>：↙(完成操作)

矩形和圆的偏移过程同上。结果如图 2.52 所示。

提示：

选取偏移对象时，只能采用直接点取方式选择实体。

(4)阵列命令(ARRAY)

1)功能

使用阵列命令可以在矩形或环形(圆形)阵列中创建对象的副本。

对于矩形阵列，可以控制行和列的数目以及它们之间的距离。对于环形阵列，可以控制对象副本的数目并决定是否旋转副本。对于创建多个定间距的对象，阵列比复制要快。

2)启动命令的方式

①命令行：输入 ARRAY↙。

②菜单："修改"→"阵列"。

③工具栏：在修改工具栏中，单击"阵列"图标按钮。

3)创建阵列

Ⅰ. 创建矩形阵列

【例 2.11】 创建如图 2.53(b)所示齿轮泵图形的矩形阵列。

拾取阵列命令，出现如图 2.54 所示"阵列"对话框。

创建矩形阵列，对话框操作步骤如下。

①在"阵列"对话框中选择"矩形阵列"单选按钮。

②单击"选择对象"按钮，"阵列"对话框将关闭。程序将提示选择对象。

③选择要添加到阵列中的对象(齿轮泵图形，见图 2.53(a))并按回车键返回"阵列"对

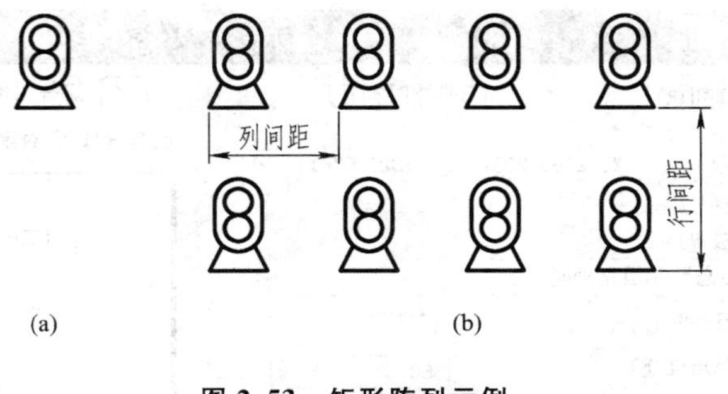

图 2.53　矩形阵列示例

(a)原图形　(b)矩形阵列后图形

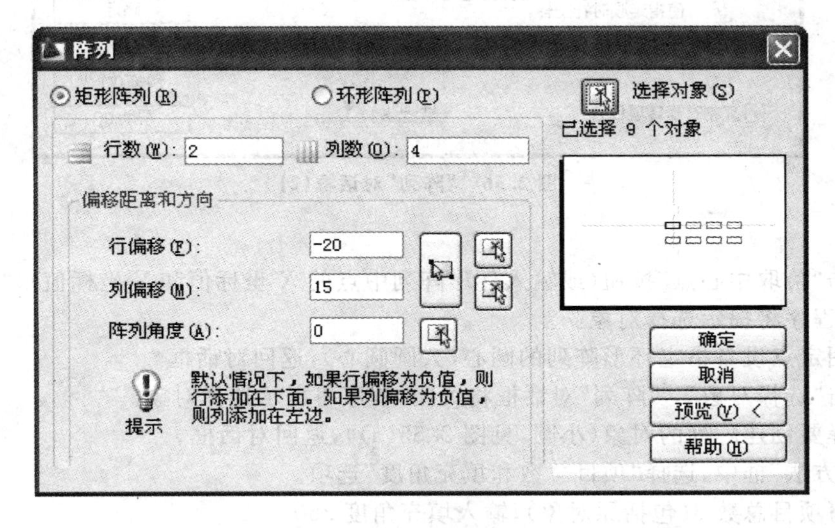

图 2.54　"阵列"对话框(1)

话框。

④ 在"行数"和"列数"文本框中，输入阵列中的行数(2)和列数(4)。

⑤ 在"行偏移"和"列偏移"文本框中，输入行偏移间距(－20)和列偏移间距(15)。添加加号（＋）或减号（－）确定阵列后的图形是向基础图形上方或下方排列。

⑥单击"确定"按钮，对话框消失。

创建矩形阵列结果如图 2.53(b)所示。

要修改阵列的旋转角度，可在"阵列角度"文本框中输入新角度。默认角度为 0，方向设置可以在图形单位命令中更改。

Ⅱ. 创建环形阵列

【例 2.12】 使用环形阵列方式绘制如图 2.55(b)所示的法兰圆孔。

拾取阵列命令，出现如图 2.56 所示"阵列"对话框。

创建环形阵列，对话框操作步骤如下。

①在"阵列"对话框中选择"环形阵列"单选

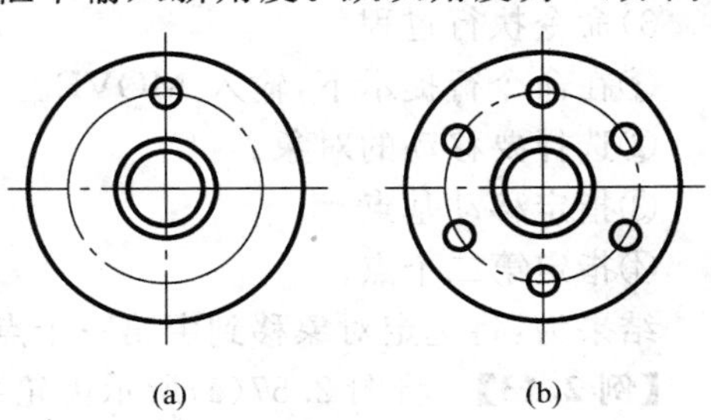

图 2.55　环形阵列示例

(a)原图形　(b)环形阵列后图形

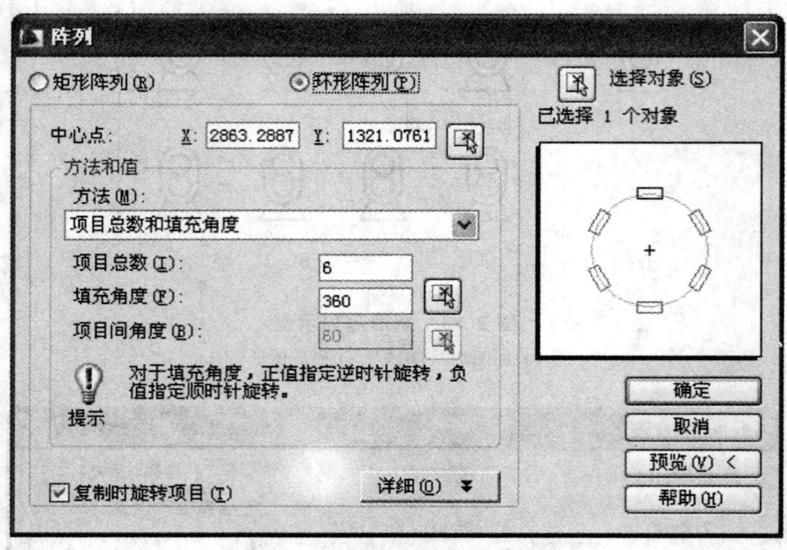

图 2.56 “阵列”对话框(2)

按钮。

②单击“拾取中心点”按钮(或输入环形阵列中点的 X 坐标值和 Y 坐标值),“阵列”对话框将关闭,程序将提示选择对象。

③使用定点设备指定环形阵列的圆心(大圆圆心),返回对话框。

④单击“选择对象”,“阵列”对话框将关闭,程序将提示选择对象。

⑤选择要创建阵列的对象(小圆,见图 2.55(a)),返回对话框。

⑥在“方法”框中,选择“项目总数和填充角度”选项。

⑦填写项目总数 6(包括原对象),输入填充角度 360。

⑧单击“确定”按钮创建环形阵列,结果如图 2.55(b)所示。

(5)移动命令(MOVE)

1)功能

在指定方向上,按指定距离移动对象。

2)启动命令的方式

①命令行:输入 MOVE↙。

②菜单:“修改”→“移动”。

③工具栏:在修改工具栏中,单击“移动”图标按钮。

3)命令执行过程

①在命令行提示下,输入 MOVE。

②选择要移动的对象。

③指定移动基点。

④指定第二个点。

结果为:将选定对象移到由第一个点和第二个点间的方向和距离确定的新位置。

【例 2.13】 将图 2.57(a)所示齿轮泵从 A 点移到 B 点。

拾取移动命令后,命令行提示信息如下:

<u>选择对象:</u>(选取齿轮泵)

选择对象：(选择要移动的对象)↙

指定基点或［位移(D)］<位移>：(指定基点 A)

指定第二个点或 <使用第一个点作为位移>：(指定基点 B)

结果如图 2.57(b)所示。

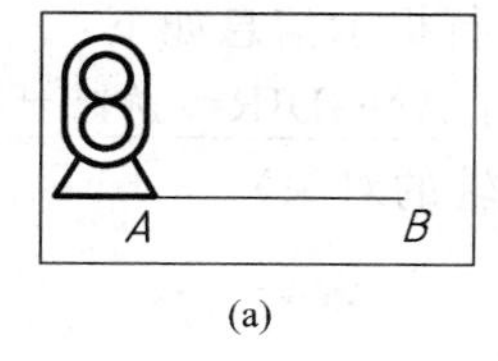

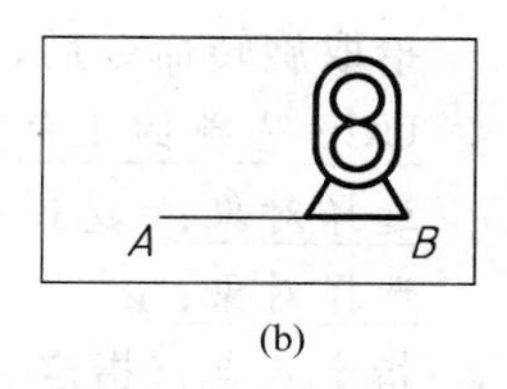

(a)　(b)

图 2.57　移动对象示意图

(a)原图形　(b)移动后图形

(6)旋转命令(ROTATE)

1)功能

可以绕指定基点旋转图形中的对象。

2)启动命令的方式

①命令行：输入 ROTATE↙。

②菜单："修改"→"旋转"。

③工具栏：在修改工具栏中，单击"旋转"图标按钮。

3)旋转方式

Ⅰ．按指定角度旋转对象

输入旋转角度值(0 到 360)。输入正角度值时是逆时针还是顺时针旋转对象取决于"图形单位"对话框中的方向控制设置。

Ⅱ．通过拖动旋转对象

绕基点拖动对象并指定第二点。为了更加精确，应使用正交模式、极轴追踪或对象捕捉模式。

Ⅲ．旋转对象到绝对角度

使用"参照"选项，可以旋转对象，使其与绝对角度对齐。

【例 2.14】　将图 2.58(a)所示图形绕基点 A 顺时针旋转 45°。

拾取旋转命令后，命令行提示信息如下：

UCS 当前的正角方向：ANGDIR＝逆时针　ANGBASE＝0

选择对象：(选择要旋转的对象)

选择对象：↙

指定基点：(指定 A 点)

指定旋转角度，或［复制(C)/参照(R)］<0>：－45↙

旋转结果如图 2.58(b)所示。

【例 2.15】　使用"参照"方式将图 2.59(a)所示图形从 AB 位置旋转到 AC 位置。

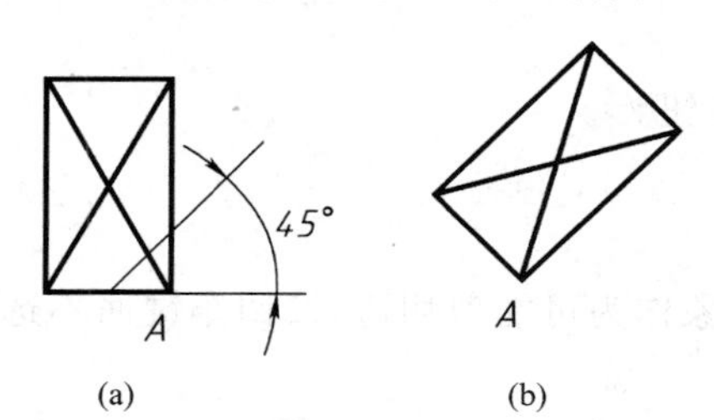

(a)　(b)

图 2.58　按指定角度旋转对象

(a)原图形　(b)旋转后图形

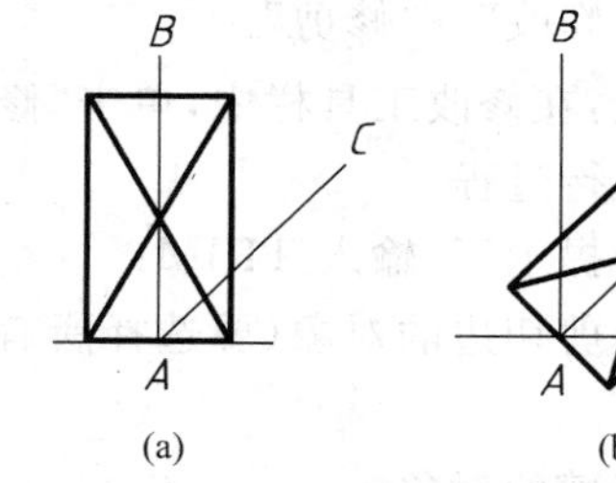

(a)　(b)

图 2.59　使用"参照"方式旋转对象

(a)原图形　(b)旋转后图形

拾取旋转命令后，命令行提示信息如下：

UCS 当前的正角方向：ANGDIR＝逆时针　ANGBASE＝0

选择对象：（选择要旋转的对象）

选择对象：↙

指定基点：（指定 *A* 点）

指定旋转角度，或［复制（C）/参照（R）］＜315＞：R↙

指定参照角 ＜0＞：（指定 *A* 点）

指定第二点：（指定 *B* 点）

指定新角度或［点（P）］＜0＞：（指定 *C* 点）

结果将图形以 *A* 为顶点，以 *AB* 为边旋转一个角度，如图 2.59(b)所示。

(7)缩放命令(SCALE)

1)功能

使用 SCALE 命令，可以将对象按统一比例放大或缩小。比例因子大于 1 时将放大对象，比例因子小于 1 时将缩小对象。

2)启动命令的方式

①命令行：输入 SCALE↙。

②菜单："修改"→"缩放"。

③工具栏：在修改工具栏中，单击"缩放"图标按钮。

【例 2.16】 将图 2.60(a)所示图形缩小为原来的一半。

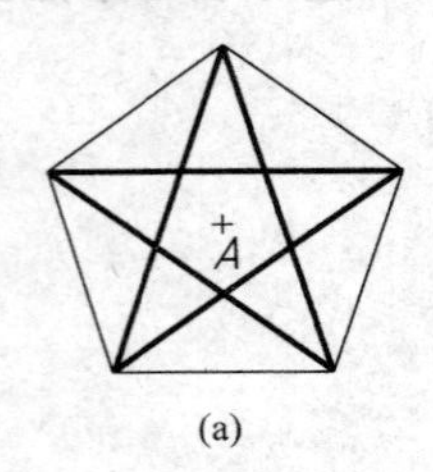

(a)

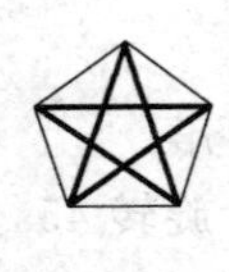

(b)

图 2.60　使用比例缩放命令示例

(a)原图形　(b)缩小后图形

拾取缩放命令后，命令行提示信息如下：

选择对象：（选取缩放对象）

选择对象：↙

指定基点：（指定点 *A*）；

指定比例因子或［复制（C）/参照（R）］＜当前值＞：0.5↙

结果如图 2.60(b)所示。

(8)修剪命令(TRIM)

1)功能

可以修剪对象，使它们精确地终止于由其他对象定义的边界。

2)启动命令的方式

①命令行：输入 TRIM↙。

②菜单："修改"→"修剪"。

③工具栏：在修改工具栏中，单击"修剪"图标按钮。

3)命令执行过程

在命令行提示下，输入 TRIM；

选择作为剪切边的对象（要选择所有显示的对象作为可能剪切边，按回车键而不选择任何对象）；

选择要修剪的对象。

【例 2.17】 将图 2.61(a)所示图形修剪成如图 2.61(b)所示的结果。

拾取修剪命令后，命令行提示信息如下：

当前设置：投影＝UCS，边＝无

选择剪切边...

选择对象或<全部选择>：(指定图 2.61(a)中五角星五条边)

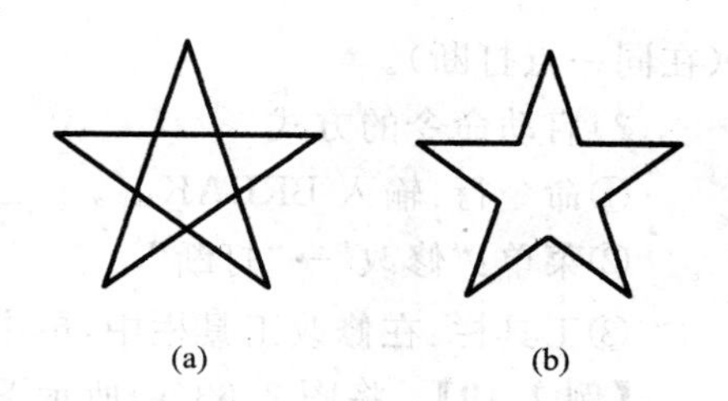

图 2.61 修剪对象示例

(a)原图形 (b)修剪后图形

选择对象：↙

选择要修剪的对象，或按住 Shift 键选择要延伸的对象，或[栏选(F)/窗交(C)/投影(P)/边(E)/删除(R)/放弃(U)]：(选择要剪掉部分的线段)↙

结果如图 2.61(b)所示。

(9)延伸命令(EXTEND)

1)功能

将选中的对象延伸到指定的边界。这意味着可以先创建对象(例如直线)，然后调整该对象，使其恰好位于其他对象之间。

2)启动命令的方式

①命令行：输入 EXTEND↙。

②菜单："修改"→"延伸"。

③工具栏：在修改工具栏中，单击"延伸"图标按钮--/。

【例 2.18】 完成如图 2.62 所示的延伸结果。

拾取延伸命令后，命令行提示信息如下：

当前设置：投影＝UCS，边＝无

选择边界的边...

选择对象或 <全部选择>：(指定左端线段)

选择对象：↙

选择要延伸的对象，或按住 Shift 键选择要修剪的对象，或[栏选(F)/窗交(C)/投影(P)/边(E)/放弃(U)]：(指定右端线段)

选择要延伸的对象，或按住 Shift 键选择要修剪的对象，或[栏选(F)/窗交(C)/投影(P)/边(E)/放弃(U)]：↙

结果如图 2.62(d)所示。

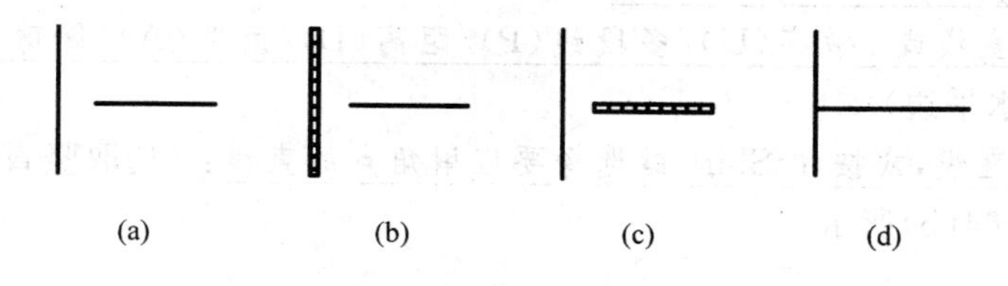

图 2.62 延伸对象示例

(a)原图 (b)选择延伸边界 (c)选择延伸边 (d)延伸后的图形

(10)打断命令(BREAK)

1)功能

将一个对象打断为两个对象，对象之间可以具有间隙(两点之间打断)，也可以没有间隙

（在同一点打断）。

2）启动命令的方式

①命令行：输入 BREAK↙。

②菜单："修改"→"打断"。

③工具栏：在修改工具栏中，单击"打断"图标按钮▭。

【例 2.19】 将图 2.63(a)所示图形从中间打断。

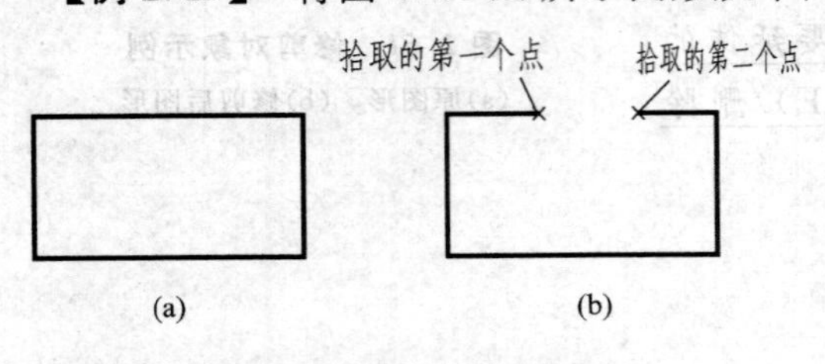

图 2.63 打断对象示例

(a)原图形 (b)打断后图形

拾取打断命令后，命令行提示信息如下：

选择对象：（指定对象上第一个点）

指定第二个打断点 或［第一点(F)］：（指定对象上第二个点）

结果如图 2.63(b)所示。

(11)倒角命令(CHAMFER)

1）功能

使用成角的直线连接两个对象。它通常用于表示角点上的倒角边。可以倒角的实体包括直线、多段线、射线、构造线、三维实体。

2）启动命令的方式

①命令行：输入 CHAMFER↙。

②菜单："修改"→"倒角"。

③工具栏：在修改工具栏中，单击"倒角"图标按钮◺。

【例 2.20】 在图 2.64(a)所示图形右上角作倒角。

拾取倒角命令后，命令行提示信息如下：

（"修剪"模式）当前倒角距离 1＝0.0000，距离 2＝0.0000

选择第一条直线或［放弃(U)/多段线(P)/距离(D)/角度(A)/修剪(T)/方式(E)/多个(M)］：D↙

指定第一个倒角距离 ＜0.0000＞：15↙

指定第二个倒角距离 ＜0.0000＞：12↙

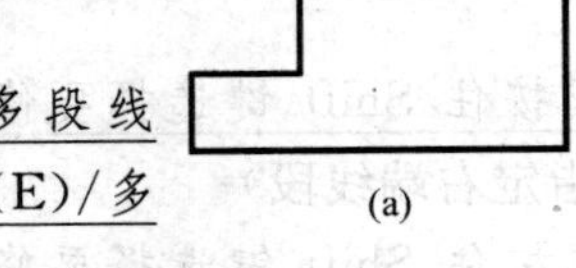
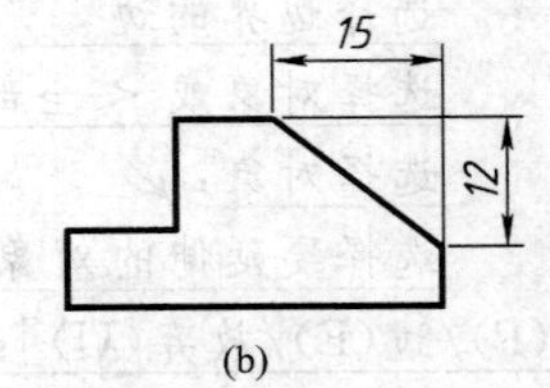

图 2.64 用两个对象倒角示例

(a)原图形 (b)倒角后图形

选择第一条直线或［放弃(U)/多段线(P)/距离(D)/角度(A)/修剪(T)/方式(E)/多个(M)］：（选择水平边）

选择第二条直线，或按住 Shift 键选择要应用角点的直线：（选取竖直边，结束操作）

结果如图 2.64(b)所示。

3）选项说明

距离：指倒角的距离，在提示下输入"D"后回车，按提示操作。

修剪：设置倒角后是否对倒角边进行修剪。系统默认修剪。

(12)圆角命令(FILLET)

1）功能

使用与对象相切并且具有指定半径的圆弧连接两个对象。

2)启动命令的方式

①命令行:输入 FILLET↙。

②菜单:"修改"→"圆角"。

③工具栏:在修改工具栏中,单击"圆角"图标按钮。

【例 2.21】 将图 2.65(a)所示图形顶点 A、B 绘制成圆角。

拾取圆角命令后,命令行提示信息如下:

当前设置:模式=修剪,半径=0.0000

选择第一个对象或[放弃(U)/多段线(P)/半径(R)/修剪(T)/多个(M)]:R↙

指定圆角半径<0.0000>:8↙

选择第一个对象或[放弃(U)/多段线(P)/半径(R)/修剪(T)/多个(M)]:(选取 AD 边)

选择第二个对象,或按住 Shift 键选择要应用角点的对象:(选取 AB 边)

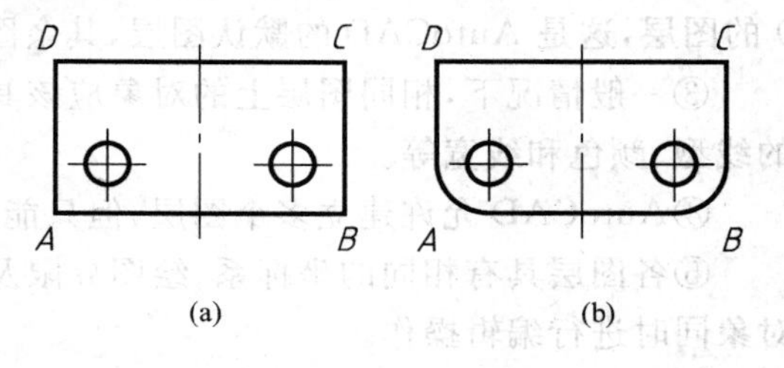

图 2.65 圆角操作示例

(a)原图形 (b)圆角后图形

命令:↙

FILLET

当前设置:模式=修剪,半径=8.0000

选择第一个对象或[放弃(U)/(P)/半径(R)/修剪(T)/多个(M)]:(选取 AB 边)

选择第二个对象,或按住 Shift 键选择要应用角点的对象:(选取 BC 边)

结果如图 2.65(b)所示。

(13)分解命令(EXPLODE)

1)功能

如果需要在一个块中单独修改一个或多个对象,可以将块定义分解为它的组成对象。修改之后,可以创建新的块定义,或重新定义现有的块。

2)启动命令的方式

①命令行:输入 EXPLODE↙。

②菜单:"修改"→"分解"。

③工具栏:在修改工具栏中,单击"分解"图标按钮。

3)命令执行过程

①在命令行提示下,输入 EXPLODE。

②选择要分解的块,然后按回车键。

2.3.5 图层的操作

1. 图层的概念

(1)概念

在 AutoCAD 中,任何图形实体都是绘制在图层上的。图层就像透明的图纸(也可以将图层形象地理解为一层挨一层放置的、透明的电子纸),一般用来对图形中的实体进行分组,可以把具有相同属性(如相同线型、线宽、颜色和状态)的实体,画在同一层上。用户可以十分方便地在图层上组织和编组图形中的对象。

(2)特点

在 AutoCAD 2009 中,图层具有以下特点。

①在一幅图中可以指定任意数量的图层。系统对图层数没有限制,对每一图层上的对象数也没有任何限制。

②每个图层有一个名称,以加以区别。当开始绘制新图时,AutoCAD 自动创建层名为 0 的图层,这是 AutoCAD 的默认图层,其余图层需要自定义。

③一般情况下,相同图层上的对象应该具有相同的线型、颜色、线宽。可以改变各图层的线型、颜色和线宽等。

④AutoCAD 允许建立多个图层,但只能在当前图层上绘图。

⑤各图层具有相同的坐标系、绘图界限及显示时的缩放倍数;可以对位于不同图层上的对象同时进行编辑操作。

⑥可以对各图层进行打开、关闭、冻结、解冻、锁定与解锁等操作,以决定各图层的可见性与可操作性。

2. 创建新图层

默认情况下,图层 0 将被指定使用 7 号颜色(白色或黑色,由背景色决定)、continuous 线型、默认线宽及 normal 打印样式。在绘图过程中,如果要使用更多的图层来组织图形,就需要先创建新图层。所有的图层功能都可以通过如图 2.66 所示的"图层特性管理器"选项板来实现。

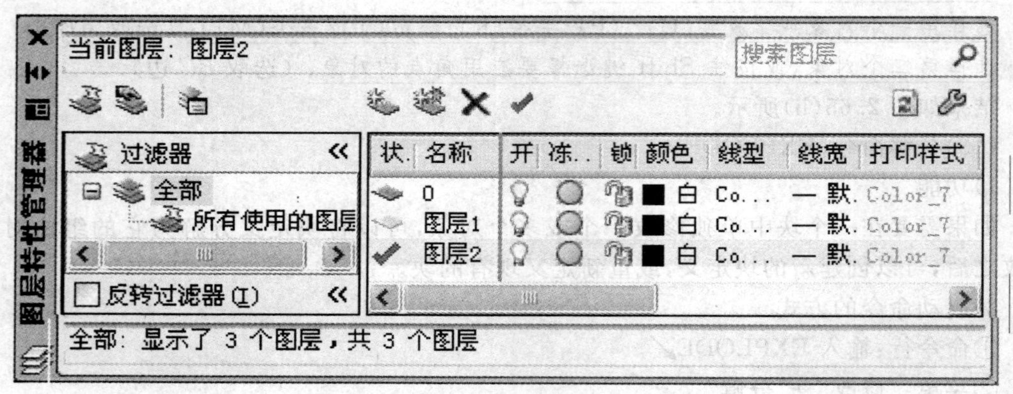

图 2.66 "图层特性管理器"选项板

(1)创建新图层方式

①菜单:"格式"→"图层"。

②工具栏:在图层工具栏中单击"图层特性"按钮。

③命令行:输入 LAYER↙。

(2)创建新图层步骤

①在命令行提示下,输入 LAYER。

②在"图层特性管理器"选项板中,单击"新建图层"按钮。

③图层名(例如:图层 1)将自动添加到图层列表中。

④在亮显的图层名上输入新图层名。

⑤要修改特性,单击图标。在单击"颜色"、"线型"、"线宽"或"打印样式"图标时,将显示

相应的对话框。

⑥单击“关闭”按钮✖(在选项板左上角)，保存修改并关闭对话框。

要创建更多的新图层可重复上述操作。

提示:

新图层将继承图层列表中当前选定图层的特性(颜色、开或关状态等)。新图层将在当前选定的图层下进行创建。

3. 删除图层

删除图层有以下步骤。

①在“图层特性管理器”选项板中，选中要删除的图层，单击“删除图层”按钮✖。

②单击“关闭”按钮✖(在选项板左上角)，保存修改并关闭选项板。

提示:

不能删除0层、Defpoints图层和当前图层。

4. 设置当前图层

设置当前图层的方法有三种。

①在“图层特性管理器”选项板的图层列表中，选择某一图层后，单击“置为当前”按钮✔，即可将该层设置为当前图层。如图2.66所示，图层2被设置为当前图层。

②在图层工具栏中单击“将对象的图层设为当前图层”按钮，选择将要使其图层成为当前图层的对象，并按回车键，可以将对象所在图层置为当前图层。

③在图层工具栏图层列表框中选取所需的图层名称，如图2.67所示，要将“中心线”层设置为当前层，只需在图层名下拉列表框中选中该层图名(中心线)即可。

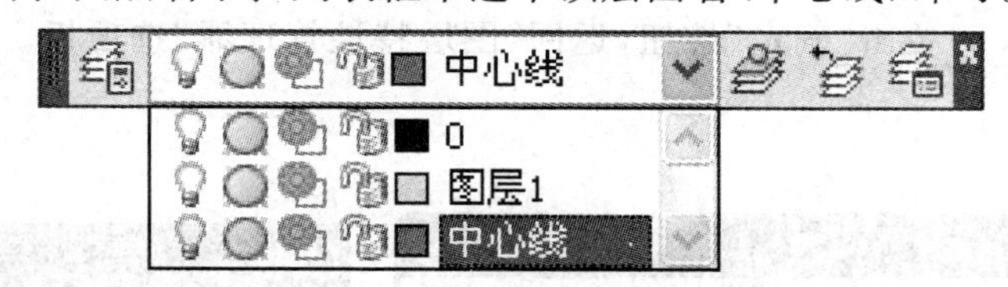

图2.67 设置当前图层

5. 图层的设置操作

图层设置包括图层状态(例如开/关、解冻/冻结、解锁/锁定)设置和图层特性(例如颜色、线型、线宽)设置。使用图层绘制图形时，新对象的各种状态、特性将默认为随层，由当前图层的默认设置决定。也可以单独设置对象的特性，新设置的特性将覆盖原来随层的特性。

(1)设置图层状态

同一图层上的实体处于同一种状态，在默认状态下，新建的图层均为“打开”、“解冻”和“解锁”的状态。绘图时可根据图形的复杂程度和需要改变图层的开关状态。开关的功能见表2.8。

提示:

可以在“图层特性管理器”选项板和图层工具栏下拉列表框中，通过单击相应的图标设置图层状态。

(2)设置图层特性

图层上的线型是指在该图层上绘图时的实体线型，工程图样是由各种不同线型、线宽的图线绘制而成的。每个图层都应该有一个相应的线型、线宽。不同的图层可以设置为不同的颜色，也可以设置为相同的颜色。下面举例说明设置图层的线型、线宽和颜色的步骤。

表 2.8　图层开关的功能

开关名称	功　能	备　注
关闭	图层被关闭，该图层上的图形不可见，不能编辑，不能打印	当前图层可关闭
打开	图层被打开，图层上的图形重新显示出来	
冻结	图层被冻结，该图层上的图形不可见，不能编辑，不能打印	当前图层不能冻结
解冻	将冻结图层上的所有实体解冻，图层上的图形重新显示出来	
加锁	图层被锁定，在加锁的图层上，图形可见，也可在该图层上绘图，可打印，但不能编辑图形	当前图层可以被锁定
解锁	将加锁的图层解除锁定，在解锁后的图层上可进行图形编辑	
打印	用于控制可见图层上实体能被打印	不可见图层上实体均不能被打印
不打印	用于控制可见图层上实体不能被打印	

【例 2.22】　新建两个图层，要求见下面表格。

图线名称	线型	线宽	颜色
粗实线	连续线	0.5	蓝色
中心线	点画线	0.18	红色

步骤如下。

①打开“图层特性管理器”选项板，如图 2.66 所示。

②单击“新建”按钮，出现一个新图层，将层名改写为“粗实线”；单击“颜色”按钮，出现“选择颜色”对话框，如图 2.68 所示，将颜色设置为蓝色，单击“确定”按钮，返回“图层特性管理器”选项板；线型采用默认（连续线）；单击“线宽”按钮，出现“线宽”对话框，如图 2.69 所示，将线宽设置为 0.5，单击“确定”按钮，返回“图层特性管理器”选项板。

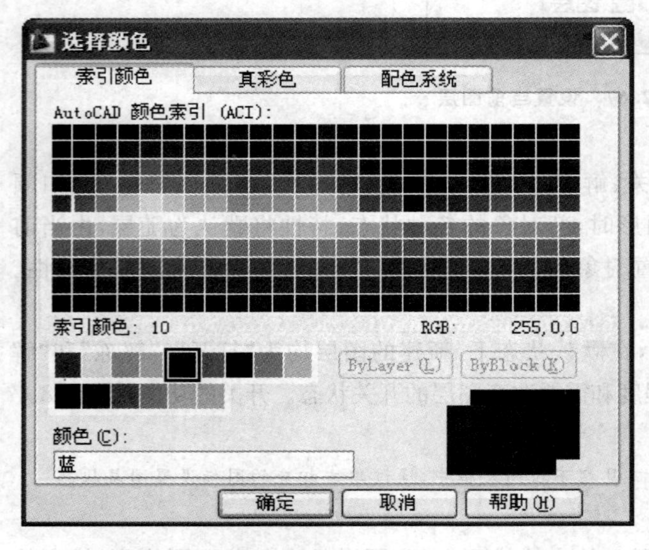

图 2.68　“选择颜色”对话框

图 2.69　“线宽”对话框

③单击“新建”按钮，出现一个新图层，将层名改写为“中心线”；单击“颜色”按钮，出现

“选择颜色”对话框，将颜色设置为红色；单击“线型”按钮，出现“选择线型”对话框，如图2.70所示，单击“加载”按钮，出现“加载或重载线型”对话框，如图2.71所示。选中线型名为CERTER(中心线)的选项，单击“确定”按钮。在“选择线型”对话框中，出现新选择的线型，如图2.72所示，再选中该线型，单击“确定”按钮；单击“线宽”按钮，将线宽设置为0.18，单击“确定”按钮，返回“图层特性管理器”选项板。

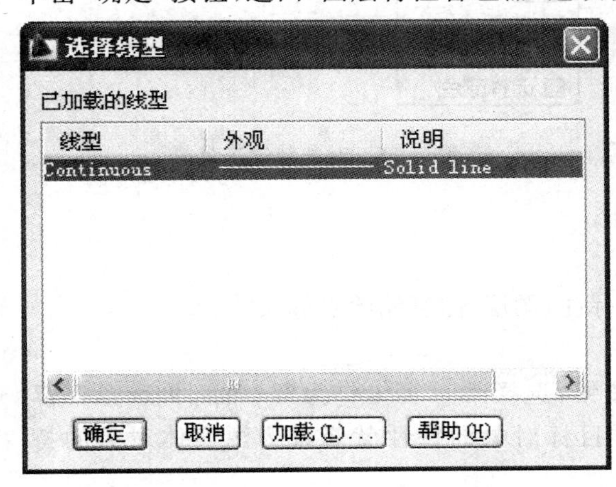

图 2.70 “选择线型”对话框

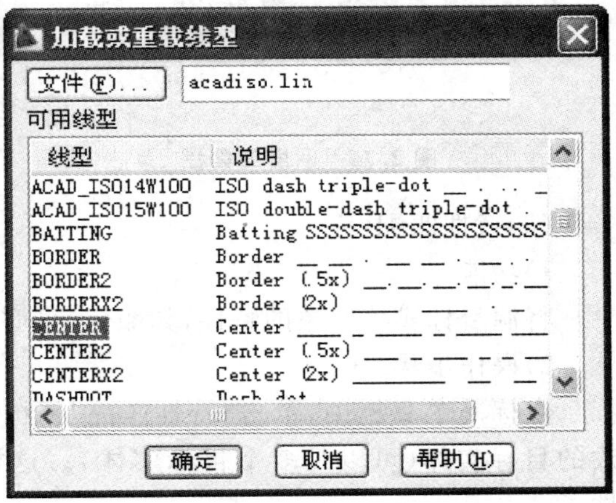

图 2.71 “加载或重载线型”对话框

设置好的两个图层如图2.73所示。

④单击图层特性管理器中的“关闭”按钮(在对话框左上角)，即可从图层工具栏中选用新建的两个图层，如图2.74所示。

提示：

①在使用图层之前，将图2.75所示的对象特性工具栏中的三个选择框(颜色、线型、线宽)都设置为“ByLayer”，这样在切换图层名时，颜色、线型和线宽选项随层的设置自动改变，而不需要单独设置。也可以通过对象特性工具栏单独设置当前实体的颜色、线型和线宽，而不改变层的特性。

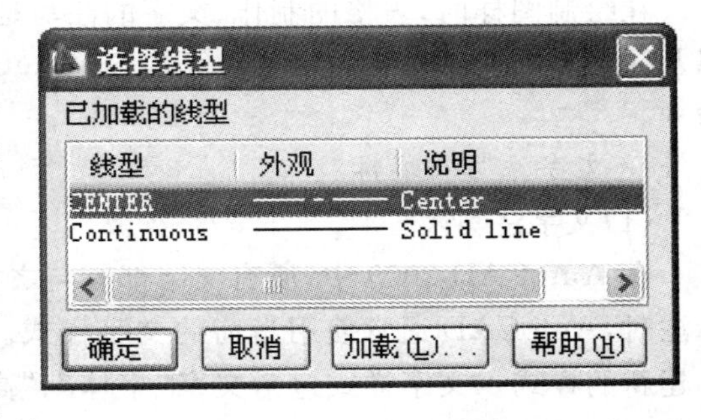

图 2.72 “选择线型”对话框

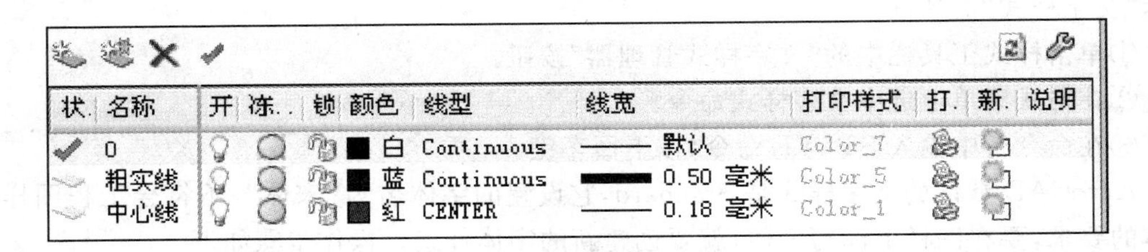

图 2.73 已设置的两个图层

②中心线、虚线线画的长短可通过“特性”对话框进行调整。双击要修改的图线，弹出“特性”对话框。在常规区的第四个项目“线型比例”文本框内改写数据。填写小于1的数据，中心线、虚线线画比当前的缩短，填写大于1的数据，中心线、虚线线画变长。

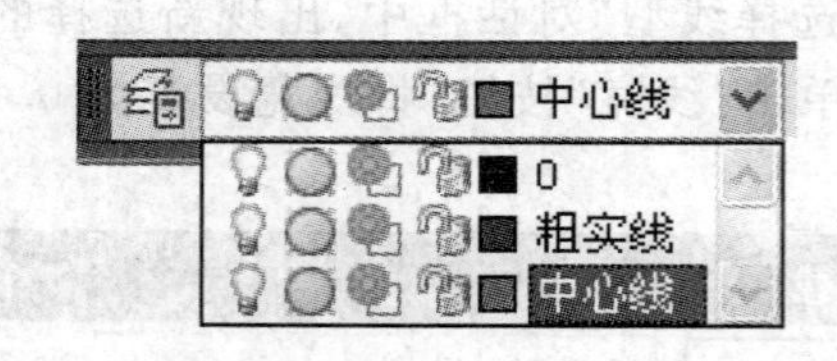

图 2.74　图层工具栏

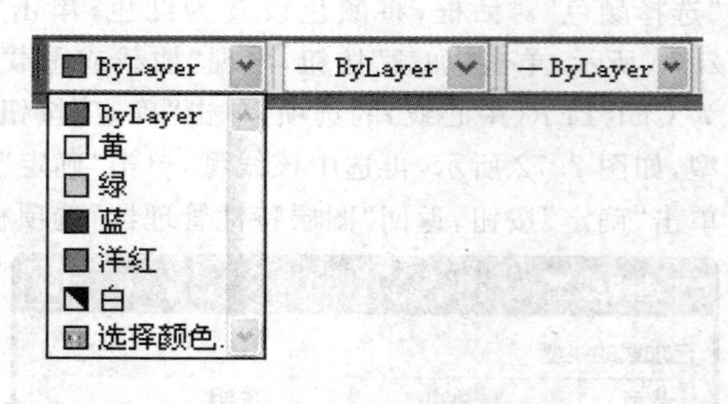

图 2.75　对象特性工具栏

(3)特性匹配

1)功能

将源目标实体对象的特性,如颜色、线型、标注、图层等,复制给目标实体。

2)操作步骤

在标准工具栏中,单击“特性匹配”图标按钮,选择某一实体作为源目标,再选择要修改的目标实体(可以是多个目标实体)。这样目标对象的特性就修改为源实体对象的特性了。

2.3.6　注写文字、创建表格

在绘制图样时,表格的制作、文字的注写是非常重要的工作,例如在图样上绘制标题栏以及注写技术要求、填写标题栏等内容。AutoCAD 2009 系统提供了文本注写、表格制作命令。

1. 文字注写及编辑

(1)文字注写

在 AutoCAD 2009 中,所有文字都有与之相关联的文字样式。在创建文字注释和尺寸标注时,AutoCAD 通常使用当前的文字样式。也可以根据具体要求重新设置文字样式或创建新的样式。文字样式包括文字“字体”、“高度”、“宽度因子”、“倾斜角度”、“反向”、“倒置”以及“垂直”等参数。

1)设置文字样式

设置文字样式是通过“文字样式”对话框来实现的。可以通过以下方式打开如图 2.76 所示“文字样式”对话框。

①单击样式工具栏中的“文字样式管理器”按钮。

②在格式菜单上选中文字样式命令。

③在命令行中输入 STYLE 命令,按下回车键。

AutoCAD 默认的文字样式是 Standard,它设置的字体名为“宋体”,不符合工程图样对字体的要求,要在图样上注写字体,就要创建新的字体样式。操作步骤如下。

①单击“文字样式”对话框中的“新建”按钮,弹出如图 2.77 所示的“新建文字样式”对话框。

②在“新建文字样式”对话框中输入新的样式名“国标工程字体”,单击“确定”按钮,返回“文字样式”对话框。在对话框中增加了“国标工程字体”文字样式,如图 2.78 所示。

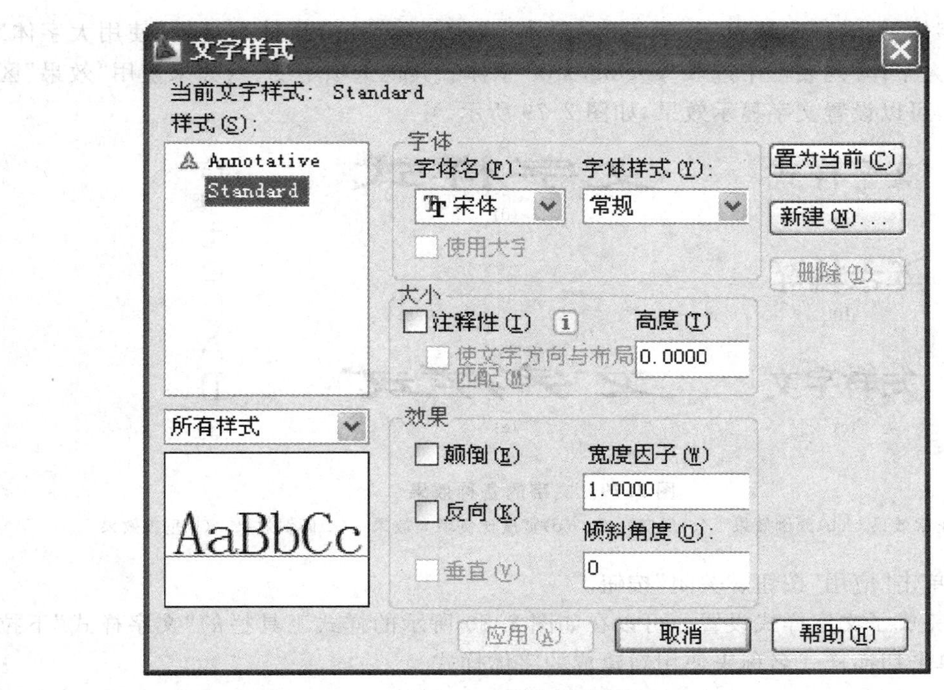

图 2.76 “文字样式”对话框

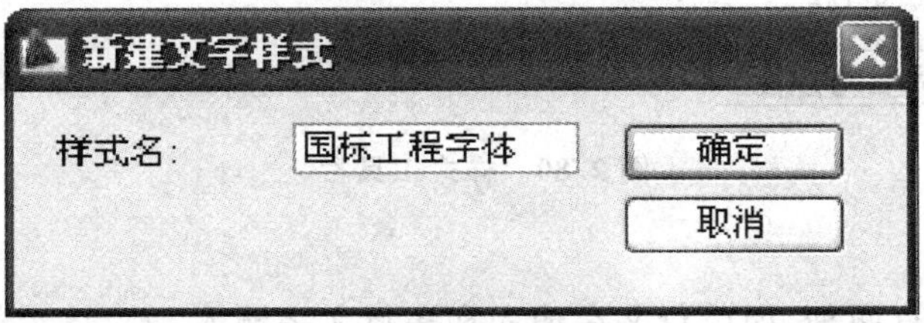

图 2.77 “新建文字样式”对话框

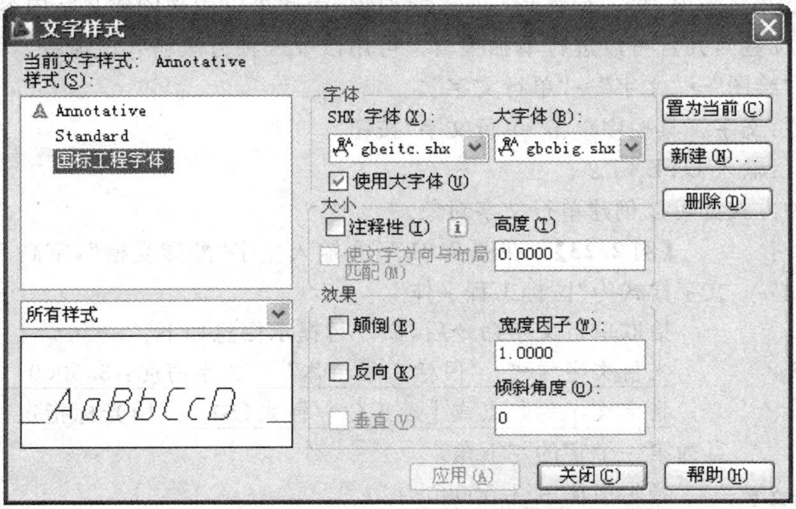

图 2.78 “文字样式”对话框

③在“字体”列表框中选中 gbeitc. shx(斜体)或 gbenor. shx(直体),选择“使用大字体”复选框,在“大字体”列表框中选取“gbcbig. shx”字体。其他选项不变。(如果使用“效果”区域中的选项,可以设置文字显示效果,如图 2.79 所示。)

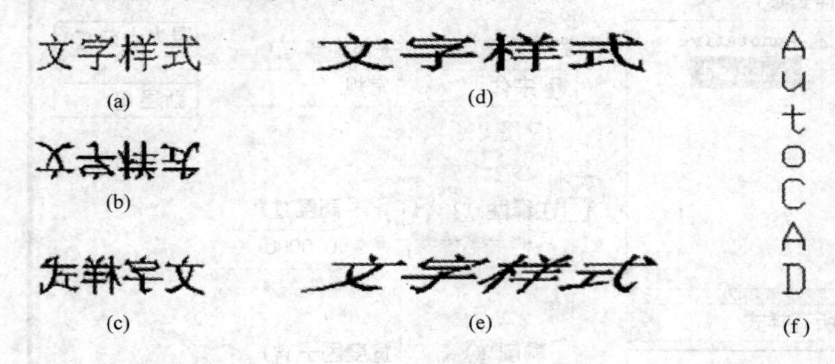

图 2.79 文字的各种效果

(a)正常效果 (b)颠倒效果 (c)反向效果 (d)宽度比例增大效果 (e)倾斜效果 (f)垂直效果

④依次单击“应用”按钮、“关闭”按钮。

这样就完成了文字样式设置。可以在如图 2.80 所示的样式工具栏的“文字样式”下拉列表框中,单击切换样式名称来使用新建成的字体样式。

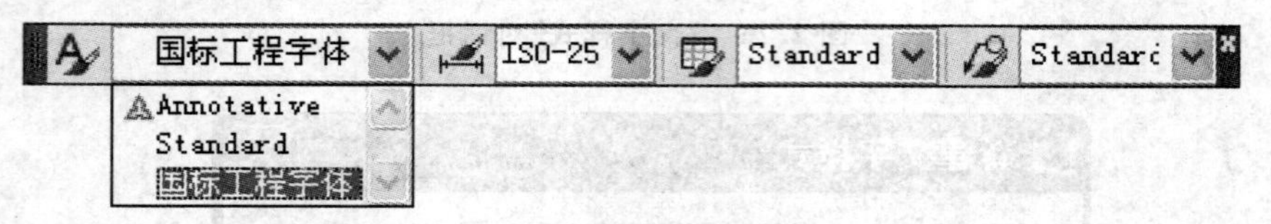

图 2.80 样式工具栏

2)文字注写方法

文字注写的方法有两种,即单行文字输入和多行文字输入。

Ⅰ. 单行文字(DTEXT)

对于单行文字来说,每一行都是一个文字对象,因此可以用来创建文字内容比较简短的文字对象(如标签),并且可以进行单独编辑。可用以下三种方法输入该命令。

①菜单:“绘图”→“文字”→“单行文字”。

②工具栏:文字工具栏中单击“单行文字”按钮。

③命令行:输入 DTEXT↙。

上述三种方式都可以创建单行文字对象。

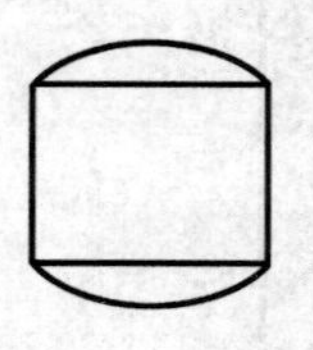

醋酸受槽

图 2.81 单行文字注写

【例 2.23】 在图 2.81 下方输入文字“醋酸受槽”,字高 5 mm,直体,文字样式为“国标工程字体”。

拾取单行文字命令后,命令行提示信息如下:

当前文字样式:“国标工程字体” 文字高度:3.5000 注释性:否

指定文字的起点或[对正(J)/样式(S)]:(用光标指定一点,默认起点为第一个字的左下角)

指定高度 <3.5000>:5↙

指定文字的旋转角度 <0>:↙

输入文字:醋酸受槽

把光标移到文本框外,单击左键后按回车键,结束操作。

Ⅱ. 多行文字(MTEXT)

多行文字又称为段落文字,是一种更易于管理的文字对象,可以由两行以上的文字组成,而且各行文字作为一个整体处理。在工程图样中,常使用多行文字功能创建较为复杂的文字说明,如图样的技术要求等。可用以下三种方法输入该命令。

①菜单:“绘图”→“文字”→“多行文字”。

②工具栏:文字工具栏中单击“多行文字”按钮。

③命令行:输入 MTEXT↙。

【例 2.24】 注写如图 2.82 所示的技术要求内容。

拾取多行文字命令后,命令行提示信息如下:

当前文字样式:“国标工程字体” 文字高度:5.0000 注释性:否

指定第一角点:(指定 $P1$ 点,如图 2.83 所示)

指定对角点或[高度(H)/对正(J)/行距(L)/旋转(R)/样式(S)/宽度(W)/栏(C)]:(指定 $P2$ 点,如图 2.83 所示)

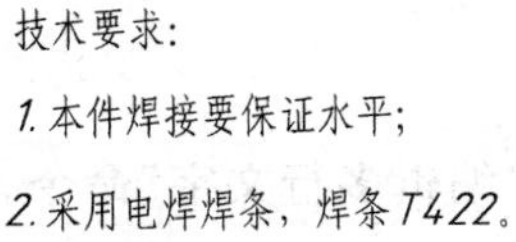

技术要求:

*1.*本件焊接要保证水平;

*2.*采用电焊焊条,焊条*T422*。

图 2.82 多行文字注写示例

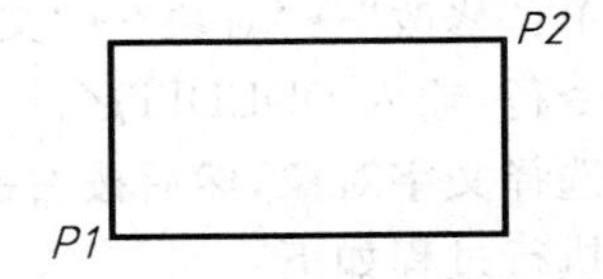

图 2.83 多行文字显示范围的指定

指定 $P2$ 点后出现如图 2.84 所示“文字格式”对话框(可设置文字高度、样式等内容),在带有标尺的文本编辑框内输入相应的文字;

单击“确定”按钮(完成操作)。

图 2.84 “文字格式”对话框

Ⅲ. 特殊字符

如果需要输入特殊字符,可单击图 2.84 所示对话框中的“@”(符号)按钮,弹出列表如图 2.85 所示,在该列表中选取所需要的符号即可;如果图 2.85 列表中所示符号仍不能满足需要,可单击此表中的“其他”菜单,将会出现“字符映射表”对话框,如图 2.86 所示。先单击要选取的符号,再依次单击“选择”、“复制”按钮,即完成特殊字符的复制,关闭“字符映射表”对话框。在文本框中单击鼠标右键,屏幕上弹出一个快捷菜单,如图 2.87 所示。在该快捷菜单中单击“粘贴”选项,即完成了所选特殊字符的输入。

(2)文字编辑

在图形中输入的文字如果不正确,就要修改内容。可用下面五种方法修改。

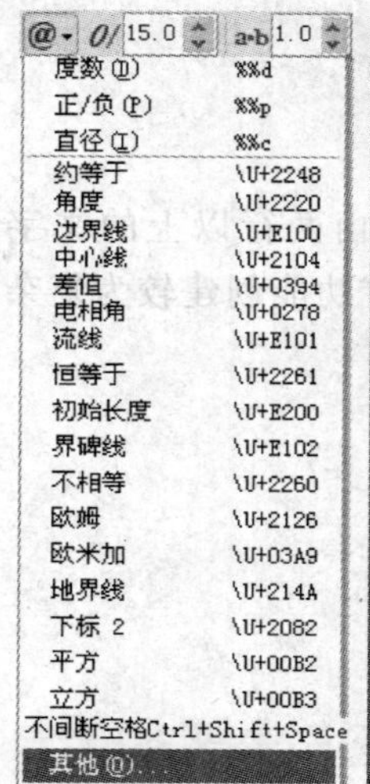

图 2.85 “符号”下拉菜单

图 2.86 “字符映射表”对话框

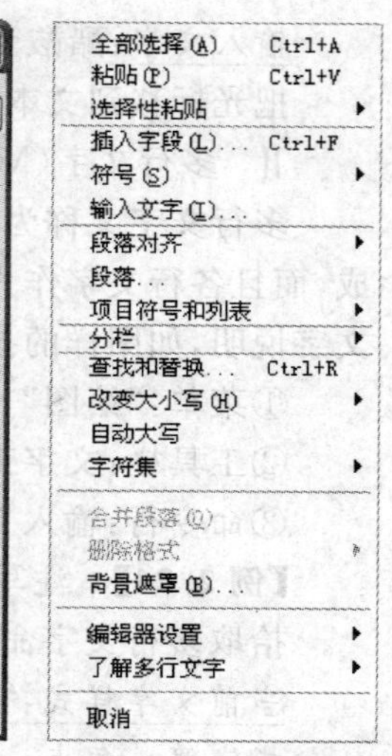

图 2.87 快捷菜单

①鼠标双击要修改的文字。

②菜单:“修改”→“对象”→“文字”→“编辑”。

③命令行:输入 DDEDIT↙。

④先选择文字对象,然后按右键,弹出快捷菜单,再选“编辑多行文字”命令。

命令执行过程如下:

命令行:DDEDIT↙

选择注释对象或[放弃(U)]:(选择要修改的文字)

修改完后,单击“确定”按钮。

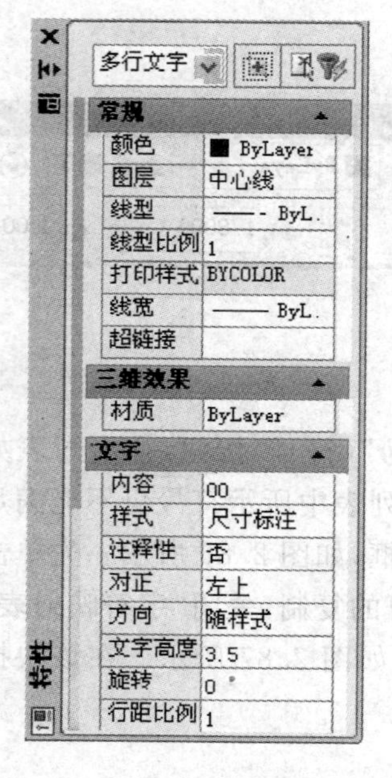

图 2.88 特性工具选项板

⑤用特性工具选项板修改文字内容,步骤如下。

a. 选择文字对象。

b. 单击鼠标右键,然后在快捷菜单上单击“特性”命令。打开如图 2.88 所示的特性工具选项板。特性工具选项板上显示选择对象的特性。

c. 修改文字的内容。

d. 关闭特性工具选项板。

提示:

该选项板不仅能修改文字内容,还可修改文字样式、高度等属性。

2. 创建表格

表格是由包含注释(以文字为主)的单元构成的矩形阵列。在 AutoCAD 2009 中,可以插入表格对象而不是绘制直线来组成表格。

(1)创建表格样式

表格样式控制一个表格的外观,用于保证标准的字体、颜色、文本、高度和行距。可以使用默认的表格样式,也可以根据需要自定义表格样式。下面以创建如图 2.89 所示的“标题栏”

为例，讲解创建表格样式的方法。

天津渤海职业技术学院				件号		质量(kg)	
				材料			
设计		设备名称		装备图号			
校核				零部件图号			
审核		标准化审查		比例		第 张	共 张

图 2.89 标题栏

可选择以下方式之一，利用“表格样式”对话框创建表格样式。

①菜单：“格式”→“表格样式”。

②工具栏：单击样式工具栏上“表格样式”按钮。

创建表格样式步骤如下。

①打开“表格样式”对话框，如图 2.90 所示。单击“新建”按钮，打开“创建新的表格样式”对话框，在“新样式名”文本框内输入“标题栏”，如图 2.91 所示。单击“继续”按钮，弹出“新建表格样式：标题栏”对话框，如图 2.92 所示。

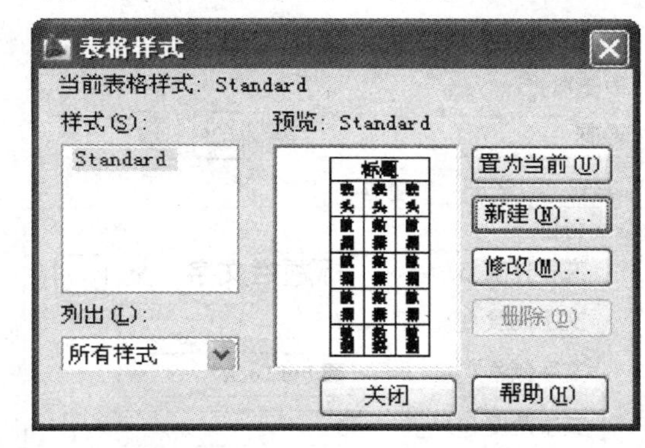

图 2.90 “表格样式”对话框

图 2.91 “创建新的表格样式”对话框

②在对话框左侧显示了表格的预览效果，这是一种默认样式，包括标题、表头和数据三部分。在右侧“单元样式”下拉列表中选择“数据”选项。下面开始设置数据部分表格的样式，单击“边框”选项卡，设置线宽为 0.35 mm，单击“外边框”按钮，将数据表格的外边框设为粗线，如图 2.92 所示。再将“线宽”设置为 0.18 mm，单击“内边框”按钮，将数据表格的内边框设为细线，如图 2.93 所示。

③单击“文字”选项卡，在“文字样式”下拉列表框中选择“标题栏文字”，如图 2.94 所示。

如果当前文件没有这个“标题栏文字”文字样式名称，可以单击右侧的按钮，在弹出的对话框中创建新的文字样式。

④单击“常规”选项卡，设置“对齐”方式为“正中”，如图 2.95 所示。

提示：

在“单元样式”下拉列表框中可以分别对数据、标题、表头三个部分进行设置，如图 2.96 所示。由于本表格只需要数据部分，其他两部分可以不设置，然后在创建之后对标题、表头进行删除。

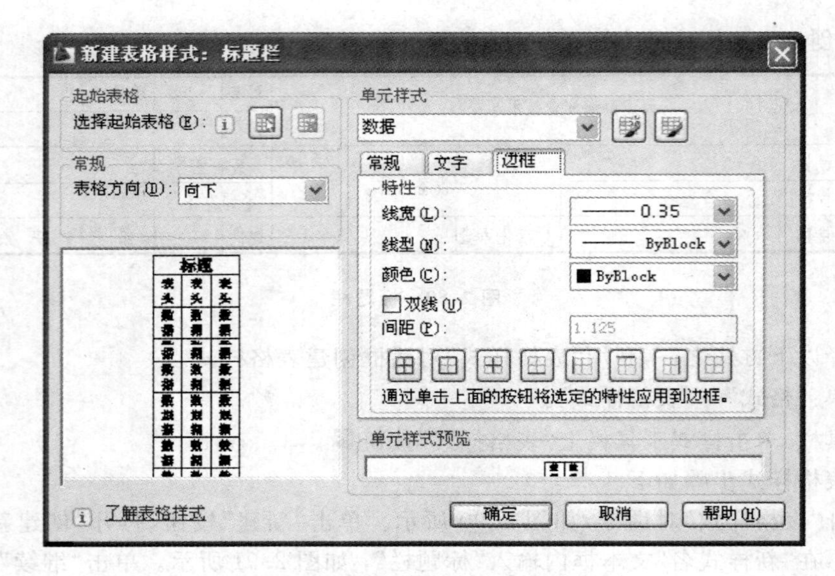

图 2.92 “新建表格样式:标题栏”对话框

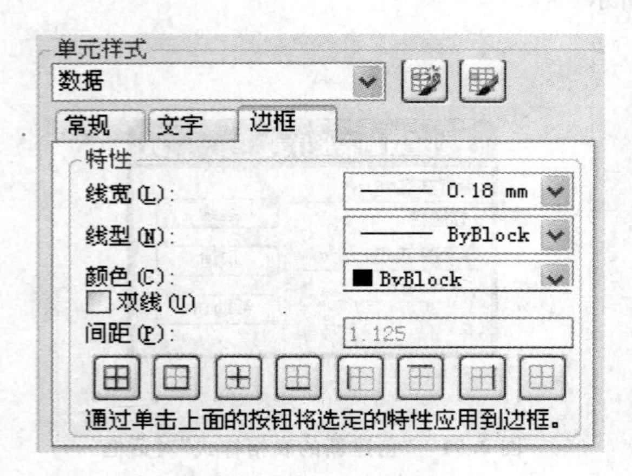

图 2.93 设置内边框

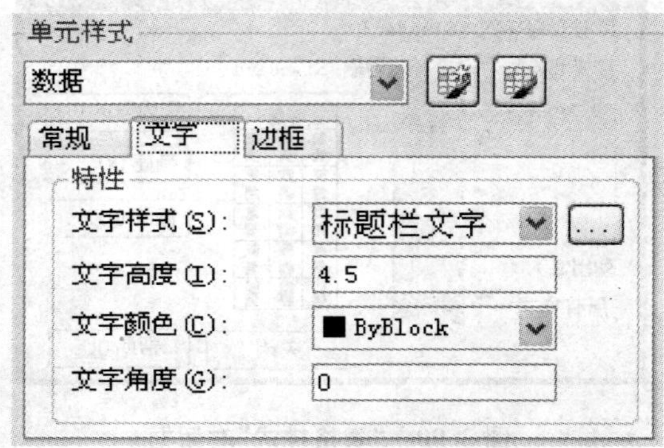

图 2.94 设置文字样式

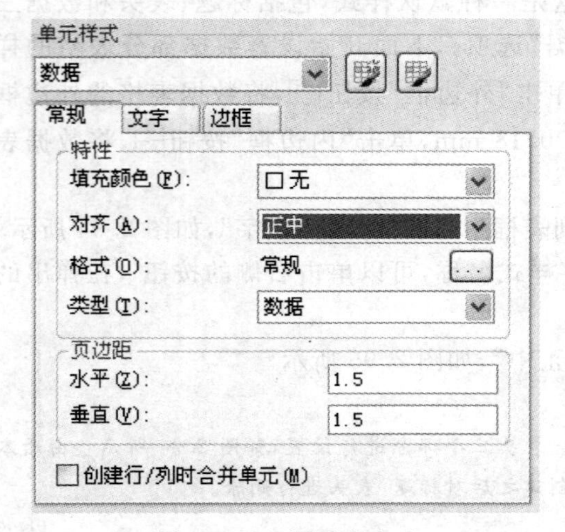

图 2.95 设置对齐方式

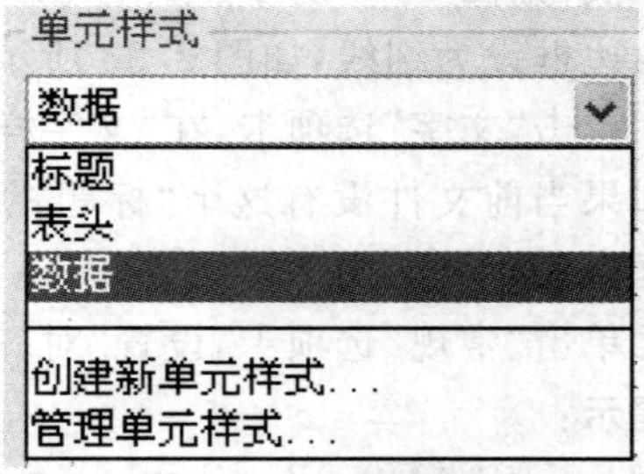

单元样式

数据

标题

表头

数据

创建新单元样式...

管理单元样式...

图 2.96 设置单元样式

⑤在“新建表格样式:标题栏”对话框中单击“确定”按钮,此时在“表格样式”对话框中显示了新建的“标题栏”样式名称,如图 2.97 所示。单击“置为当前”按钮,再单击“关闭”按钮。表格样式设置完成。

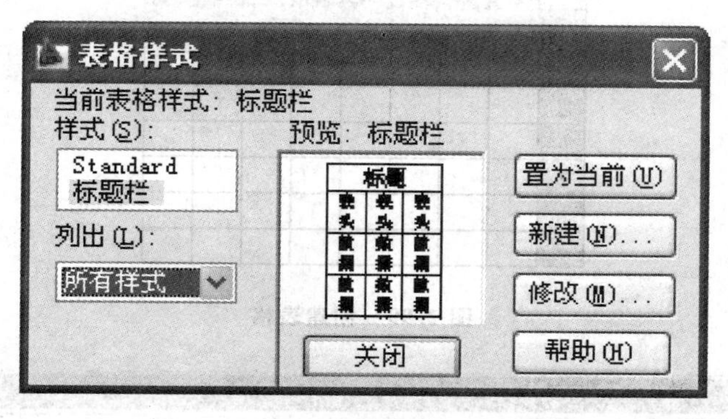

图 2.97 “表格样式”对话框

(2)插入、编辑表格

1)插入表格的方法

①菜单:“绘图”→“表格”。

②工具栏:在绘图工具栏上单击“表格”按钮。

③命令行:输入 TABLE↙。

2)插入表格的步骤

①在“表格样式”下拉列表框中选“标题栏”,在“插入方式”区域选“指定插入点”。

②设置列数为 8,行数为 5,如图 2.98 所示。

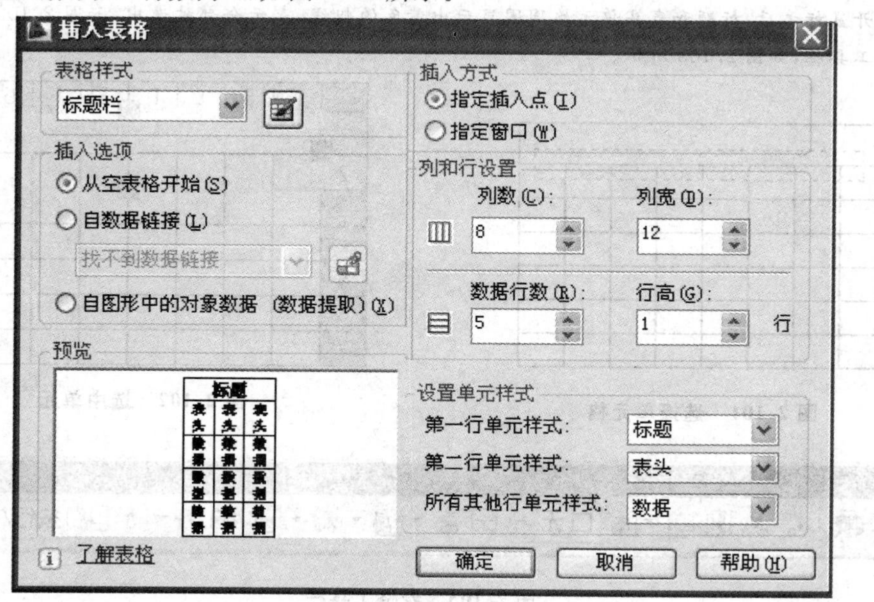

图 2.98 “插入表格”对话框

③单击“确定”按钮。在绘图区域内指定一点后,即可创建表格,并且在表格的上端显示

列的字母编号，左侧显示行的数字编号，如图 2.99，还显示出文字格式工具栏，如图 2.100 所示。

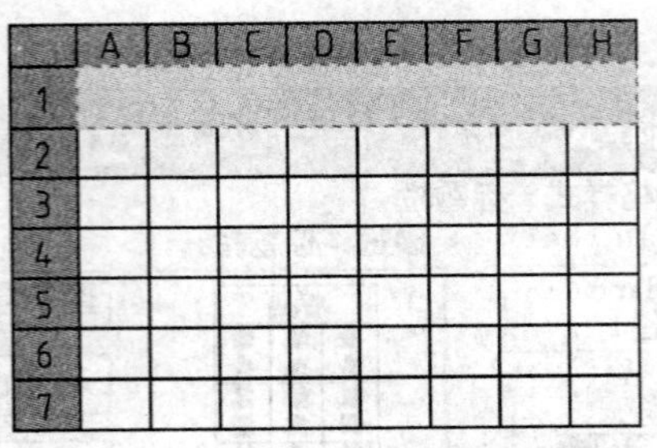

图 2.99　创建表格

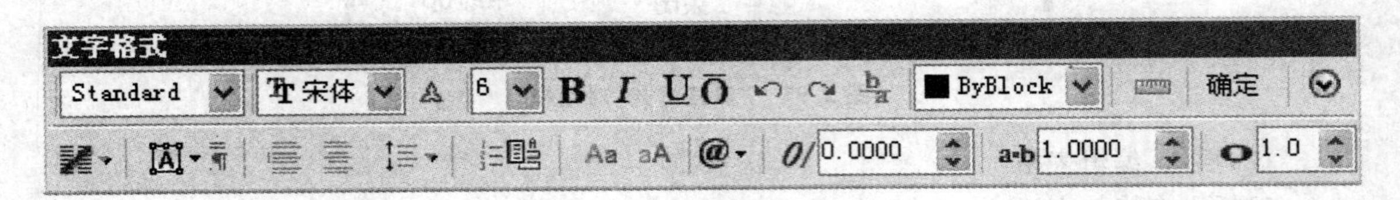

图 2.100　文字格式工具栏

提示：

如果创建的表格在当前的视图中显示得较小或较大，可以移动鼠标的滚轮，来缩放表格显示的效果。表格中任意单元格都可以根据行列编号命名，例如 B5，表示第 B 列第 5 行的单元格。

④由于暂时不输入文字，在文字格式工具栏中单击“确定”按钮，关闭工具栏。

⑤单击标题单元格，向下移动鼠标拖出一个虚线的矩形，如图 2.101 所示。

⑥松开鼠标之后，标题和表头单元格周围显示出黄色的粗线，表示全部被选中，如图 2.102 所示，并显示出表格工具栏，如图 2.103 所示。

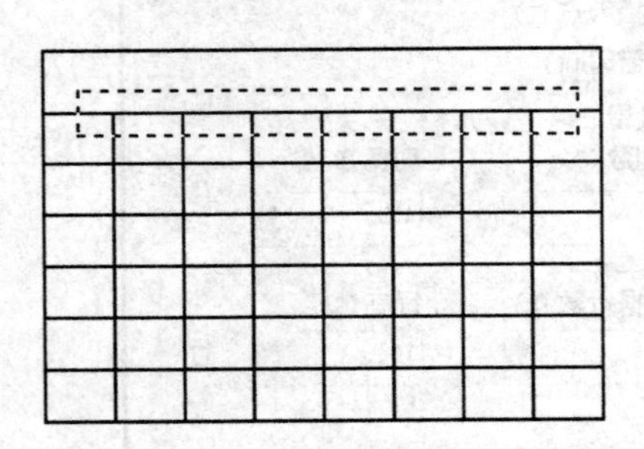

图 2.101　选择单元格

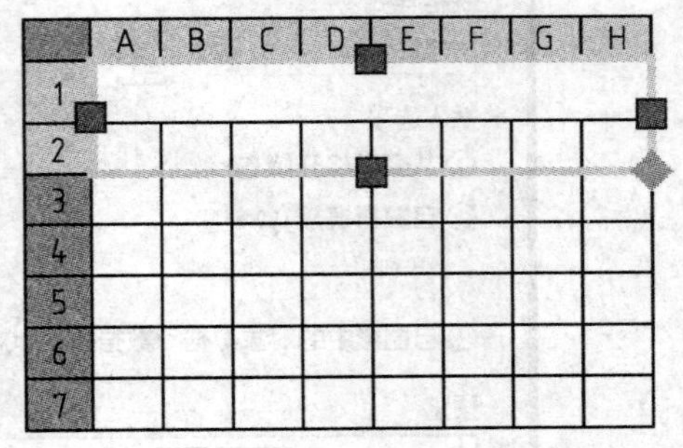

图 2.102　选中单元

图 2.103　表格工具栏

⑦在表格工具栏中单击“删除行”按钮，删除选中的单元格，将光标移至表格区域外，单击鼠标左键，结果如图 2.104 所示。

⑧单击图 2.104 所示表格中 A1 单元格，在表格工具栏中单击两次插入行按钮，在 A1 单元格下方插入两行。单击 A1 单元格，向 C2 单元格移动鼠标，拖出一个虚线的矩形。

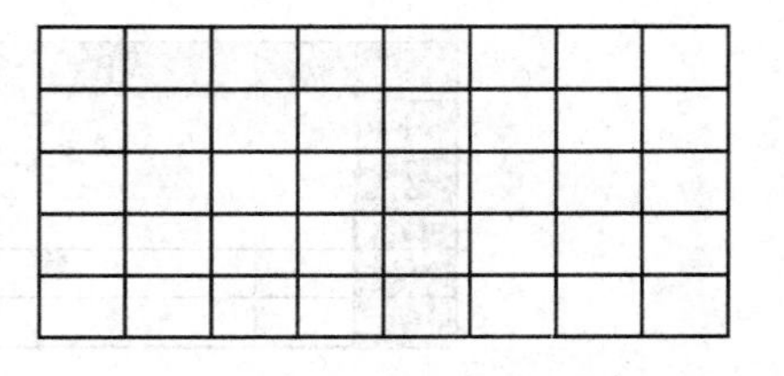

图 2.104　删除单元格

⑨松开鼠标之后，标题和表头单元格周围显示出黄色的粗线，并显示出表格工具栏，单击“合并单元格”按钮，在弹出的下拉菜单中选择“全部”命令，此时选中的 6 个单元格合并为 1 个单元格，如图 2.105 所示。

⑩单击 H1 单元格，单击“在右侧插入列”按钮，此时右侧插入 I 列。

⑪选择其他需要编辑的单元格，经过整理，得到如图 2.106 所示的表格。

⑫ 单击 A5 单元格，选择“修改”→“特性”命令，打开“特性”选项板，设置“单元宽度”为 15，“单元高度”为 9，如图 2.107 所示。

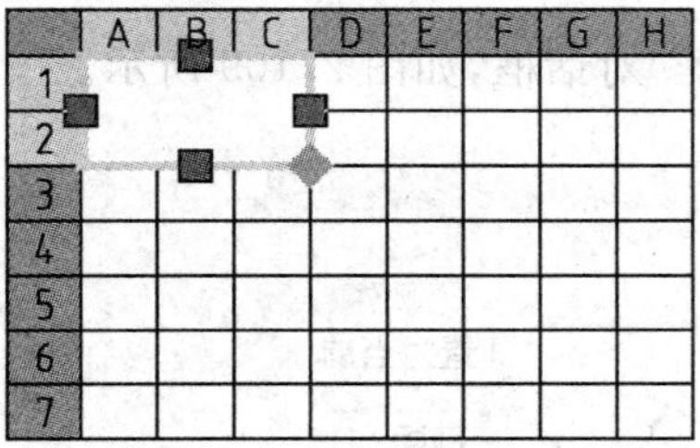

图 2.105　合并单元格

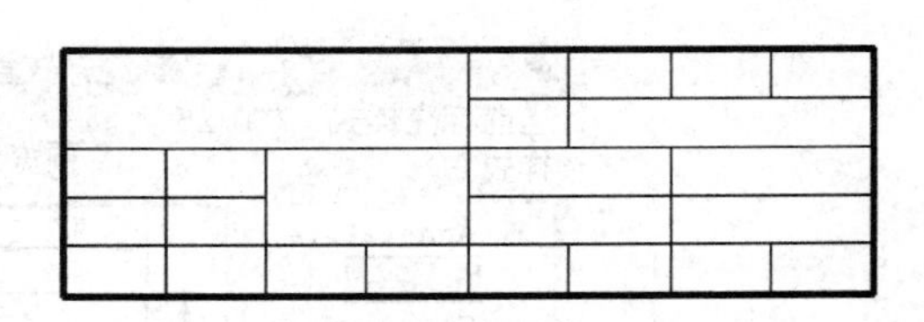

图 2.106　编辑后的表格

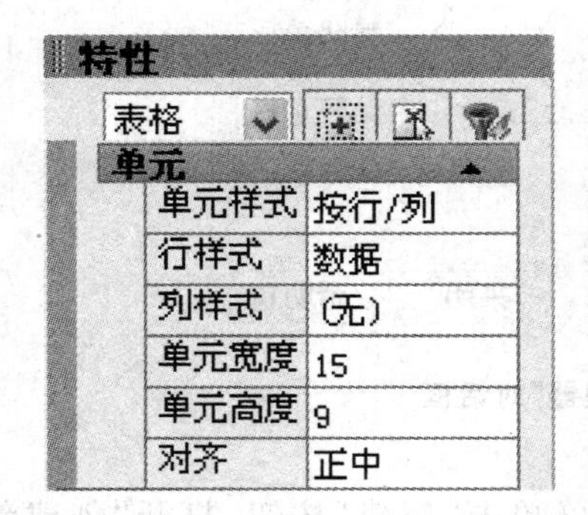

图 2.107　修改表格宽度和高度

⑬单击其他单元格，在“特性”选项板中分别设置“单元宽度”和“单元高度”，按 ESC 键，关闭工具栏。

⑭双击 A1 单元格，即可打开文字格式工具栏，在单元格内输入文字“天津渤海职业技术学院”，如图 2.108 所示。

⑮在其他单元格中输入文字，单击“确定”按钮，标题栏表格绘制完成，如图 2.89 所示。

2.3.7　尺寸标注

AutoCAD 2009 提供了多种方式来标注对象的尺寸，可以创建符合国家标准要求的尺寸样式。

1. 创建尺寸标注样式

(1)创建尺寸标注样式的方式

①菜单：“格式”→“标注样式”。

	A	B	C	D	E	F	G	H
1	天津渤海职业技术学院							
2								
3								
4								
5								

图 2.108　输入文字

②工具栏：在标注工具栏上单击“标注样式”按钮或在样式工具栏上单击“标注样式”按钮。

③命令行：输入 DIMSTYLE↙。

(2)创建尺寸标注样式的步骤

①拾取 DIMSTYLE 命令。打开“标注样式管理器”对话框，如图 2.109 所示。

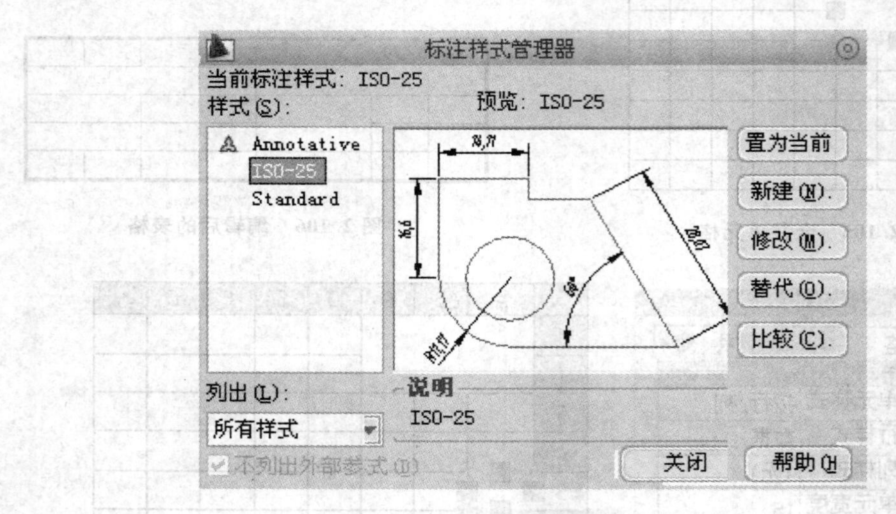

图 2.109　“标注样式管理器”对话框

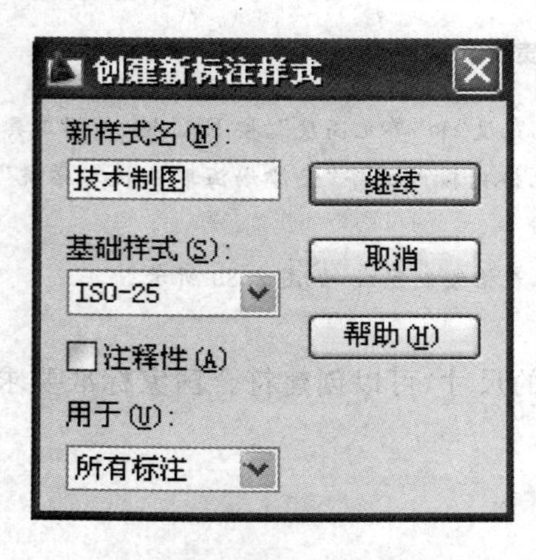

图 2.110　“创建新标注样式”对话框

②单击“新建”按钮，打开“创建新标注样式”对话框，在“新样式名”文本框中输入“技术制图”，如图 2.110 所示。

③单击“继续”按钮，打开“新建标注样式：技术制图”对话框，如图 2.111 所示。

④单击“符号和箭头”选项卡，在“箭头”区域中，“第一个”、“第二个”和“引线”下拉列表框内均选取“实心闭合”选项，在“箭头大小”框内输入 3，在“圆心标记”区域中选取“无”单选按钮。“符号和箭头”的选项结果如图 2.111 所示。

⑤单击“线”选项卡，在“尺寸线”区域中，

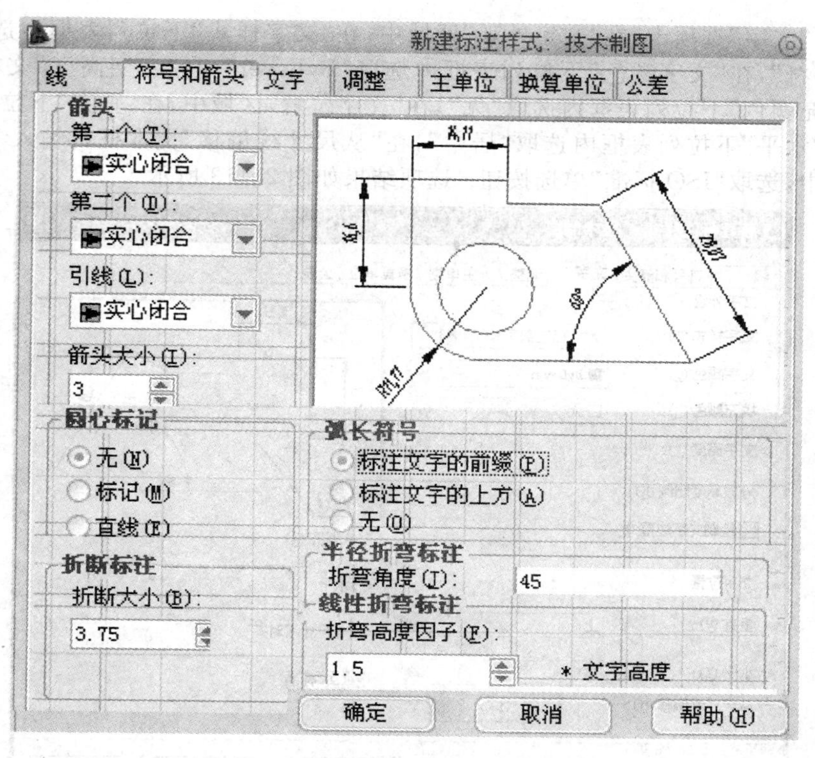

图 2.111 “符号和箭头”的选项结果

“颜色”、“线型”和“线宽”下拉列表框内均选取“ByLayer”，在“基线间距”框内输入 5；在“延伸线”区域中，在“颜色”、“延伸线 1 的线型”、“延伸线 2 的线型”和“线宽”下拉列表框内均选取“ByLayer”，“线”的选项结果如图 2.112 所示。

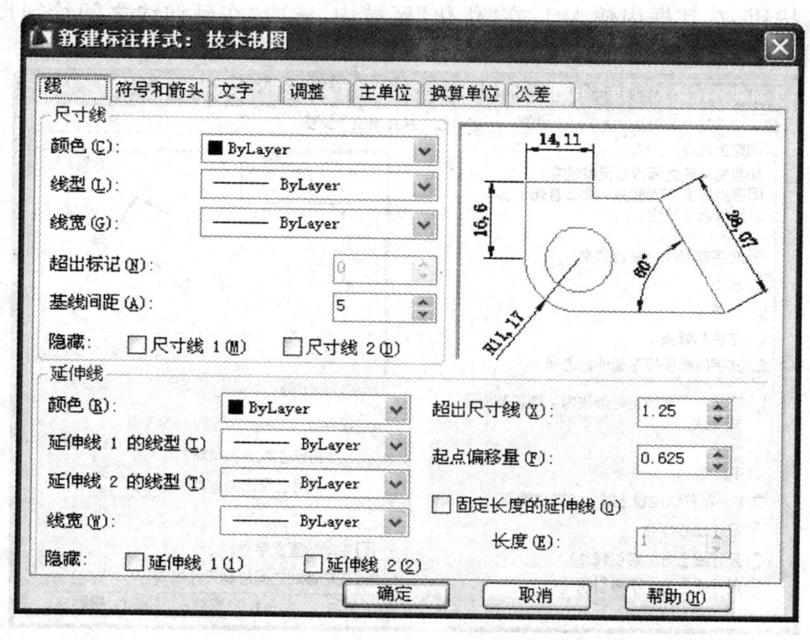

图 2.112 “线”的选项结果

⑥单击“文字”选项卡，在“文字外观”区域中，在“文字样式”下拉列表框中选取“尺寸标注数字和字符”，在“文字颜色”下拉列表框内选取“ByLayer”，在“文字高度”文本框内输入3.5，在“填充颜色”下拉列表框内选取“无”；在“文字位置”区域中，在“垂直”下拉列表框内选取“上”，在“水平”下拉列表框内选取“居中”，在“从尺寸线偏移”文本框内输入1。在“文字对齐”区域中，选取“ISO标准”单选按钮。选项结果如图2.113所示。

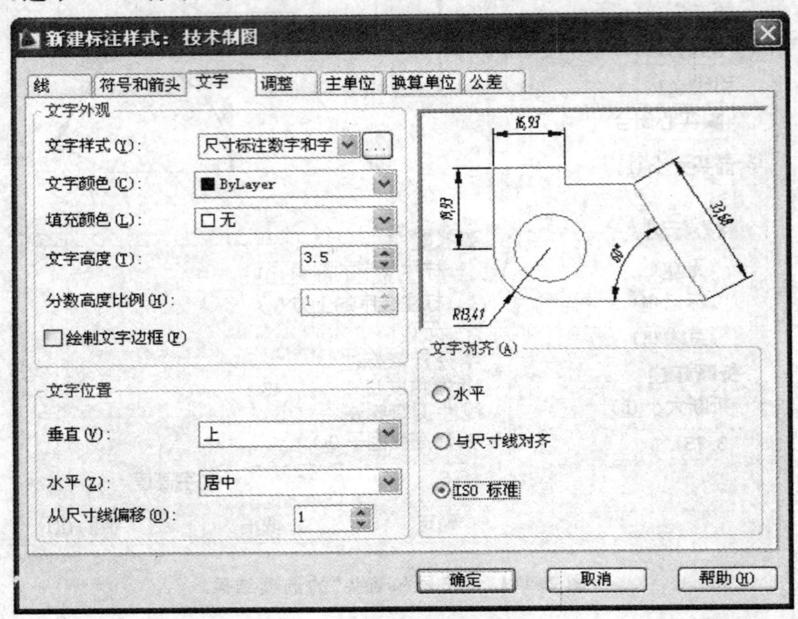

图2.113 “文字”的选项结果

⑦单击“调整”选项卡，在“调整选项”区域中，选取“文字或箭头(最佳效果)”单选按钮；在“文字位置”区域中，选取“尺寸线旁边”单选按钮；在“标注特征比例”区域中，选取“使用全局比例”单选按钮，在其框内输入1；在“优化”区域中，选取“在延伸线之间绘制尺寸线”复选框。选项结果如图2.114所示。

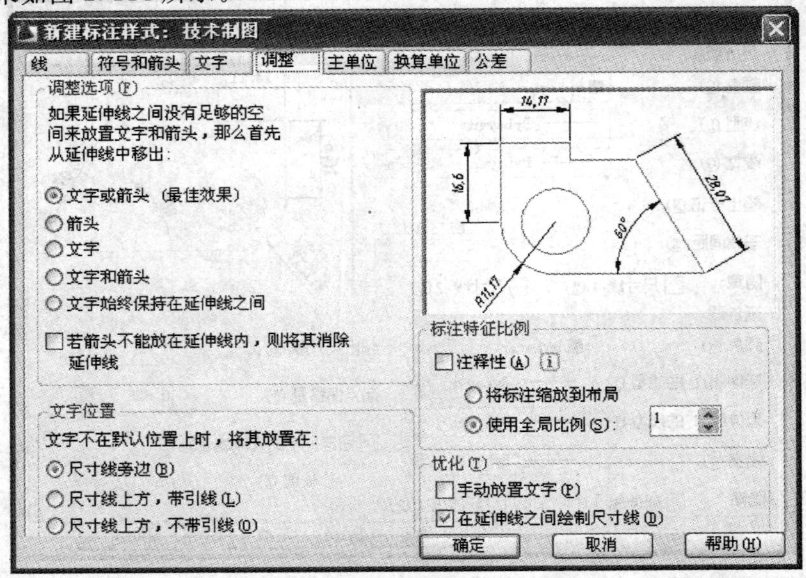

图2.114 “调整”的选项结果

⑧单击“主单位”选项卡，在“线性标注”区域中，在“单位格式”下拉列表框内选取“小数”，在“精度”下拉列表框内选取“0”，在“小数分隔符”下拉列表框内选取“句点”；在“测量单位比例”区域中，在“比例因子”框内输入 1；在“消零”区域中，在选取“后续”；“角度标注”区域中，在“单位格式”下拉列表框内选取“十进制度数”；最后单击“确定”按钮，返回“标注样式管理器”对话框。技术制图标注样式设置完成，如图 2.115 所示。

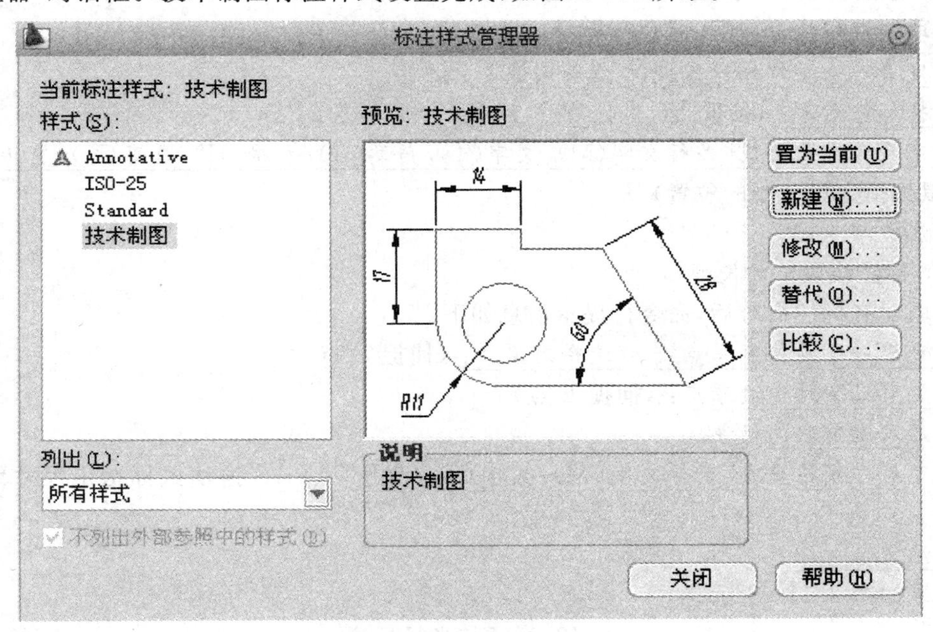

图 2.115　技术制图标注样式设置

2. 标注尺寸方法

(1)线性标注及对齐标注

线性标注主要用来标注水平或垂直的线性尺寸，可选择下列三种方法之一调用该命令。

①菜单：“标注”→“线性”。

②工具栏：在标注工具栏上，单击“线性标注”图标。

③命令行：输入 DIMLINEAR↙。

对齐标注主要用于与所注线段平行的尺寸标注。可选择下列三种方法之一调用该命令。

①菜单：“标注”→“对齐”。

②工具栏：在标注工具栏上，单击“对齐标注”图标。

③命令行：输入 DIMALIGNED↙。

【例 2.25】 标注如图 2.116 所示的尺寸。

Ⅰ. 标注线段 *AB* 长度

拾取线性标注命令后，命令行提示信息如下：

指定第一条延伸线原点或 <选择对象>：(捕捉 *A* 点)

指定第二条延伸线原点：(捕捉 *B* 点)

创建了无关联的标注

指定尺寸线位置或[多行文字(M)/文字(T)/角度(A)/水平(H)/垂直(V)/旋转(R)]:(拖动鼠标指定尺寸线的位置)

标注文字 = 20

Ⅱ. 标注线段 *BC* 长度

拾取线性标注命令后，命令行提示信息如下：

指定第一条延伸线原点或 <选择对象>:↙

选择标注对象:(拾取 *BC* 上任意一点)

指定尺寸线位置或[多行文字(M)/文字(T)/角度(A)/水平(H)/垂直(V)/旋转(R)]:(拖动鼠标指定尺寸线的位置)

标注文字=18

Ⅲ. 标注线段 *DE* 长度

拾取对齐标注命令后，命令行提示信息如下：

指定第一条延伸线原点或 <选择对象>:(捕捉 *D* 点)

指定第二条延伸线原点:(捕捉 *E* 点)

创建了无关联的标注

指定尺寸线位置或[多行文字(M)/文字(T)/角度(A)]:(拖动鼠标指定尺寸线的位置)

标注文字=12

结果如图 2.116 所示。

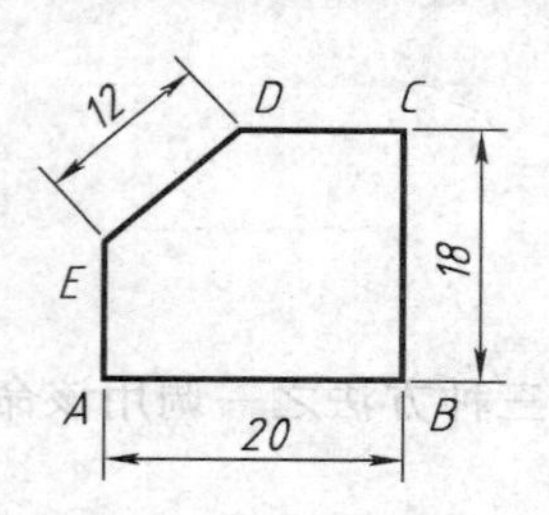

图 2.116 线性标注及对齐标注示例

(2)直径与半径标注

AutoCAD 能对圆和圆弧进行直径、半径的标注。

1)直径标注

拾取直径标注命令有下列三种方法。

①菜单:"标注"→"直径"。

②工具栏:在标注工具栏上，单击"直径标注"图标。

③命令行:输入 DIMDIAMETER↙。

2)半径标注

拾取半径标注命令有下列三种方法。

①菜单:"标注"→"半径"。

②工具栏:在标注工具栏上，单击"半径标注"图标。

③命令行:输入 DIMRADIUS↙。

【例 2.26】 标注如图 2.117 所示的圆与圆弧尺寸。

Ⅰ. 标注半径

拾取半径标注命令后，命令行提示信息如下：

选择圆弧或圆(选取 *AB* 圆弧上任意一点)

标注文字 = 8

指定尺寸线位置或 [多行文字(M)/文字(T)/角度(A)]:(拖动鼠标指定尺寸线的位置)

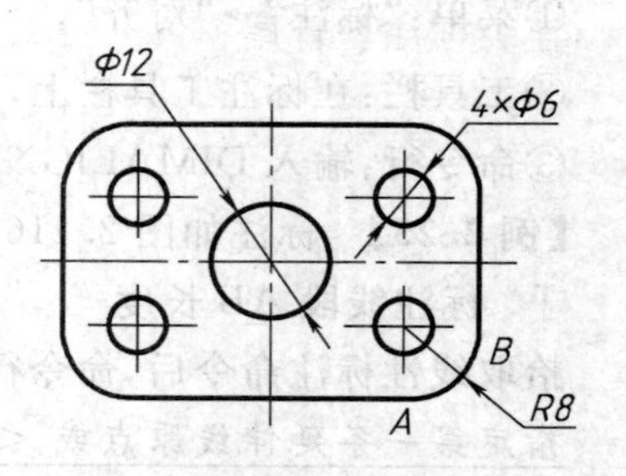

图 2.117 半径、直径标注示例

Ⅱ. 标注直径

拾取直径标注命令后，命令行提示信息如下：

选择圆弧或圆：（指定大圆上任意一点）

标注文字 ＝ 12

指定尺寸线位置或［多行文字(M)/文字(T)/角度(A)］：（拖动鼠标指定尺寸线的位置）

拾取直径标注命令后，命令行提示信息如下：

选择圆弧或圆：（指定小圆上任意一点）

标注文字＝6

指定尺寸线位置或［多行文字(M)/文字(T)/角度(A)］：t↙

输入标注文字 <6>：4x%%c6↙

指定尺寸线位置或［多行文字(M)/文字(T)/角度(A)］：（拖动鼠标指定尺寸线的位置）

结果如图 2.117 所示。

提示：

标注半径或直径时，AutoCAD 自动添加"R"或"ϕ"；特殊符号的输入方法为键盘上输入%%c、%%d、%%p，绘图区域分别显示"ϕ"、"°"、"±"符号。

(3)角度标注

拾取角度标注命令有下列三种方法。

①菜单："标注"→"角度"。

②工具栏：在标注工具栏上，单击"角度标注"图标。

③命令行：输入 DIMANGULAR↙。

【例 2.27】 标注如图 2.118 所示的角度。

拾取角度标注命令后，命令行提示信息如下：

选择圆弧、圆、直线或 <指定顶点>：（指定线段 AB 上任意一点）

选择第二条直线：（指定线段 AC 上任意一点）

指定标注弧线位置或［多行文字(M)/文字(T)/角度(A)/象限点(Q)］：（拖动鼠标指定尺寸线位置）

标注文字 ＝ 65

结果如图 2.118 所示。

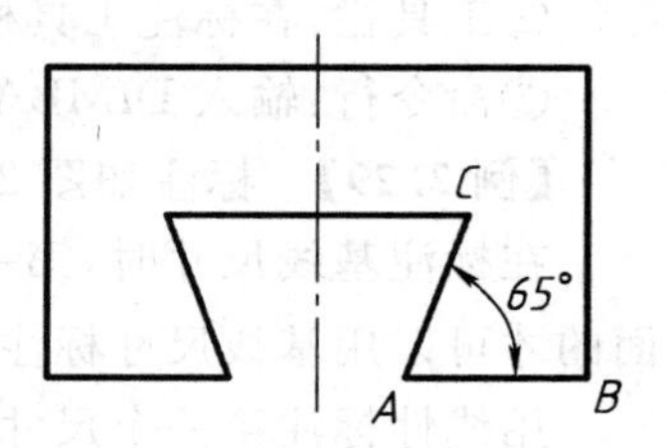

图 2.118 角度标注示例

提示：

标注角度时，AutoCAD 自动添加角度单位"°"。

(4)连续标注

连续标注是首尾相连的尺寸标注形式。可选择下列三种方法之一调用该命令。

①菜单："标注"→"连续"。

②工具栏：在标注工具栏上，单击"连续标注"图标。

③命令行：输入 DIMCONTINUE↙。

【例 2.28】 标注如图 2.119 所示①②、②③轴线间距离。

拾取线性标注命令后，命令行提示信息如下：

指定第一条延伸线原点或 <选择对象>：（指定 D 点）

指定第二条延伸线原点：（指定 E 点）

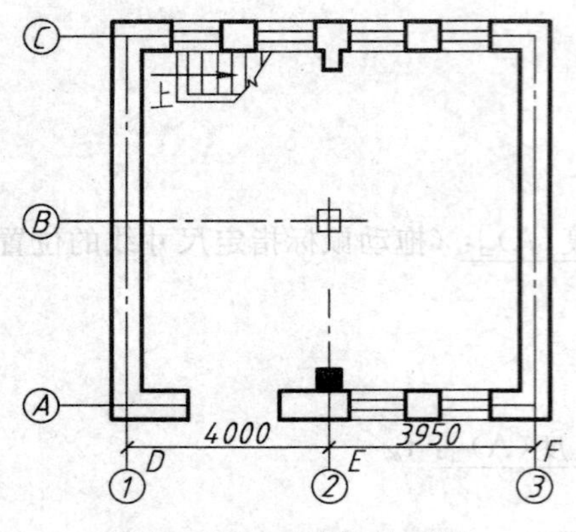

图 2.119　连续标注示例

指定尺寸线位置或[多行文字(M)/文字(T)/角度(A)/水平(H)/垂直(V)/旋转(R)]：(拖动鼠标指定尺寸线的位置)

标注文字 = 4000；

拾取连续标注命令后，命令行提示信息如下：

指定第二条延伸线原点或[放弃(U)/选择(S)]<选择>：(指定 *F* 点)

标注文字 = 3950

指定第二条延伸线原点或[放弃(U)/选择(S)]<选择>：↙

选择连续标注：↙

结果如图 2.119 所示。

提示：

标注尺寸前，应先设置建筑图样尺寸标注样式(箭头采用"建筑标记")及"主单位"的"测量单位比例因子"。

(5)基线标注

基线标注用于标注由一个尺寸基准引出的多个尺寸。可选择下列三种方法之一调用该命令。

①菜单："标注"→"基线"。

②工具栏：在标注工具栏上，单击"基线标注"图标。

③命令行：输入 DIMBASELINE↙。

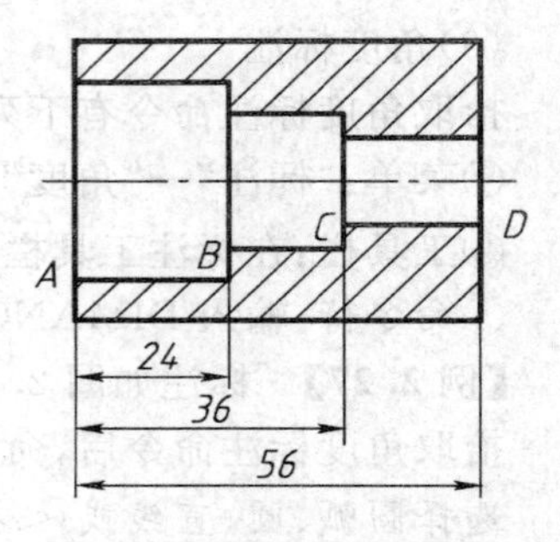

图 2.120　基线标注示例

【例 2.29】 标注如图 2.120 所示的尺寸。

在标注基线尺寸时，第一个尺寸先用线性尺寸标注，后面的才可以用基线尺寸标注。

用线性标注第一个尺寸 24 后，拾取基线标注命令，命令行提示信息如下：

指定第二条延伸线原点或[放弃(U)/选择(S)]<选择>：(指定 *C* 点)

标注文字=36

指定第二条延伸线原点或[放弃(U)/选择(S)]<选择>：(指定 *D* 点)

标注文字=56

指定第二条延伸线原点或[放弃(U)/选择(S)]<选择>：↙

选择基准标注：↙

提示：

在进行基线标注、连续标注时，要先指定一个完成的标注作为标注的基准，指定标注的形式与基线标注或连续标注的形式相同。

3. 编辑尺寸数字

标注尺寸时，有时需要对标注完的尺寸进行修改。修改尺寸数字可以通过在命令行输入 DDEDIT，按回车键，来拾取编辑标注命令，以实现对尺寸数字编辑的目的。

【例 2.30】 标注图 2.121 中所示的尺寸。

步骤如下。

①先用线性尺寸标注命令标出28、20、12三个尺寸,见图2.122。

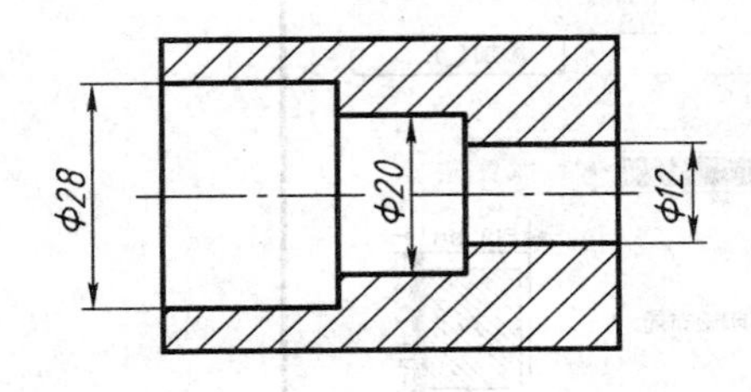

图 2.121 零件尺寸样图

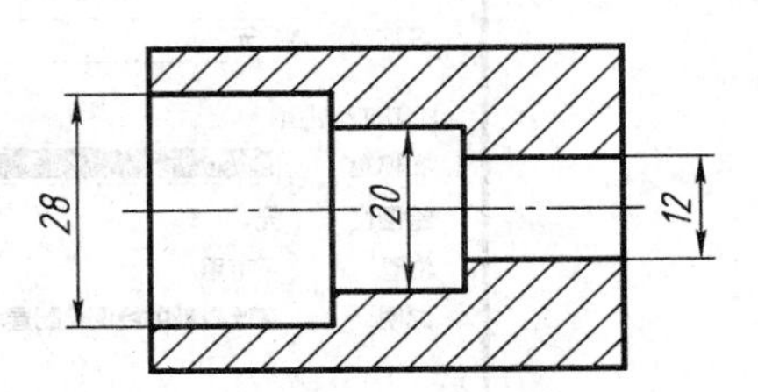

图 2.122 用线性标注命令标注的尺寸

②用编辑标注命令在三个尺寸前加上"φ"。

a. 命令行:输入 DDEDIT↙。

b. 选择注释对象或[放弃(U)]:选取"28",弹出对话框。

c. 在数字前面加上"%%c",单击"确定"按钮,完成修改。

尺寸20、12前加"φ",重复上述操作即可。结果如图2.121所示。

4. 用"特性"对话框编辑尺寸

双击要修改的尺寸,弹出如图2.123所示的"特性"对话框。在主单位区的第二个项目"标注前缀"文本框内填上"%%c",即可完成修改。也可以修改该对话框中的其他项目。

图 2.123 "特性"对话框

2.3.8 图形输出

创建完图形之后,通常要打印到图纸上。打印时,可以从"模型"选项卡打印,也可以从"布局"选项卡打印。(参见图2.14"AutoCAD经典"界面中"模型"、"布局1"、"布局2"选项卡。)

1. 打印预览

在打印输出图形之前可以预览输出结果,以检查设置是否正确。例如,图形是否都在有效输出区域内等。预览输出结果的方法有以下三种。

①在"功能区"选项板中选择"输出"选项卡,在"打印"面板中单击"预览"按钮。

②单击"菜单浏览器"按钮,在弹出的菜单中选择"文件"→"打印预览"命令。

③在命令提示行中输入命令PREVIEW。

2. 打印图形

在AutoCAD 2009中,可以使用"打印"对话框打印图形。

当在绘图窗口中选择一个"布局"选项卡后,单击"菜单浏览器"按钮,在弹出的菜单中选择"文件"→"打印"命令,打开"打印-模型"对话框,如图2.124所示。

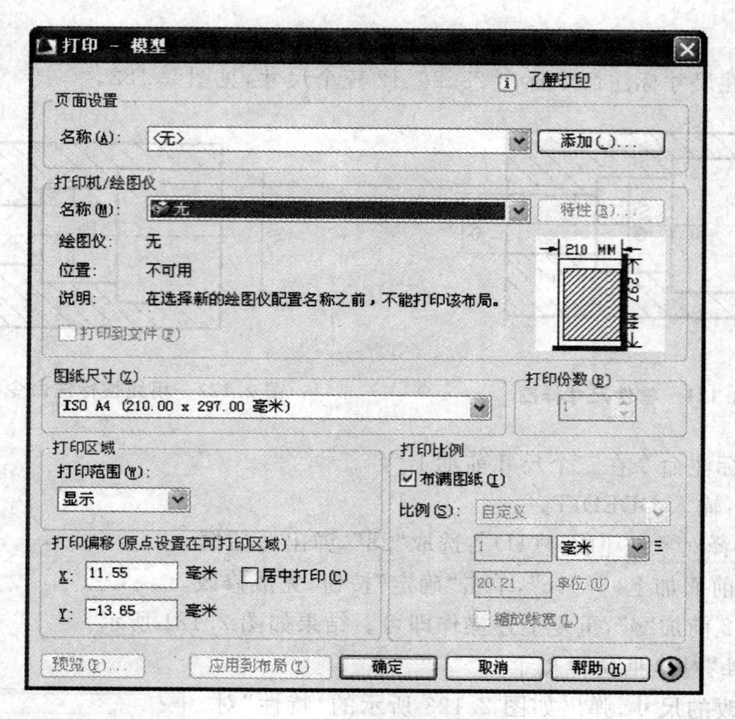

图 2.124 “打印-模型”对话框

在“打印-模型”对话框中的“打印机/绘图仪”区域，从“名称”下拉列表框中选择与计算机相连的打印机(如果用户选择的打印机不支持已经选定的图纸尺寸，系统将通知用户要使用打印机支持的图纸尺寸。如果显示警告，单击“确定”按钮)；选定打印机后，可以继续选择图纸尺寸、打印区域、打印比例、打印偏移量，如果图纸尺寸正确，则可以单击“确定”按钮，打印图形。

本章小结

本章主要知识点归纳如下。

①机械制图国家标准，这里仅介绍了图纸幅面与格式、比例、字体、图线、尺寸注法以及尺寸注法在平面图形中的应用。

②平面图形的尺寸分析、线段分析及画图步骤。

③AutoCAD 2009 的启动方法、工作界面、命令和数据的输入方式、新图形文件的建立、打开、存储和退出等知识；设置绘图单位、设置绘图区域方法、实体选择方式，基本绘图命令、编辑命令、图层操作、文字的注写及编辑、创建表格、尺寸标注、打印等命令的拾取方法与操作步骤。

思考与练习

一、填空题

1. 一般地，尺寸线为水平方向时，尺寸数字注写在尺寸线的________方，字头向________；尺寸线为竖直方向时，尺寸数字注写在尺寸线的________方，字头向________。

2. 标准图纸幅面分________种，留装订边时装订边 $a=$________mm，不留装订边时 A3 的图框边距 $e=$________mm。

3. 可见轮廓线用________表示，不可见轮廓线用________表示，对称中心线、轴线用________表示。

4. 一个完整的尺寸一般由________、________、________、________组成。

5. 根据图形的变化，在横线上填写所需命令，每处只能填写一个命令。

（1）

________　________

（2）

____

（3）

________　________

（4）

________　________

二、单项选择题

1. A3 幅面的尺寸（$B\times L$）是________。

A. 594×841　　B. 420×594　　C. 297×420　　D. 210×297

2. 留装订边的 A3 幅面的装订边尺寸（a）和其余三边（c）的尺寸是________。

A. $a=25, c=10$　　B. $a=25, c=5$　　C. $a=10, c=5$　　D. $a=20, c=10$

3. 一图样的图形比其实物相应要素的线性尺寸缩小 1/2 画出，该图样标题栏“比例”一栏应填写________。

A. 1∶2　　B. 2∶1　　C. 0.5∶1　　D. 1∶0.5

4. 图样上机件的不可见轮廓线用________表示。

A. 细点画线　　B. 粗点画线　　C. 细实线　　D. 虚线

5. 用 ZOOM 命令将图形缩放时，图形的实际尺寸________。

A. 增大　　B. 缩小　　C. 不变　　D. 按比例放大或缩小

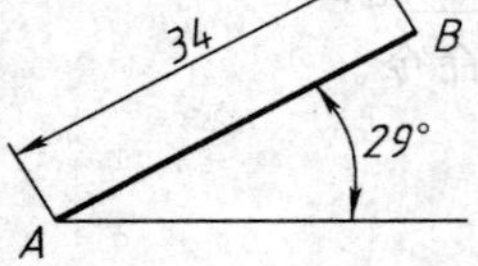

6. 绘制题 6 图所示 *AB* 线段，应先拾取直线命令，指定点 *A*，接下来输入极坐标，下列输入方法正确的是________。

A. 34，29　　B. @34，29°

C. @34<29　　D. @ 29<34°

题 6 图

7. 一实体所在图层处于打开状态，该实体在图层上的图形________。

A. 不可见、不能编辑　　B. 可见、能编辑

C. 可见、不能编辑　　D. 不可见、能编辑

8. 题 8 图所示图标按钮从左至右依次是________。

题 8 图

A. 捕捉中点　　B. 捕捉端点

C. 捕捉交点　　D. 捕捉象限点

E. 捕捉圆心　　F. 捕捉切点　　G. 捕捉垂足

①ABCDEFG　　②BACEDFG　　③BCFGDE　　④BADCEGF

9. “20±0.05” 在键盘上输入的代码是________。

A. 20%%p0.05　　B. 0.05%%p20　　C. 20%%d0.05　　D. 20%%c0.05

10. 根据图形的变化，所需拾取的命令（只能选择一个命令）应为________。

A. 镜像命令　　B. 阵列命令　　C. 平移命令　　D. 旋转命令

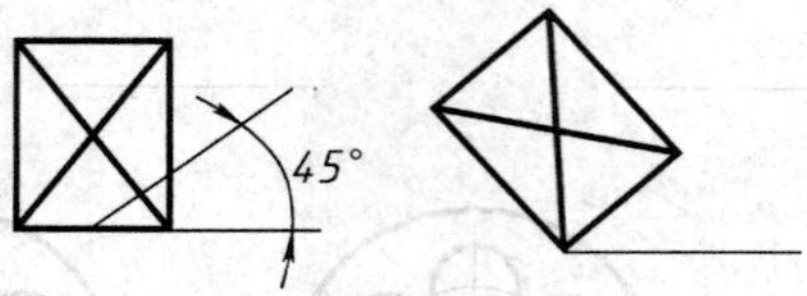

题 10 图

11. 根据图形的变化，所需拾取的命令（只能选择一个命令）应为________。

A. 修剪命令　　B. 圆角命令　　C. 倒角命令　　D. 移动命令

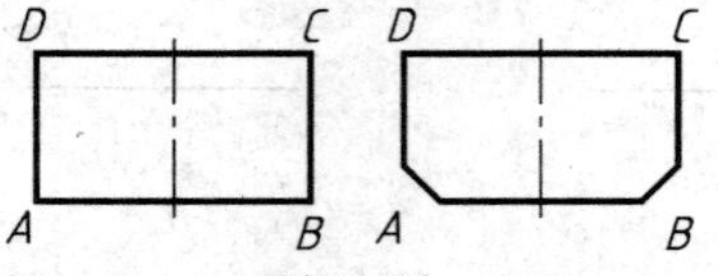

题 11 图

三、判断题（在括号内填“√”或“×”）

1. 使用 PAN 命令移动图形时，改变图形的缩放比例。　　（　　）

2. “60°”在键盘上输入的代码是“60%%d”。　　（　　）

3. 图层 0、图层 Defpoints 和当前图层不能删除。　　（　　）

4. 正交功能打开时，在窗口中不能画倾斜的直线。　　（　　）

5. 使用 AutoCAD 中的命令，能直接绘制出带圆角的矩形。　　（　　）

四、实训题

使用 AutoCAD 软件绘制下列平面图形。

1. 实训目的

①练习绘图工具与绘图环境设置、图层设置的操作方法。

②正确使用图形显示命令、对象捕捉命令、绘图命令和图形编辑命令。

③学会设置标注样式与文字样式，正确标注尺寸与书写文字。

④学会在不同的图层上绘制不同的线型。

2. 实训内容与要求

①设置符合要求的线型、线宽、颜色。

②取合适的图纸幅面，采用留有装订边的图框格式。

③创建符合我国《技术制图》规范要求的标注样式并标注尺寸。

3. 作图步骤

①设置幅面大小，确定绘图比例，绘制图框。

②设置图层。

a. 创建粗实线层：颜色为白色，线型为 Continuous，线宽 0.4 mm。

b. 创建尺寸线层：颜色为青色，线型为 Continuous，线宽 0.2 mm。

c. 创建文字线层：颜色为青色，线型为 Continuous，线宽 0.2 mm。

d. 创建中心线层：颜色为红色，线型为 Center 2，线宽 0.2 mm。

③绘制平面图形，标注尺寸。

④绘制、填写标题栏。

4. 注意事项

①标注尺寸要完整、清晰、正确。

②标题栏及内容填写符合实训指导老师要求。

③注意随时存盘。

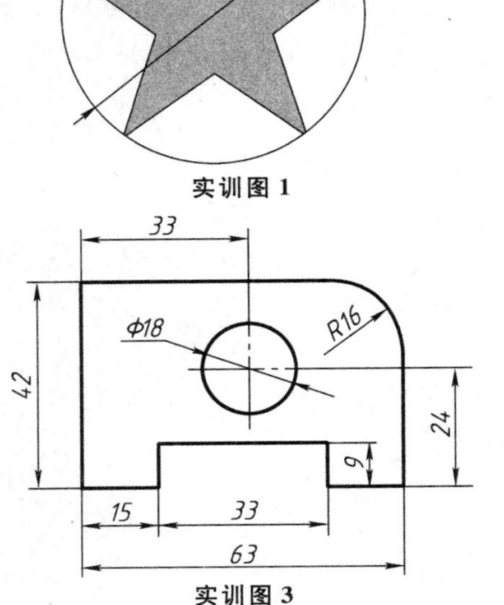

实训图 1

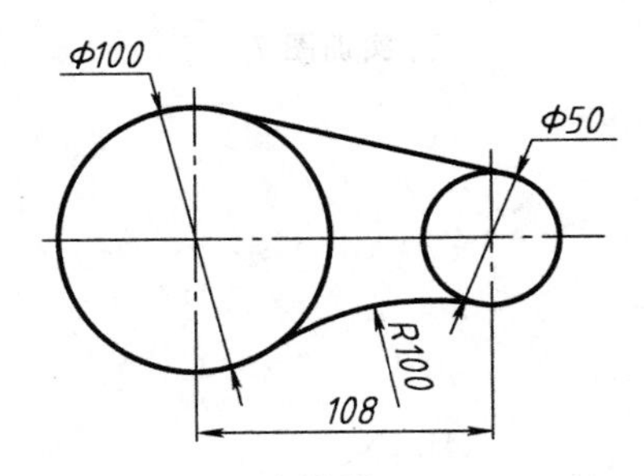

实训图 2

实训图 3

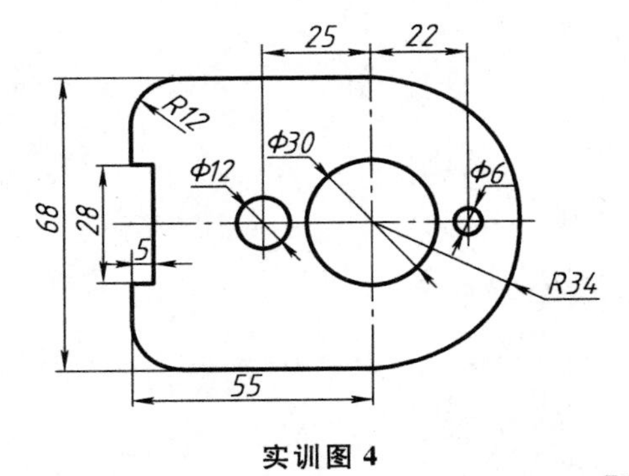

实训图 4

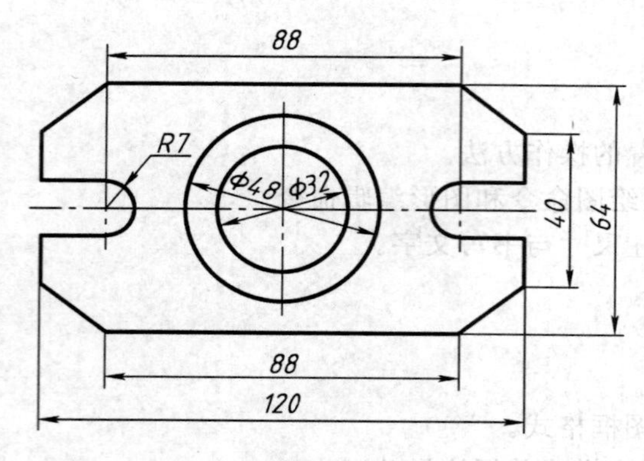

实训图 5

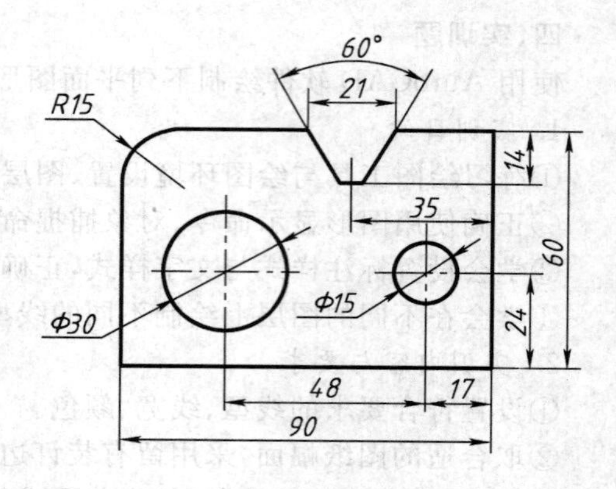

实训图 6

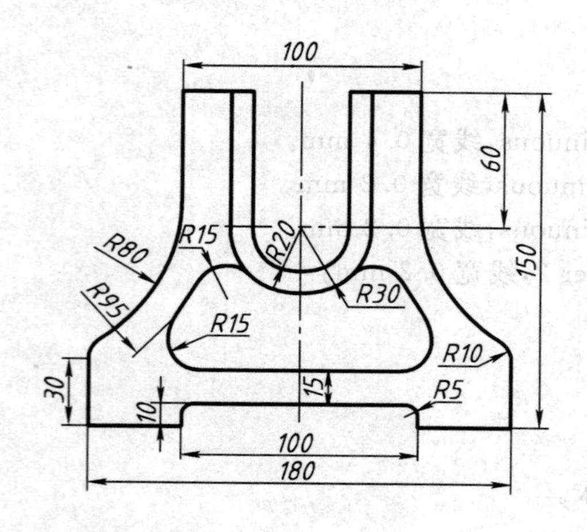

实训图 7

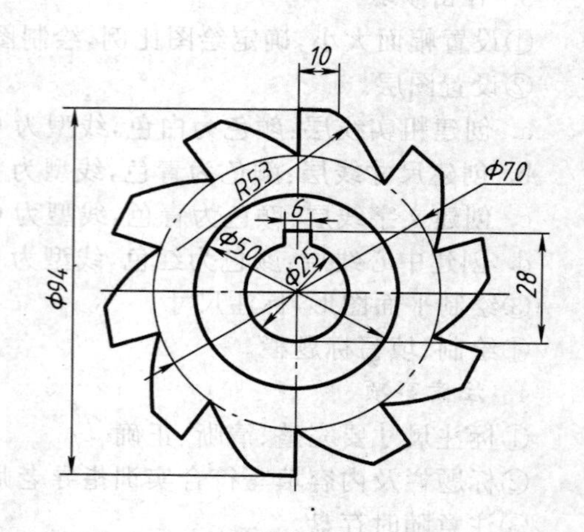

实训图 8

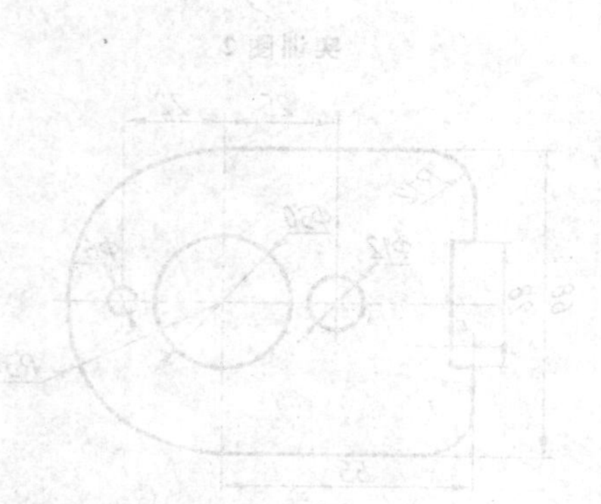

第3章 投影基础

本章主要介绍投影的概念、投影的分类、正投影的基本性质，分析三视图形成过程与投影规律。同时介绍点、线、面的投影规律以及如何根据直线、平面投影图判断其空间位置。

通过本章学习，要达到以下基本要求：

①了解三面投影体系概念，熟悉三视图的形成过程，掌握三视图的投影规律；

②掌握点的投影规律，能根据点的两面投影求第三个投影，能根据两点的投影和坐标值判别两点在空间的位置，能判别重影点可见性；

③理解各种位置面、线的概念；

④掌握各种位置直线的投影特性，能根据投影图判断直线的空间位置；

⑤掌握各种位置平面的投影特性，能根据投影图判断平面的空间位置。

3.1 正投影法与三视图

在生产中使用的化工设备图和化工工艺图是在平面上表示出来的图样，一般采用正投影法的原理和方法绘制，掌握正投影法的基本图示和画图方法是绘制和阅读化工图样的基础。

3.1.1 投影法的基本概念

在日常生活中，灯光或日光照射物体，在地面或墙面上会产生灰黑影子，这就是最常见的投影现象。这种影子只能反映出物体的轮廓，却不能表达出物体的形状和大小。人们根据生产活动的需要，对这种现象进行科学的抽象，总结出物体和影子之间的几何关系，逐步形成了投影法，使在图纸上准确而全面地表达物体的形状和大小的要求得以实现。

如图3.1所示，将△ABC放在平面P和光源S之间，自S分别向A、B、C引直线并使其延长至平面P，与之相交于a、b、c。平面P称为投影面，点S称为投影中心，SAa、SBb、SCc称为投射线，平面图形abc是空间平面ABC在投影面P上的投影。

所谓投影法，就是用投射线通过物体向选定的平面投射，并在该面上得到图形的方法。根据投影法得到的图形称为投影图，简称投影。

GB/T 14692—2008《技术制图》中规定：投影法中，得到投影的面，称为投影面。

由此可见，要获得投影，必须具备光源、物体、投影面这三个基本条件。

3.1.2 投影法的分类

1. 中心投影法

投射线交会于一点的投影法，称为中心投影法。采用中心投影法绘制的图样（称透视图）直观性强，符合人的视觉映像，常被用于表达建筑物的外观形状。如图3.1所示，用中心投影法得到的三角形投影比实物放大了，并且它的大小会随实物离投影面距离而变化。这种投影不能反映物体的真实形状和大小，因此在化工图样中不被采用。

2. 平行投影法

假想把图3.1中的投射中心S移至无限远处，则投射线可以看做是相互平行的。投射

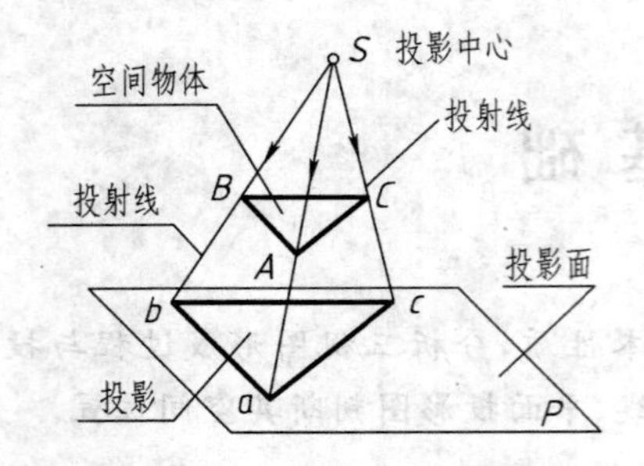

图 3.1　中心投影法

线互相平行的投影方法，称为平行投影法。

在平行投影法中，根据投射线相对投影面是否垂直，可分为斜投影法和正投影法。

(1)斜投影法

斜投影法即投射线与投影面倾斜的平行投影法，如图 3.2(a)所示。

(2)正投影法

正投影法即投射线与投影面垂直的平行投影法，如图 3.2(b)所示。

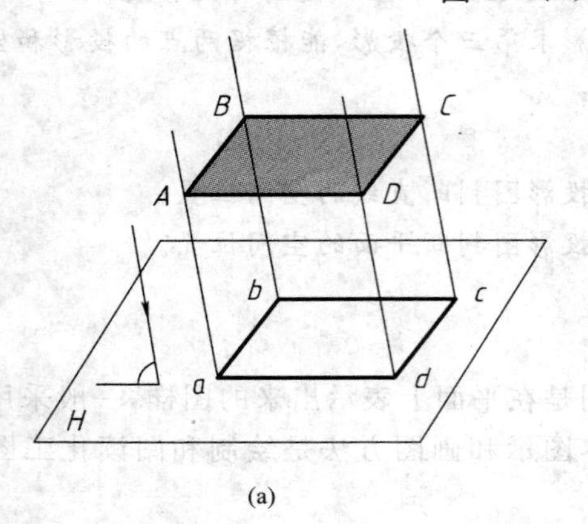

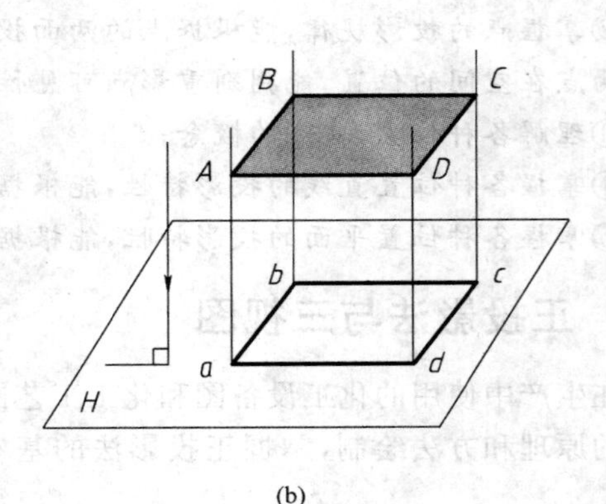

图 3.2　平行投影法

(a)斜投影法　(b)正投影法

产生正投影的基本条件是：①投射线互相平行；②投射线与投影面垂直。

用正投影法得到的物体的投影，称为物体的正投影图，简称正投影。本书主要介绍正投影法，正投影法是制图的主要理论基础。以下所称的投影均是指正投影，并规定空间物体一般用大写字母表示，其投影用相应小写字母表示。

用正投影法得到的物体投影容易反映物体的真实形状(简称实形)和大小，度量性好，作图简便，故正投影法在化工图样中应用最广泛。

3.1.3　正投影的基本性质

直线和平面图形用正投影法进行投影时，其投影有三个重要性质。

1. 真实性

如图 3.3 所示，当 AB 线段与投影面平行时，其投影 ab 反映 AB 的实际长度；当空间平面图形 CDE 与投影面平行时，其投影 cde 反映平面图形 CDE 的真实形状。这种投影特性称为真实性。

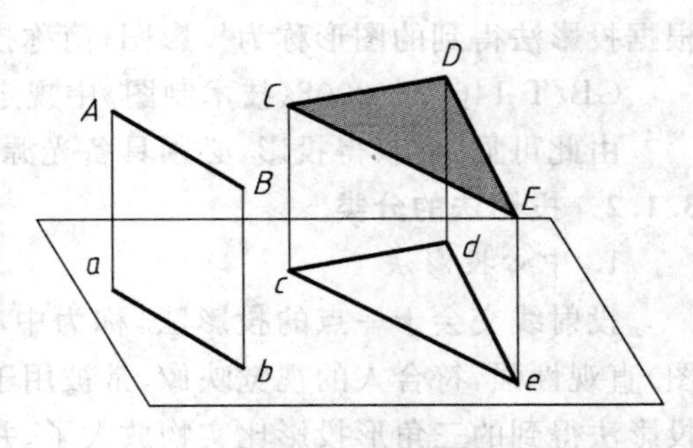

图 3.3　真实性

2. 积聚性

如图 3.4 所示，当空间直线段 EF 与投影面垂直时，其投影积聚成一点 $e(f)$；当空间平面图形 $ABCD$ 与投影面垂直时，其投影积聚成一条直线。这种投影特性称为积聚性。

3. 类似性

如图 3.5 所示，当空间直线段 EF 与投影面倾斜时，其投影仍为直线段；当空间平面图形 $ABCD$ 与投影面倾斜时，其投影仍为平面几何图形，但不反映原平面图形的实形，而是缩小了的类似形。这种投影特性称为类似性。

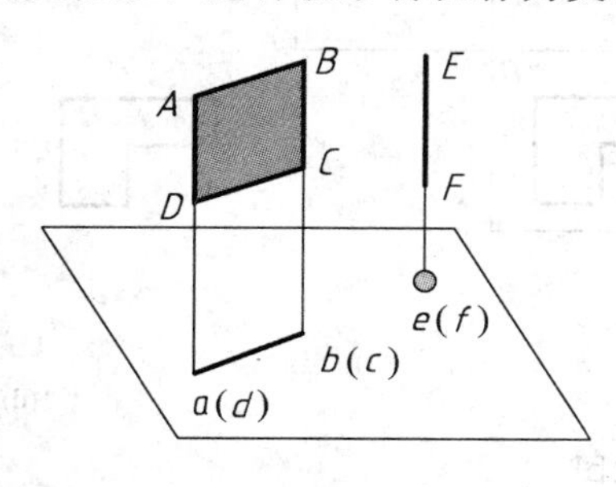

图 3.4 积聚性

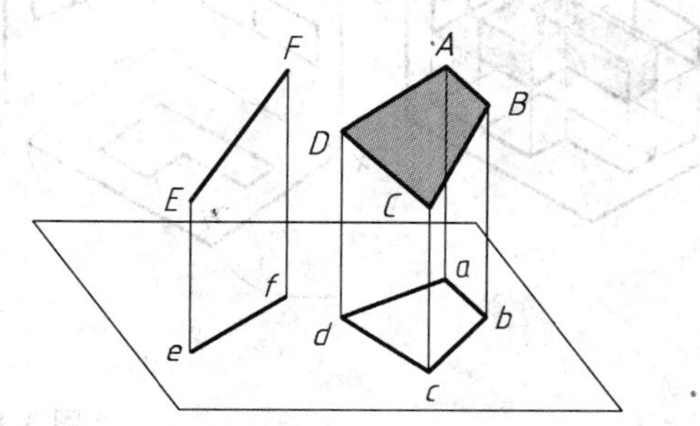

图 3.5 类似性

3.1.4 三视图

以人的视线代替投射光线，用正投影法将物体向某个投影面投射所得到的正投影图，称为视图。一般情况下，通过一个视图不能确定物体的形状，如图 3.6 所示，三个不同形状的物体在投影面上的投影都相同。因此，要反映物体的完整形状，必须增加由不同投射方向所得到的几个视图，互相补充，才能清楚地表达物体。工程上常用的是三面视图。

1. 投影面体系

GB/T 14692—2008 中规定：相互垂直的三个投影面，分别用 V、H、W 表示。

三个相互垂直的投影面可构成投影面体系。如图 3.7 所示，三个投影面分别称为：正立投影面，简称正面，以 V 表示；水平投影面，简称水平面，以 H 表示；侧立投影面，简称侧面，以 W 表示。三个投影面之间的交线 OX、OY、OZ 称为投影轴，分别代表物体的长、宽、高三个方向。

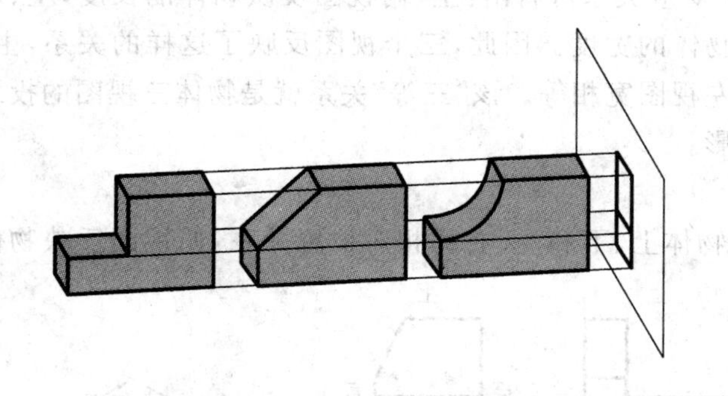

图 3.6 不同的物体具有相同的投影图

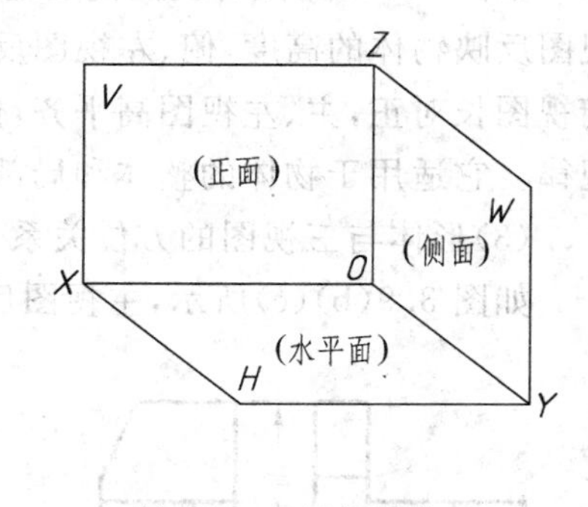

图 3.7 三面投影体系

2. 三面视图的形成

如图 3.8(a)所示，将物体置于投影面体系中，用正投影法向三个投影面投射，即得三面视图，简称三视图。其中从前向后投射所得的视图称为主视图，从上向下投射所得的视图称为俯视图，从左向右投射所得的视图称为左视图。

3. 三面投影体系展开

为了画图和看图的方便，假想将三个投影面展开、摊平在同一个平面上。如图 3.8(b)所示，保持正面不动，将水平面绕 OX 轴向下旋转 90°，侧面绕 OZ 轴向右旋转 90°，就得到如

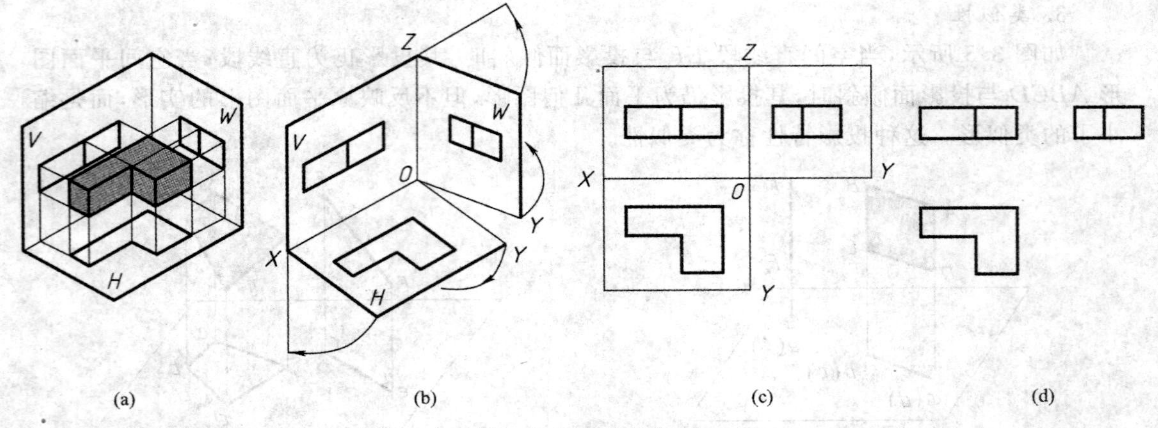

图 3.8　物体的三视图

(a)三投影面体系　(b)投影面的展开　(c)投影面展开后的三面视图　(d)三视图

图 3.8(c)所示同一平面上的三面视图，用三个视图能比较完整地反映出物体的空间形状。实际绘制三视图时，不必画出投影面和投影轴，如图 3.8(d)所示。

4. 三视图的投影规律

从三视图的形成过程可以看出，各视图之间存在着一定的内在联系。

(1)三个视图间的位置关系

三视图是向三个垂直的投影面投影，再将水平投影面、侧立投影面分别绕投影轴旋转，使三个投影面摊平在一个平面上形成的，这就决定了三个视图之间的位置关系，俯视图在主视图正下方，左视图在主视图正右方，如图 3.9(a)所示。

(2)形体与三视图间的度量关系

如图 3.9(a)所示，从三视图之间的对应关系可看出：主、俯视图反映物体的长度，主、左视图反映物体的高度，俯、左视图反映物体的宽度。因此，三个视图反映了这样的关系，主、俯视图长对正，主、左视图高平齐，俯、左视图宽相等。该"三等"关系就是物体三视图的投影规律。它适用于物体的整体和局部投影。

(3)形体与三视图的方位关系

如图 3.9(b)(c)所示，主视图反映物体上、下和左、右的相对位置关系，俯视图反映物体

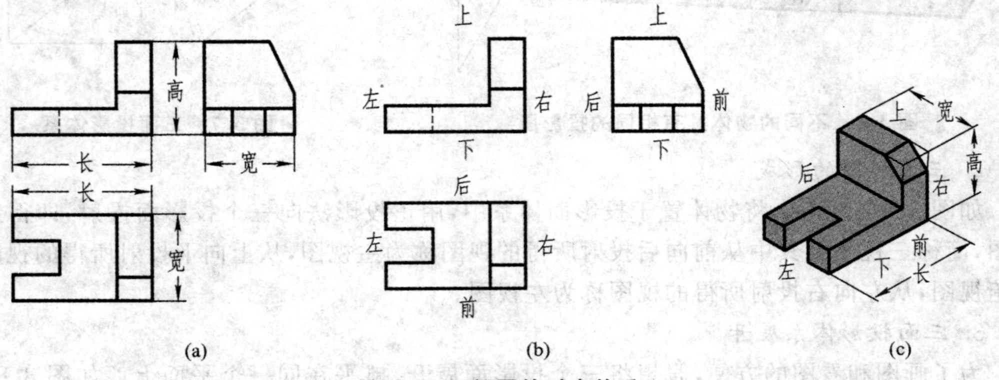

图 3.9　三视图的对应关系

(a)三视图间的度量关系　(b)三视图间的方位关系　(c)立体图

前、后和左、右的相对位置关系，左视图反映物体上、下和前、后的相对位置关系。因此，俯、左视图靠近主视图的一侧为物体的后面，远离主视图的一侧为物体的前面。

3.2 点、直线和平面的投影

3.2.1 点的投影

1. 点的投影规律

如图 3.10 所示，空间点 A 分别向 H、V、W 投影面投射，得到的三面投影分别为 a、a'、a''。按规定，空间的点用大写字母表示，点的投影用小写字母表示。即：

①点 A 在水平面 H 上的投影称为水平投影，用 a 表示；

②点 A 在正面 V 上的投影称为正面投影，用 a' 表示；

③点 A 在侧面 W 上的投影称为侧面投影，用 a'' 表示。

投影面展开后，由投影图 3.10(c)可看出，点的投影有如下规律：

①点的 V 面投影与 H 面投影的连线垂直于 OX 轴，即 $a'a \perp OX$；

②点的 V 面投影与 W 面投影的连线垂直于 OZ 轴，即 $a'a'' \perp OZ$；

③点的 H 面投影至 OX 轴的距离等于其 W 面投影至 OZ 轴的距离。

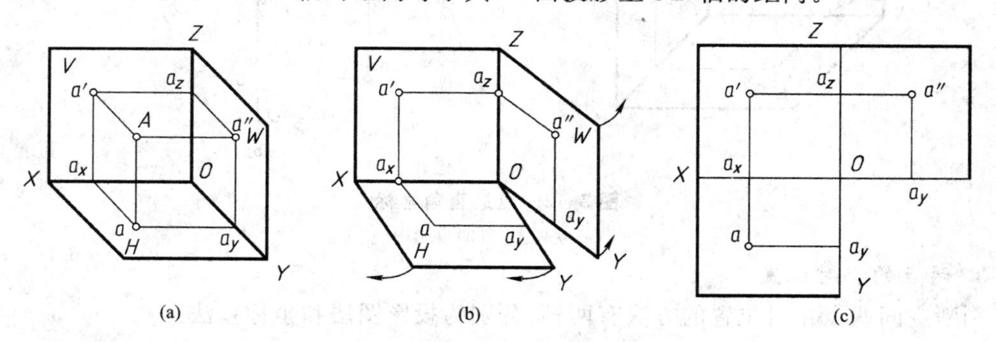

图 3.10 点的三面投影的形成

根据点的投影规律，若已知点的任何两个投影，就可求出它的第三个投影。

【例 3.1】 如图 3.11(a)所示，已知点 A 的正面投影 a' 和水平投影 a，求其侧面投影 a''。

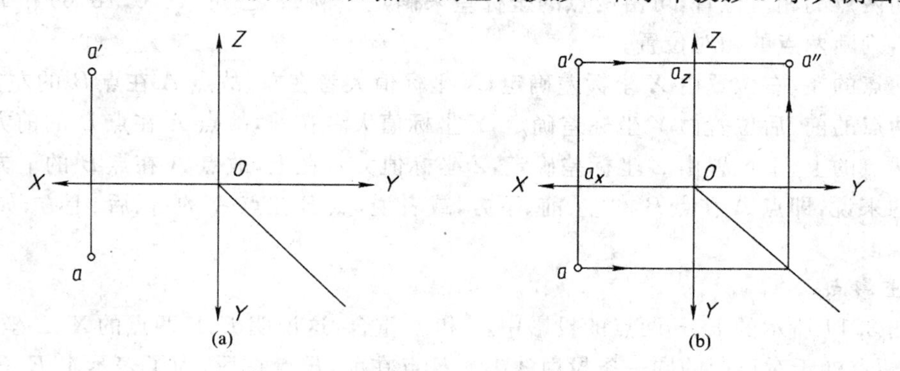

图 3.11 已知点的两个投影，求其第三个投影

(a)已知 a 及 a'，求 a'' (b)根据点的投影规律，求出 a''

如图 3.11(b)所示，由于 a'' 与 a' 的连线垂直于 OZ 轴，所以 a'' 一定在过 a' 而且垂直于 OZ

的直线上。又由于 a'' 到 OZ 的距离必等于 a 到 OX 的距离，因此截取 $a''a_z = aa_x$，便求得 a''。

为了作图简便，可自点 O 作辅助线（与水平方向夹角为45°），以表明 $a''a_z = aa_x$ 的关系。

2. 点的投影与直角坐标的关系

若将三面投影体系看做空间直角坐标体系，以投影面为坐标面，投影轴为坐标轴，原点 O 为坐标原点，则空间一点 A 至三个投影面的距离，可以用坐标来表示，如图 3.12(a)所示。在投影图上点 A 三面投影的位置也就可以根据坐标来确定，如图 3.12(b)所示。空间 A 点至各投影面的距离与坐标的关系如下：

①A 点到 H 面的距离 $Aa = a'a_x = a''a_y = A$ 点的 z 坐标；

②A 点到 V 面的距离 $Aa' = aa_x = a''a_z = A$ 点的 y 坐标；

③A 点到 W 面的距离 $Aa'' = a'a_z = aa_y = A$ 点的 x 坐标。

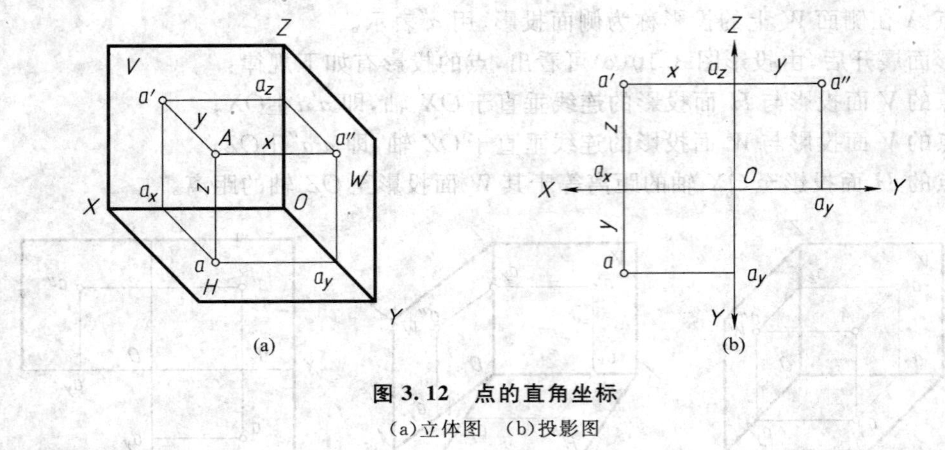

图 3.12　点的直角坐标

(a)立体图　(b)投影图

3. 两点的相对位置

判断空间两点相对位置的方法有两种，分别为投影图法和坐标差法。

(1)投影图法

空间两点的相对位置，可从两点的同面投影中反映出来，如图 3.13(a)所示。

(2)坐标差法

空间两点的相对位置，可由两点的坐标差来确定。例如：已知 $A(20,18,6)$ 和 $B(10,6,18)$ 两点，判断两点的相对位置。

①两点的左、右位置由 X 坐标差确定，X 坐标值大者在左，故点 A 在点 B 的左方；

②两点的前、后位置由 Y 坐标差确定，Y 坐标值大者在前，故点 A 在点 B 的前方；

③两点的上、下位置由 Z 坐标差确定，Z 坐标值大者在上，故点 A 在点 B 的下方。

总的来说，即点 A 在点 B 的左、前、下方，或者说，点 B 在点 A 的右、后、上方，如图 3.13(b)所示。

4. 重影点

在图 3.14 所示的 E、F 两点的投影中，e' 和 f' 重合，这说明 E、F 两点的 X、Z 坐标相同，即 E、F 两点处于对正面的同一条投射线上。E 点在前，F 点在后，为了表示出 E、F 两点的前后位置，点 F 的正面投影“f'”加括号，表示处于被遮挡位置的点的投影不可见。

可见，共处于同一条投射线上的两点，必在相应的投影面上具有重合的投影，这两个点被称为该投影面的一对重影点。

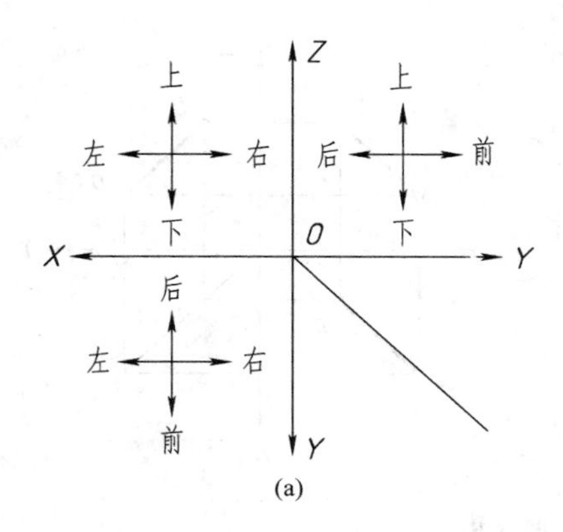

(a)

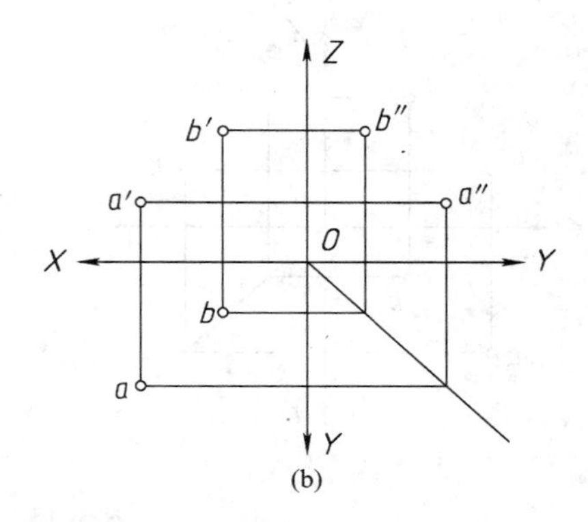

(b)

图 3.13　空间两点相对位置的判断方法

(a)投影图法　(b)坐标差法

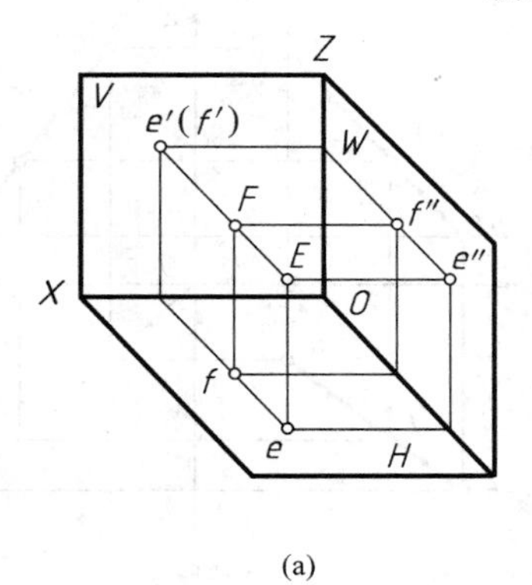

(a)

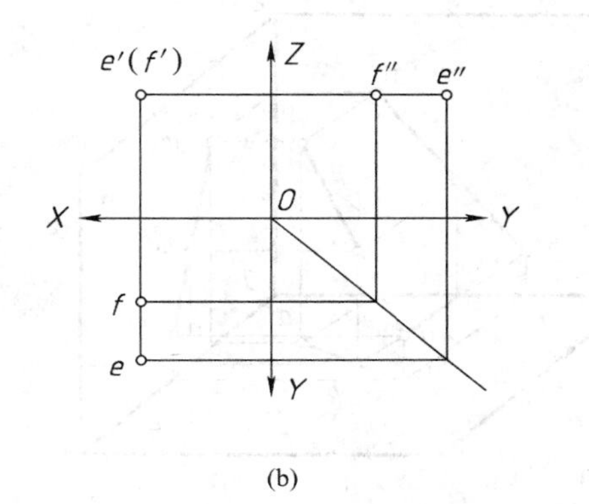

(b)

图 3.14　重影点的投影

(a)立体图　(b)投影图

3.2.2　直线的投影

1. 直线投影的概念

直线的投影一般仍然是直线，两点可以确定一条直线，因此，直线的投影实际上是直线上的两个点在同一投影面上投影的连线。如图 3.15 所示，已知直线上两个端点 A 和 B 的三面投影，将它们的同面投影连接起来，即得到直线 AB 的三面投影。

2. 各种位置直线的投影特征

空间直线按其与投影面的相对位置，可分为一般位置直线和投影面的平行线、投影面的垂直线三种，后两种称为特殊位置直线。

(1)一般位置直线

同时倾斜于三个投影面的直线，称为一般位置直线，如图 3.16 所示的直线 AB。

一般位置直线的投影特性是：在三个投影面上的投影都倾斜于投影轴，且小于实长。

(2)投影面平行线

平行于一个投影面而与另外两个投影面倾斜的直线，称为投影面平行线。投影面平行线又可分为三种：平行于 V 面，倾斜于 H 面及 W 面的直线，简称正平线；平行于 H 面，倾斜于 V 面及 W 面的直线，简称水平线；平行于 W 面，倾斜于 H 面及 V 面的直线，简称侧平线。其投影图及投影特性见表 3.1。

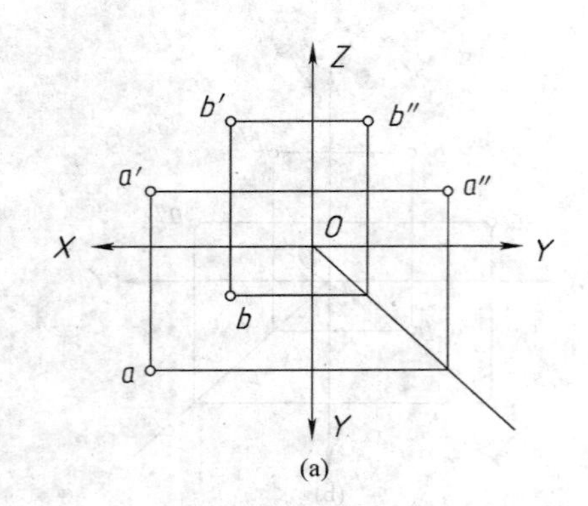

(a)

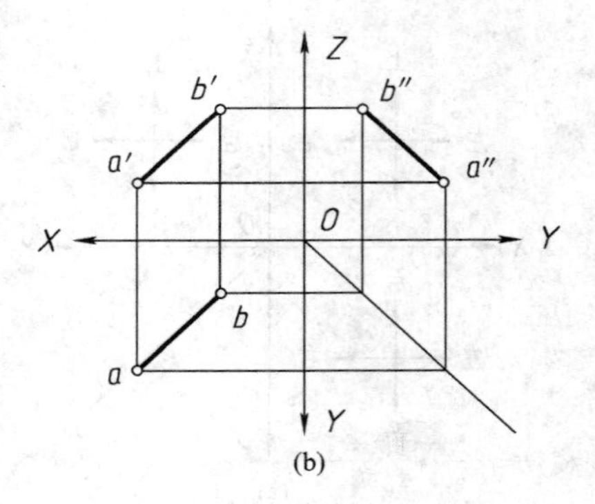

(b)

图 3.15　直线的三面投影

(a)两点的投影　(b)直线的投影

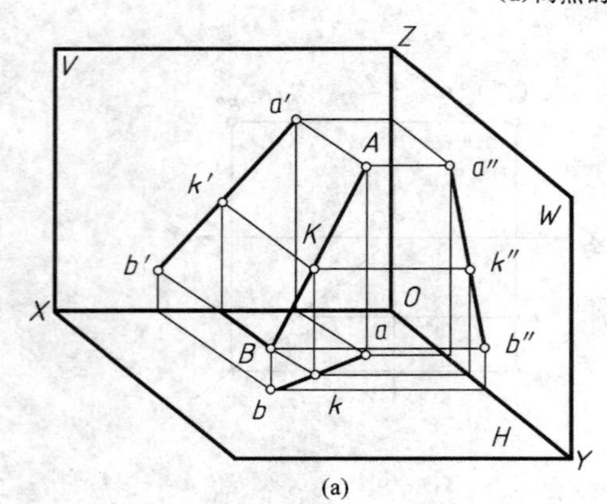

(a)

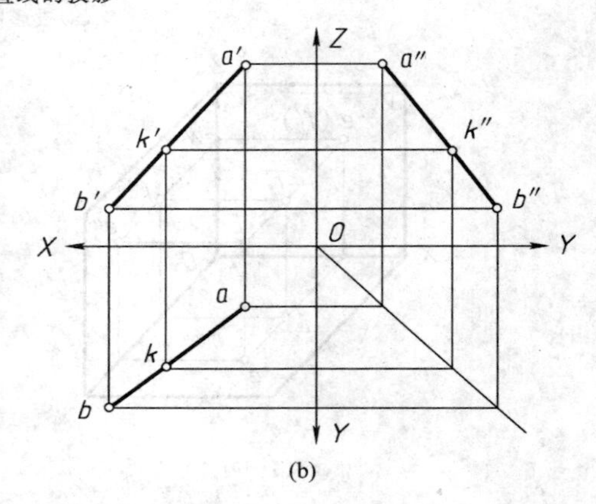

(b)

图 3.16　一般位置直线的投影

(a)立体图　(b)投影图

表 3.1　投影面平行线的投影图及投影特性

名称	正平线（//V 面，对 H、W 面倾斜）	水平线（//H 面，对 V、W 面倾斜）	侧平线（//W 面，对 H、V 面倾斜）
立体图	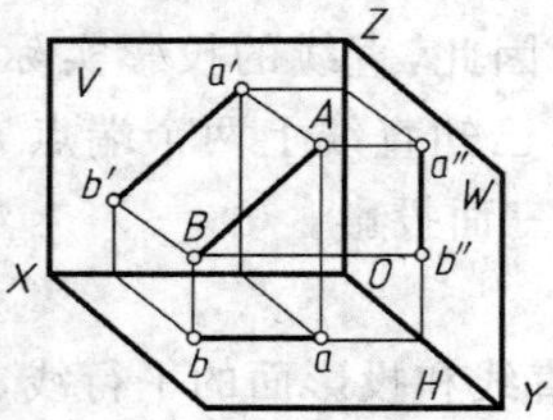	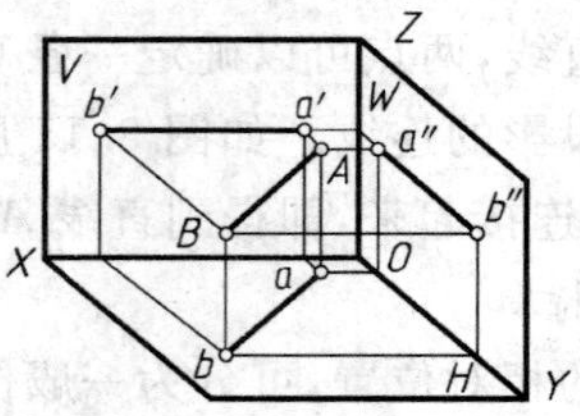	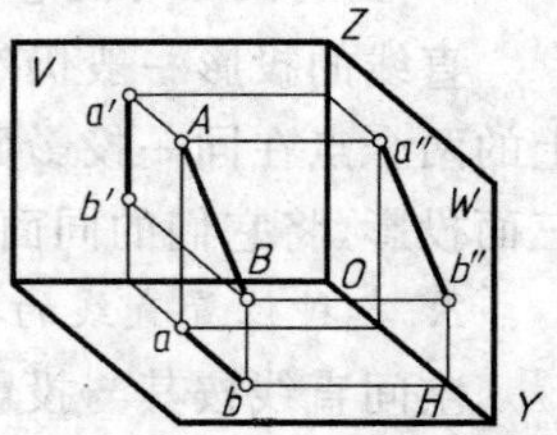
投影图	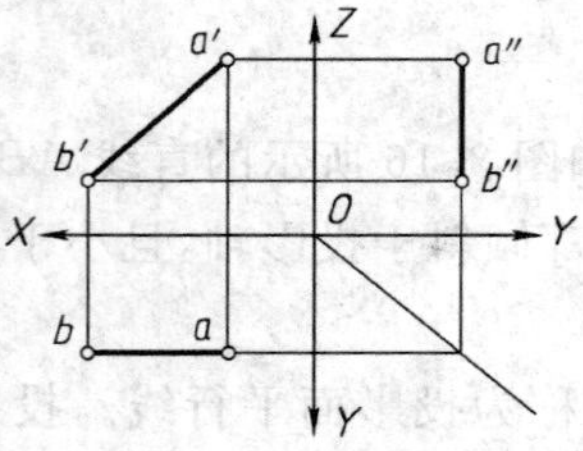	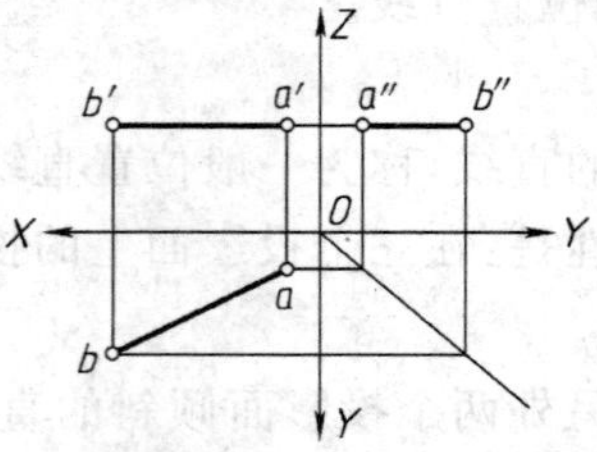	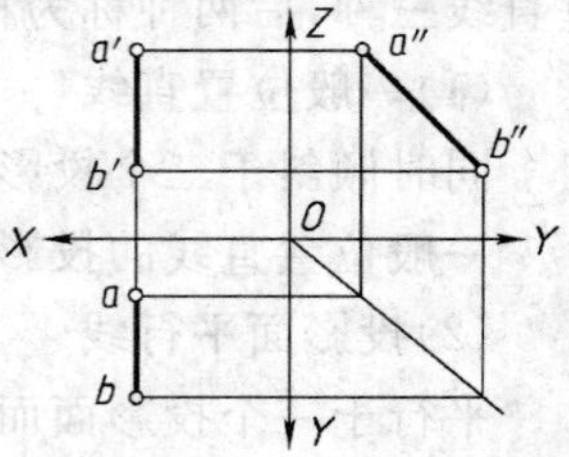
投影分析	$a'b'$反映实长； ab//OX，$a''b''$//OZ	ab 反映实长； $a'b'$//OX，$a''b''$//OY	$a''b''$反映实长； ab//OY，$a'b'$//OZ
投影特性	一个投影反映实长且与投影轴倾斜（平行于该投影面），另外两个投影变短且与投影轴平行		

(3)投影面垂直线

垂直于一个投影面的直线，称为投影面垂直线。因三个投影面是互相垂直的，所以直线与一个投影面垂直，必定与另两个投影面平行。投影面垂直线又可分为三种：垂直于 V 面，平行于 H 面及 W 面的直线，简称正垂线；垂直于 H 面，平行于 V 面及 W 面的直线，简称铅垂线；垂直于 W 面，平行于 H 面及 V 面的直线，简称侧垂线。其投影图及投影特性见表 3.2。

表 3.2　投影面垂直线的投影图及投影特性

	正垂线（$\perp V$ 面，$/\!/ H$、W 面）	铅垂线（$\perp H$ 面，$/\!/ V$、W 面）	侧垂线（$\perp W$ 面，$/\!/ V$、H 面）
立体图	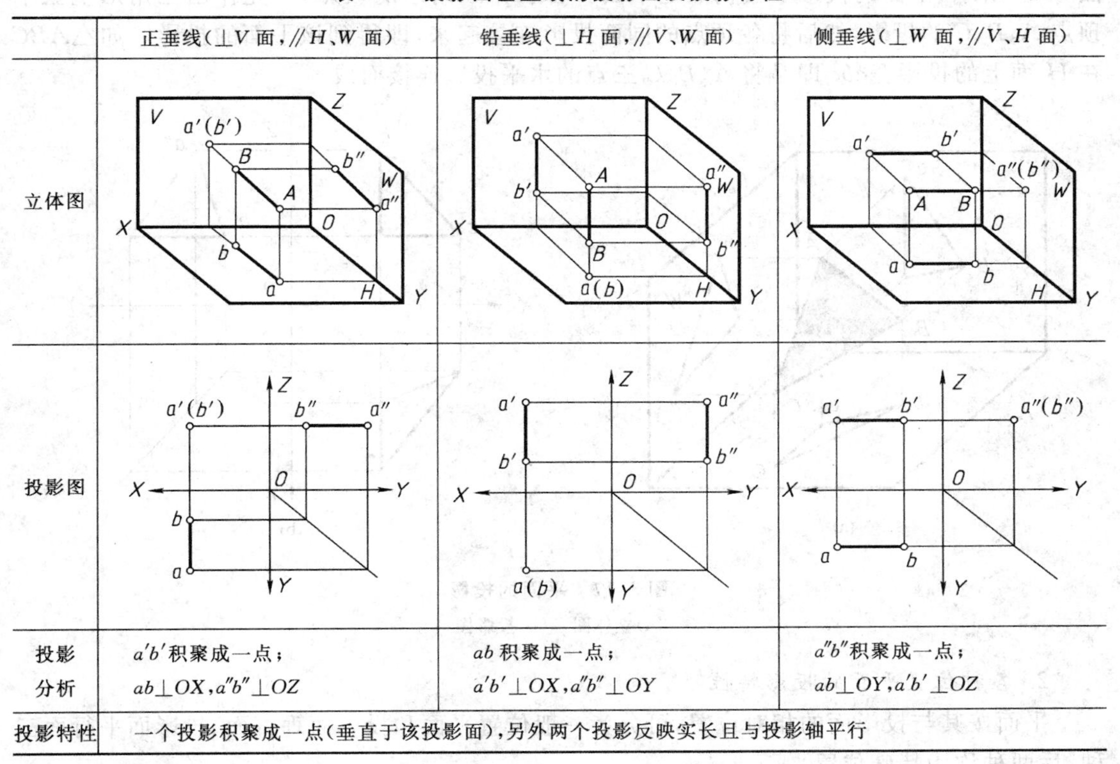		
投影图			
投影分析	$a'b'$ 积聚成一点；$ab \perp OX$，$a''b'' \perp OZ$	ab 积聚成一点；$a'b' \perp OX$，$a''b'' \perp OY$	$a''b''$ 积聚成一点；$ab \perp OY$，$a'b' \perp OZ$
投影特性	一个投影积聚成一点（垂直于该投影面），另外两个投影反映实长且与投影轴平行		

3. 各种位置直线空间位置的判定

(1)一般位置直线

在直线的投影图中，有两面或三面投影为倾斜于投影轴的直线，该直线必为一般位置直线，如图 3.16 所示。

(2)投影面平行线

在直线的三个投影图中，两个投影平行于不同的投影轴，一个投影倾斜于投影轴，该直线在空间必为平行线，且平行于倾斜于投影轴的投影所在的投影面。

在直线的两个投影图中，一个投影平行于投影轴，一个投影倾斜于投影轴，则直线平行于与投影轴倾斜的投影所在的投影面；两个投影图中，若两个投影平行于不同的投影轴，该直线必平行于第三投影所在的投影面。

(3)投影面垂直线

在直线的两个投影图中，一个投影垂直于投影轴，一个投影积聚为一个点，该直线必为垂直线，且垂直于积聚为点的投影所在投影面；两个投影图中，两个投影垂直于不同的投影轴，该直线必为垂直线，垂直于第三投影所在的投影面。

在直线的三个投影图中，两个投影垂直于不同的投影轴，一个投影积聚为一个点，该直线必为垂直线，且垂直于积聚为点的投影所在的投影面。

3.2.3 平面的投影

1. 平面的投影

平面在投影图上一般是用平面图形（如三角形、四边形、圆等）来表示其空间位置的。如图 3.17 所示，平面的投影一般仍然是平面。若求作三角形的投影，可先作出三角形上三个顶点 A、B、C 的投影，然后将各顶点的同面投影连接起来，即得到该平面的投影。如 $\triangle ABC$ 在 H 面上的投影 $\triangle abc$ 即是将 A、B、C 三点的水平投影连接而成。

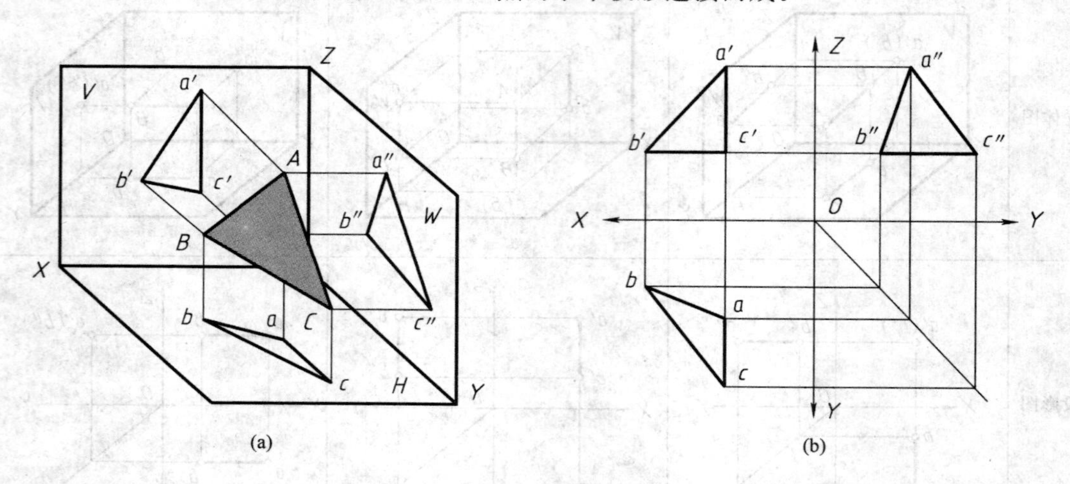

图 3.17 平面的投影

(a)立体图 (b)投影图

2. 各种位置平面的投影特性

平面按其与投影面的相对位置，可分为一般位置平面和投影面垂直面、投影面平行面三种，后两种称为特殊位置平面。

(1)一般位置平面

倾斜于三个投影面的平面，称为一般位置平面，如图 3.17 所示。

一般位置平面的投影特性是：在三个投影面上的投影都为原平面的类似形，小于原形。

(2)投影面垂直面

垂直于一个投影面而与另外两个投影面倾斜的平面称为投影面垂直面。投影面垂直面又可分为三种：垂直于 V 面，倾斜于 H 面及 W 面的平面，简称正垂面；垂直于 H 面，倾斜于 V 面及 W 面的平面，简称铅垂面；垂直于 W 面，倾斜于 V 面及 H 面的平面，简称侧垂面。其投影图及投影特性见表 3.3。

(3)投影面平行面

平行于一个投影面的平面，称为投影面平行面。因三个投影面是互相垂直的，所以平面与一个投影面平行，必定与另两个投影面垂直。投影面平行面又可分为三种：平行于 V 面，垂直于 H 面及 W 面的平面，简称正平面；平行于 H 面，垂直于 V 面及 W 面的平面，简称水平面；平行于 W 面，垂直于 V 面及 H 面的平面，简称侧平面。其投影图及投影特性见表 3.4。

表 3.3　投影面垂直面的投影图及投影特性

	正垂面	铅垂面	侧垂面
立体图	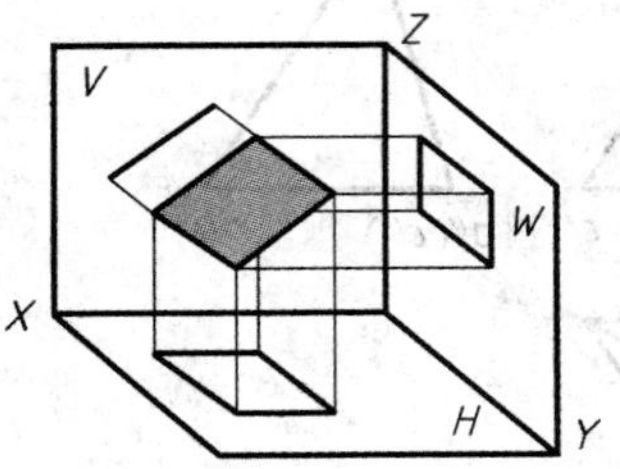	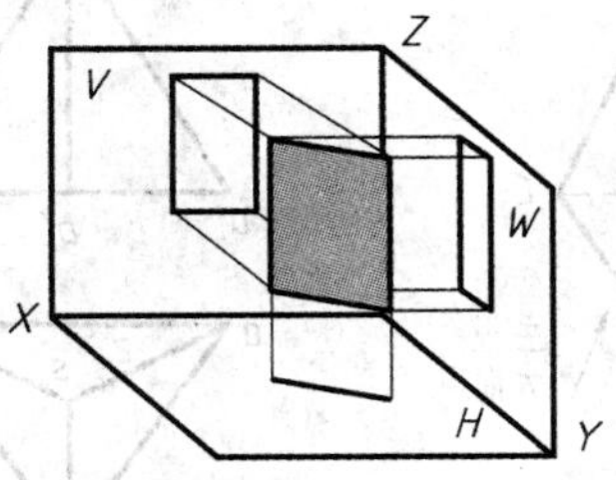	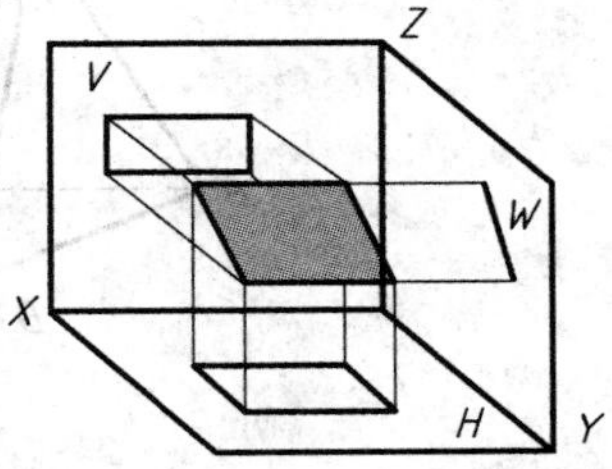
投影图	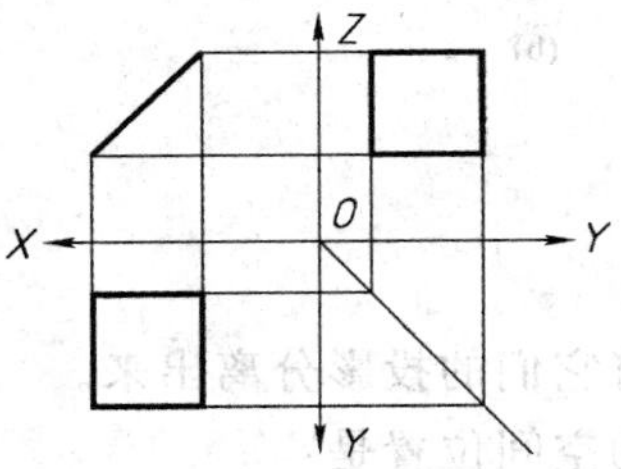	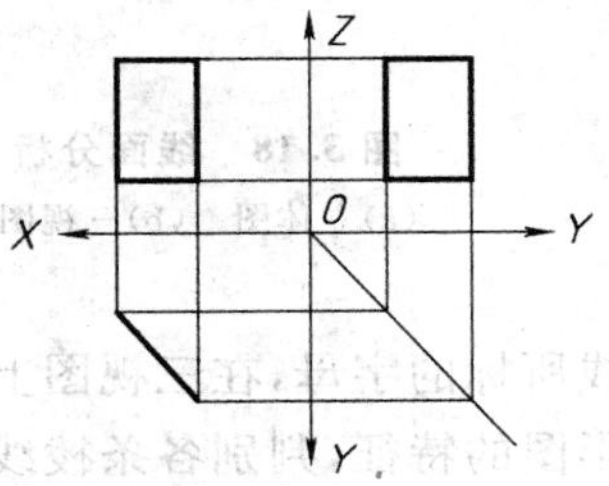	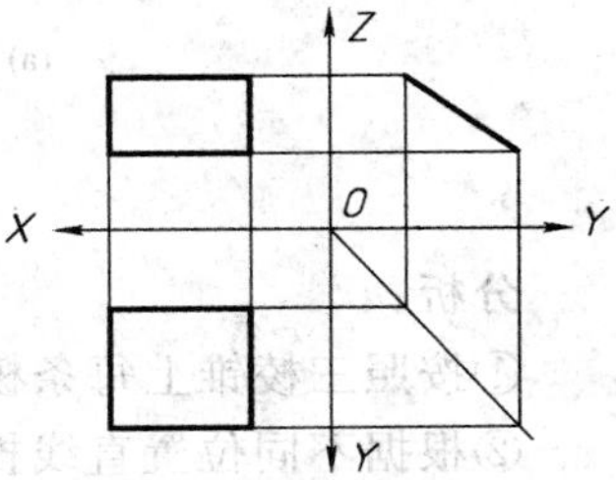
投影特性	①正面投影积聚成直线； ②水平投影、侧面投影均为类似形	①水平投影积聚成直线； ②正面投影、侧面投影均为类似形	①侧面投影积聚成直线； ②水平投影、正面投影均为类似形

表 3.4　投影面平行面的投影图及投影特性

	正平面	水平面	侧平面
立体图	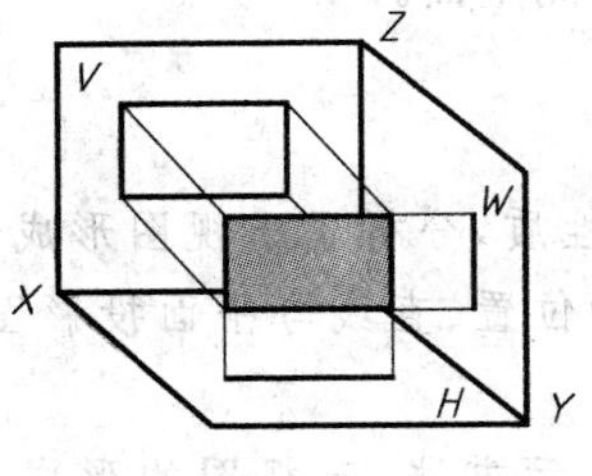	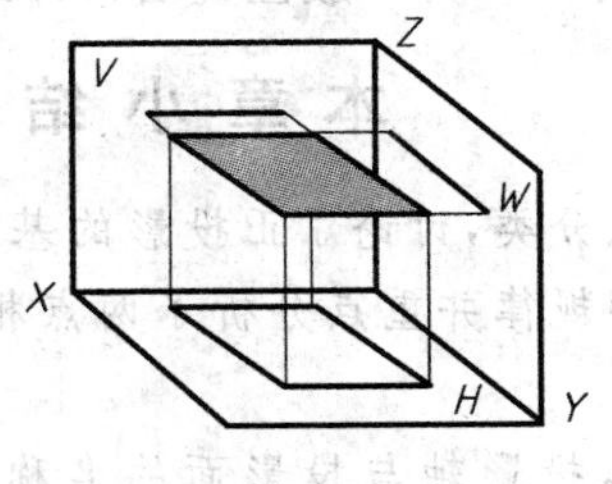	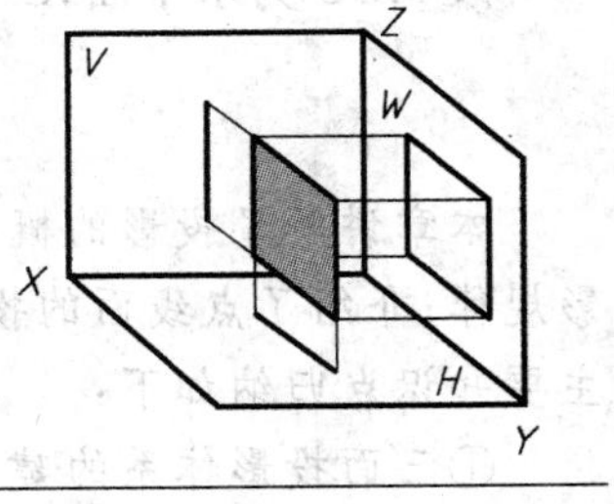
投影图	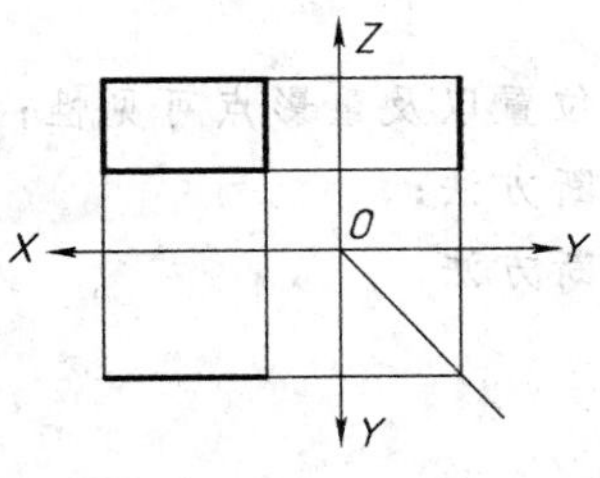	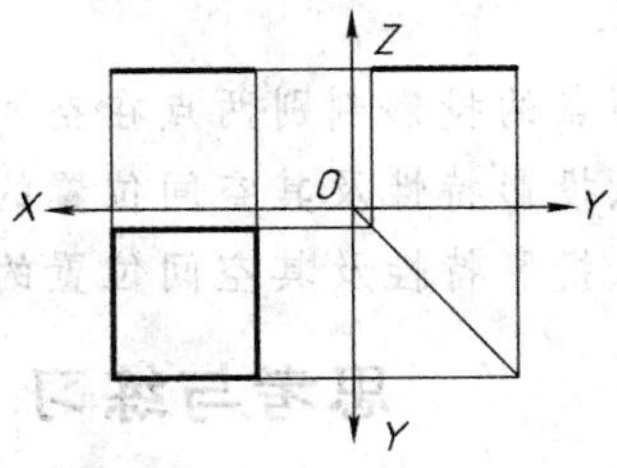	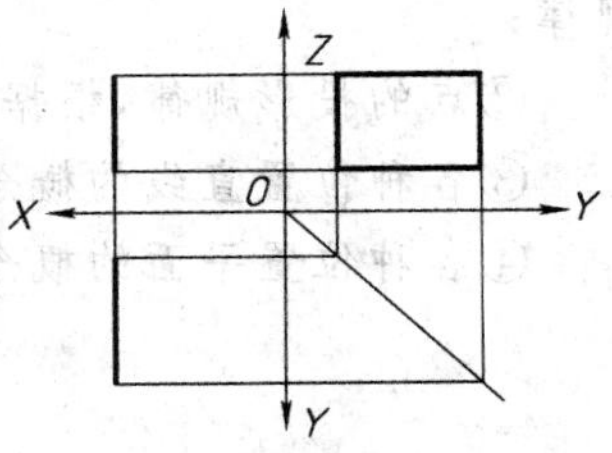
投影特性	①正面投影反映实形； ②水平投影、侧面投影均积聚成垂直于 Y 轴的直线	①水平投影反映实形； ②正面投影、侧面投影均积聚成垂直于 Z 轴的直线	①侧面投影反映实形； ②正面投影、水平投影均积聚成垂直于 X 轴的直线

【例 3.2】 如图 3.18 所示，对照立体图，分析三棱锥上各条棱线、各个面的空间位置。

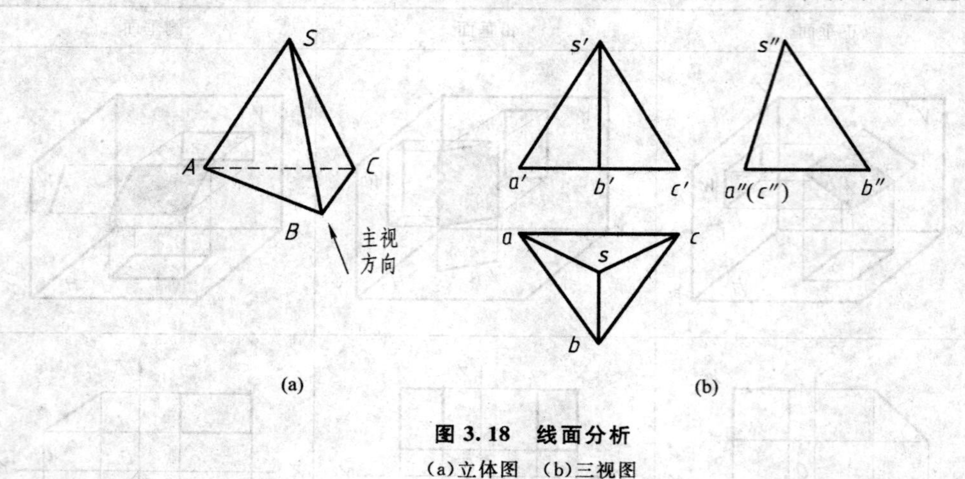

图 3.18 线面分析

(a)立体图 (b)三视图

分析：

①按照三棱锥上每条棱线所标的字母，在三视图上将它们的投影分离出来。

②根据不同位置直线投影图的特征，判别各条棱线的空间位置是：

AB 为水平线；

SB 为侧平线；

BC 为水平线；

AC 为侧垂线；

SC 为一般位置线；

SA 为一般位置线。

故 *ABC* 为水平面；*SAB*、*SBC* 为一般位置面；*SAC* 为侧垂面。

本 章 小 结

本章讲解了投影的概念、分类，讨论了正投影的基本性质，分析了三视图形成过程与投影规律；介绍了点线面的投影规律并重点分析了两点相对位置、直线与平面投影图的识读。主要知识点归纳如下：

①三面投影体系的建立，投影轴与投影面的名称、表示方法，三视图的形成及其投影规律；

②点的投影规律，根据两点的投影判别两点在空间的位置以及重影点可见性；

③各种位置直线的概念、投影特性及其空间位置的判断方法；

④各种位置平面的概念、投影特性及其空间位置的判断方法。

思考与练习

1. 如题 1 图所示，已知 *A*、*B* 两点的两面投影，求出第三面投影，并判别两点的相对位置。

2. 已知空间点 *D* 坐标为(20,10,15)，点 *E* 到 *V*、*H*、*W* 投影面距离分别为 15、20、10，求两点的三面投影。

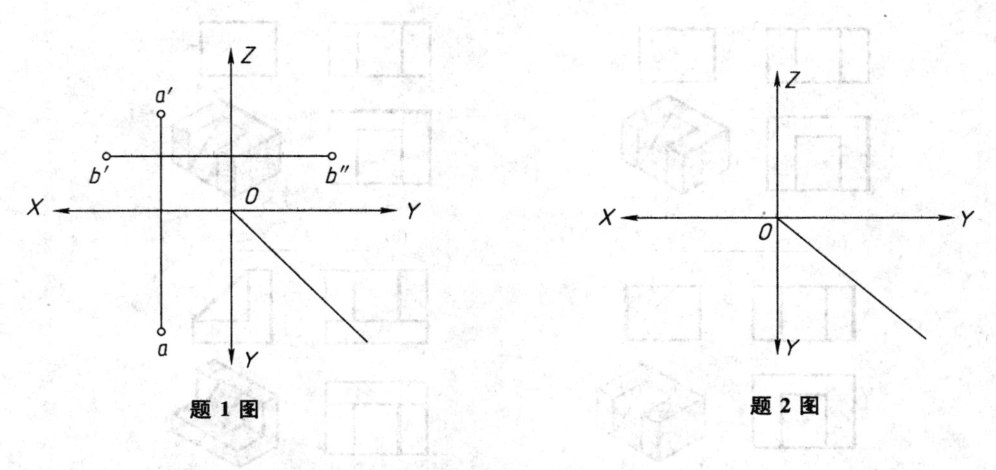

题 1 图　　　　题 2 图

3. 根据投影图判别直线相对于投影面的位置，并填写名称。

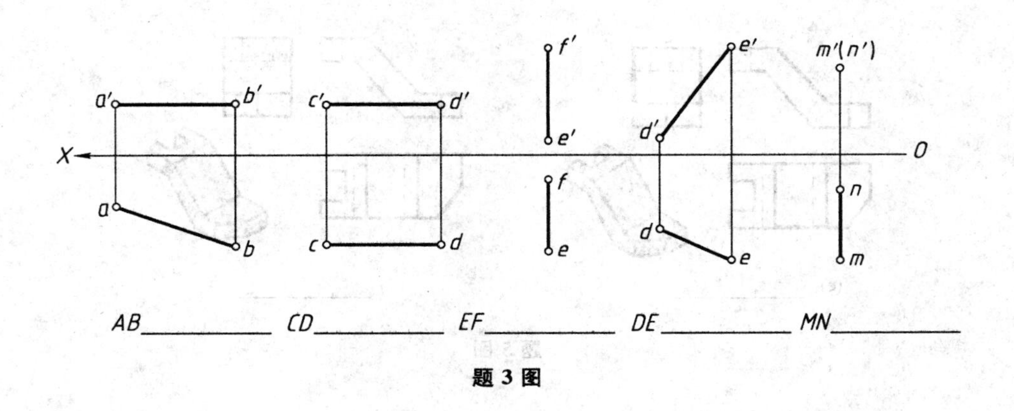

题 3 图

4. 分析判断图中 P、Q、R 三个平面的空间位置。

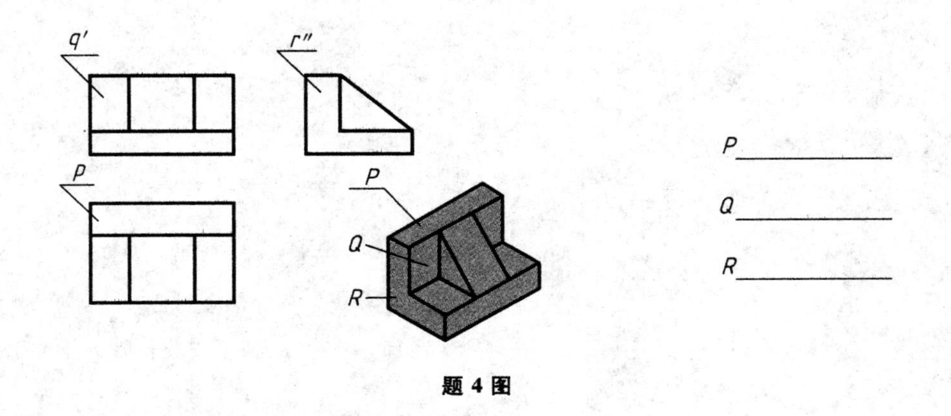

题 4 图

5. 判断下列各图中加粗实线的空间位置。

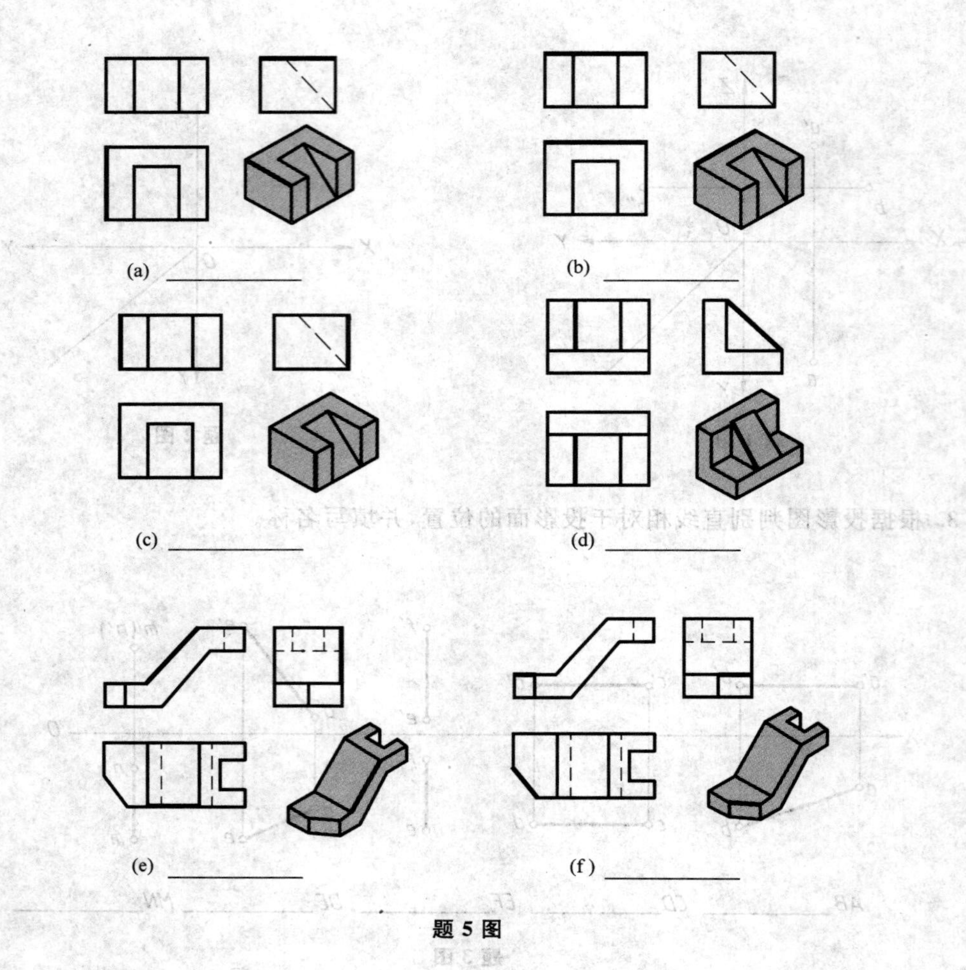

题 5 图

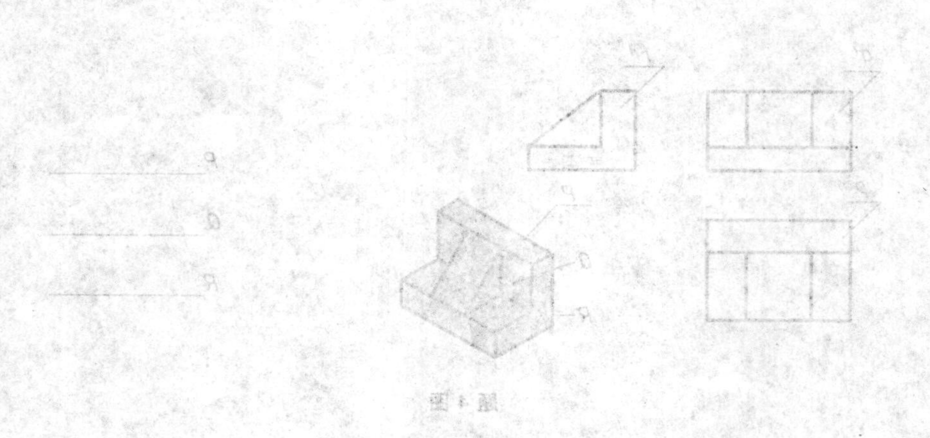

第4章　几何立体的投影

任何复杂的形体，都可以看成是由一些简单的形体按一定的方式组合而成的。在这些简单的形体中，通常将使用较多的棱柱、棱锥、圆柱、圆锥、球等称为基本体。基本体被平面截切后，其中任意一部分称为切割体(或截断体)。基本体与基本体相交得到的形体称为相贯体。基本体按一定的方式组合而成的形体称为组合体。本章主要介绍基本体、切割体、相贯体、组合体三视图的绘制与阅读方法及计算机绘制三维实体、编辑实体的方法。通过本章学习，要达到以下基本要求：

①了解棱柱、棱锥、圆柱、圆锥、球的几何特征；

②理解截交线与相贯线的概念和性质；

③理解组合体的形体分析法、线面分析法概念，熟悉组合体的组合方式；

④能绘制与阅读基本体、切割体、相贯回转体三视图；

⑤能绘制组合体三视图，能对三视图进行尺寸标注并阅读中等难度的组合体三视图；

⑥能使用计算机绘制中等难度的三维实体。

4.1　基本体

零件的形状虽是多种多样的，但都可以看成是由一些简单的几何体组成的。图4.1所示的六角头螺栓毛坯，就可看成是由正六棱柱和正圆柱组成的。这些简单的几何体统称为基本几何体，简称基本体。图4.2是一些常见的基本体示例。基本体分为平面体和曲面体两类。表面均由平面构成的立体称为平面体，常见的平面立体有棱柱、棱锥和棱台等。表面是由曲面或由平面和曲面共同构成的立体称为曲面体，如圆柱、圆锥、圆台、球等。

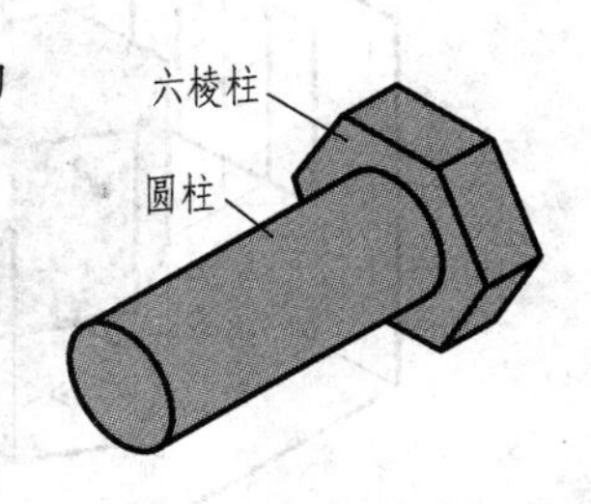

图4.1　六角头螺栓毛坯

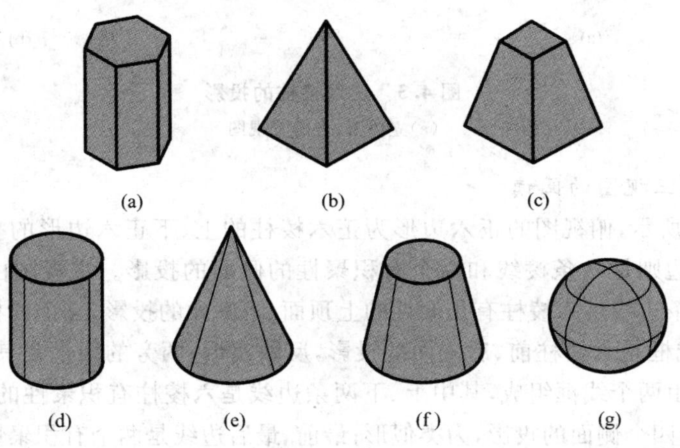

图4.2　常见基本体

(a)棱柱　(b)棱锥　(c)棱台　(d)圆柱　(e)圆锥　(f)圆台　(g)球

4.1.1 棱柱

平面体表面中有两个面互相平行，其余每相邻两个面的交线都互相平行，这种平面体称为棱柱。两个互相平行的多边形平面称为棱柱的底面，其余表面称为棱柱侧面，相邻侧面的交线称为侧棱。棱线与底面垂直的棱柱称为直棱柱。底面为正多边形的直棱柱称为正棱柱。本节只讨论直棱柱和正棱柱。下面以正六棱柱为例加以分析。

1. 正六棱柱的几何特点

如图 4.3(a)所示，正六棱柱的顶面和底面为两个形状、大小完全相同的互相平行的正六边形，其余六个侧面均为垂直正六棱柱上顶面、下底面的矩形。

2. 投影分析

图 4.3 所示为一个正六棱柱的投影。它的顶面和底面为水平面，水平投影反映实形，正面、侧面投影积聚为平行投影轴的直线；六个矩形侧面中，前、后面为正平面，正面投影反映实形，水平投影和侧面投影积聚为平行投影轴的直线；左、右四个面为铅垂面，水平投影积聚为直线，另外两个投影为类似形；六条棱线为铅垂线，水平投影积聚为点，另外两个投影为反映实长的直线，即棱柱高度。

画完这些面和线的投影，即得正六棱柱的三视图，如图 4.3(b)所示。

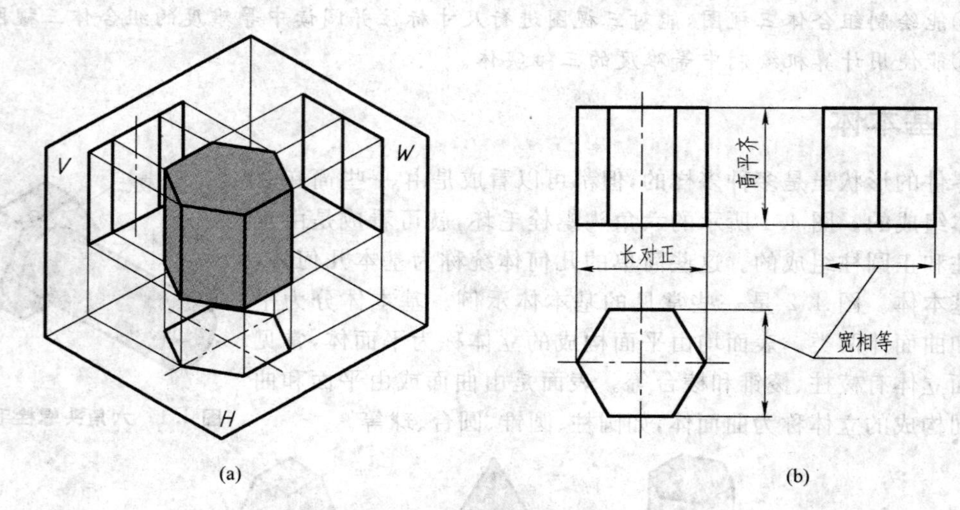

图 4.3 正六棱柱的投影

(a)立体图 (b)三视图

3. 正六棱柱三视图的阅读

如图 4.3(b)所示，俯视图的正六边形为正六棱柱的上、下正六边形的投影，反映实形；而六边形的顶点及边则是六条棱线和六个有积聚性的侧面的投影。主视图由三个矩形线框组成，其中上、下两条边线是六棱柱有积聚性的上顶面、下底面的投影，三个线框是六个侧面的投影，位于中间的线框是六棱柱前、后侧面的投影，反映实形；两旁的线框是其余侧面的投影，为类似形。左视图由两个线框组成，其中上、下两条边线是六棱柱有积聚性的上顶面、下底面的投影；两个线框是四个侧面的投影，为类似形；最前、最后边线是两个有积聚性侧面的投影。

4.1.2 棱锥

平面体表面中有一个为多边形，其余各面是具有公共顶点的三角形平面，这种平面体称为棱锥。多边形称为棱锥的底面，有公共顶点的三角形称为棱锥的侧面，相邻侧面的交线称为侧棱。下面以正棱锥为例说明棱锥三视图的表达方法。

1. 正棱锥的几何特点

正棱锥的底面为正多边形，各侧面均为过锥顶的、相同的等腰三角形。如图 4.4(a)所示，正四棱锥底面为正四边形，四个侧面为过锥顶的全等等腰三角形。

2. 投影分析

如图 4.4(a)所示，正四棱锥的底面 $ABCD$ 为水平面，其水平投影 $abcd$ 为正四边形，反映实形，正面和侧面投影都积聚为一水平线段。棱面△SAB、△SCD 为侧垂面，所以侧面投影积聚为直线，水平和正面投影都是类似形。棱面△SAD 和△SBC 为正垂面，正面投影积聚为直线，水平和侧面投影都是类似形。

画完这些面的投影，即得正四棱锥的三视图，如图 4.4(b)所示。

3. 正四棱锥三视图的阅读

如图 4.4(b)所示，俯视图中四边形 $abcd$ 为正四棱锥下底面的投影，△sab、△sbc、△scd、△sad 是全等三角形，分别为正四棱锥四个侧面的投影，sa、sb、sc、sd 分别为正四棱锥四条侧棱的投影。主视图中等腰三角形△$s'a'b'$、△$s'd'c'$ 为前、后两个侧面的投影，$s'a'$、$s'b'$ 是左、右两个侧面的正面投影，$a'b'$ 是下底面的正面投影。左视图中等腰三角形△$s''d''a''$、△$s''b''c''$ 为左、右两个侧面的投影，$s''a''$、$s''d''$ 是前、后两个侧面的投影，$a''d''$ 是下底面的投影。

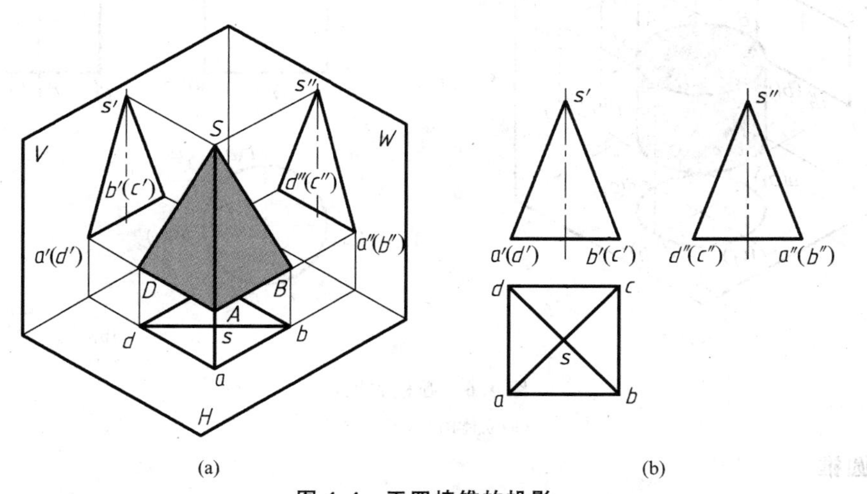

(a) (b)

图 4.4　正四棱锥的投影

(a)立体图　(b)三视图

4.1.3　圆柱

1. 圆柱面的形成

圆柱面可看成是一条直线绕与它平行的轴线回转而成的。如图 4.5 所示，回转中心称为轴线，运动直线称为母线，任意位置的母线称为素线。

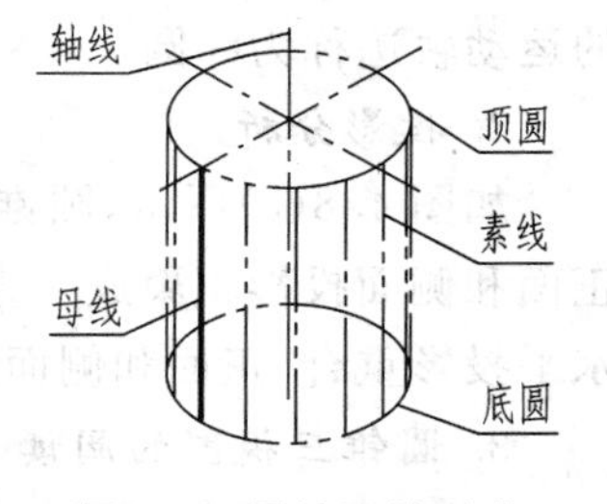

图 4.5　圆柱面的形成

2. 投影分析

如图 4.6(a)所示，圆柱上顶面、下底面为水平面，其水平投影反映实形，正面与侧面投影均积聚成一直线。由于圆柱轴线与水平投影面垂直，圆柱面的水平投影积聚为一个圆周（重合在上顶面、下底面圆的实形投影上），其正面和侧面投影为形状、大小相同的矩形。画完这些面的投影，即得圆柱的三视图，如图 4.6(b)所示。

3. 圆柱三视图的阅读

如图 4.6(b)所示，俯视图上的圆形为圆柱上顶面、下底面的投影；圆周为圆柱曲面的投影；圆的对称线与圆周的四个交点 c、a、d、b 分别为最左、最右、最前、最后四条特殊位置素线的投影。主视图为一矩形线框，上、下两条水平线是圆柱体上顶面、下底面的投影；矩形左、右两边 $c'c_1'$ 和 $a'a_1'$ 分别是圆柱面最左、最右素线的投影，这两条素线的侧面投影与圆柱轴线的投影重合（不必画出）；同时也是前半个圆柱面与后半个圆柱面在主视图上可见与不可见的分界线，称之为转向轮廓线；最前、最后素线上点的正面投影与圆柱轴线的投影重合。左视图为一矩形线框，上、下两条水平线是圆柱体上顶面、下底面的投影，具有积聚性；矩形左右两边 $b''b_1''$ 和 $d''d_1''$ 分别是圆柱面最后、最前素线的投影，这两条素线的正面投影与圆柱轴线的投影重合（不必画出），也是左半个圆柱面与右半个圆柱面在左视图上可见与不可见的分界线，也称之为转向轮廓线。

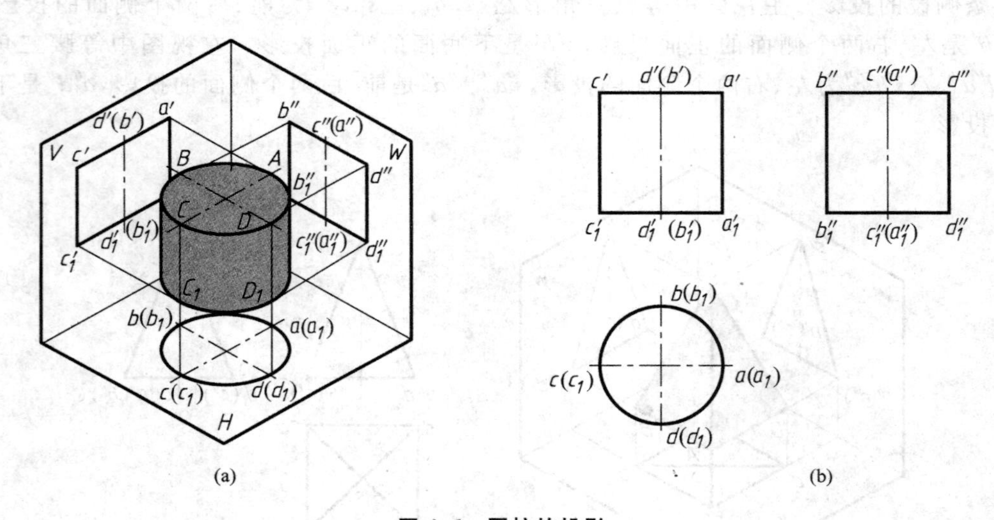

图 4.6　圆柱的投影

(a)立体图　(b)三视图

4.1.4　圆锥

1. 圆锥面的形成

圆锥面可看成是一条直线绕与它相交的轴线回转而成的，如图 4.7 所示，母线上任一点的运动轨迹称为纬圆。

2. 投影分析

如图 4.8(a)所示，圆锥轴线垂直于水平面，底面位于水平位置，其水平投影反映实形，正面和侧面投影积聚成一直线；圆锥面在三个投影面中都没有积聚性，水平投影与底面圆的水平投影重合，正面和侧面投影为形状、大小相同的等腰三角形。

3. 圆锥三视图的阅读

如图 4.8(b)所示，水平投影中，圆形为圆锥下底圆和圆锥曲面的投影；c、a、d、b 为圆锥最左、最右、最前、最后四条特殊位置素线与下底圆周的交点。正面投影中，左右两边 $s'c'$、$s'a'$ 分别是圆锥面最左、最右素线的投影，这两条素线的侧面投影与圆锥轴线的投影重合，是前半个圆锥面与后半个圆锥面在主视图上可见与不可见的转向轮廓线。侧面投影中，两边 $s''d''$、$s''b''$ 分别是圆锥面最前、最后素线的投影，这两条素线的正面投影与圆锥轴线的投影重合，也是左半个圆锥面与右半个圆锥面在左视图上可见与不可见的转向轮廓线。

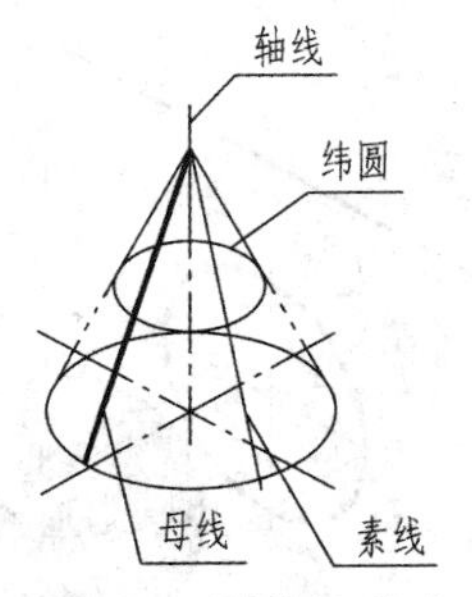

图 4.7　圆锥的形成

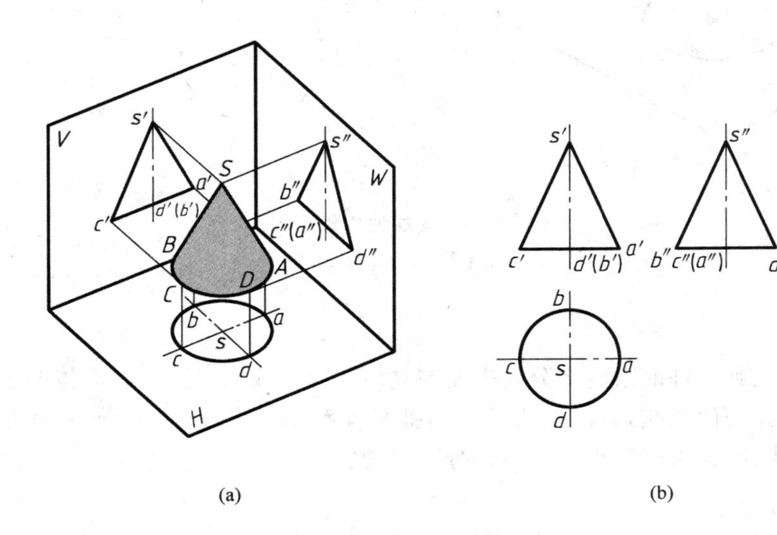

图 4.8　圆锥面的投影

(a)立体图　(b)三视图

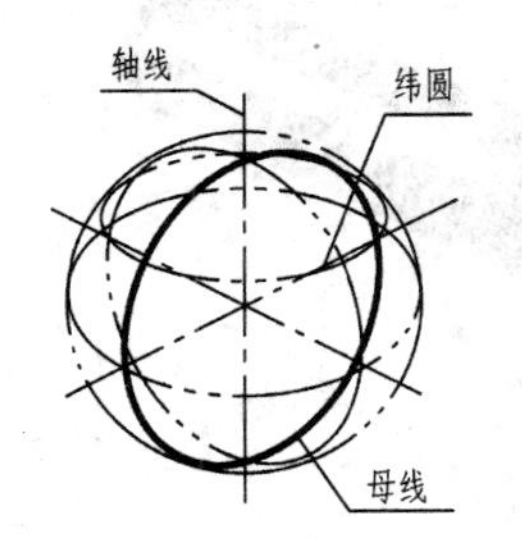

图 4.9　圆球的形成

4.1.5　球

1. 球面的形成

圆球面可看成一个圆(母线)绕其直径回转而成的，如图 4.9 所示。

2. 投影分析

如图 4.10(a)所示，圆球的三个视图都是与圆球直径相等的圆，均表示圆球面的投影，没有积聚性；这三个圆也分别表示圆球面上三个不同方向的转向轮廓线的投影。

3. 球体三视图的阅读

如图 4.10(b)所示，主视图中的圆 $1'$，表示前、后半球的分界线，是平行于正面的前、后方向转向轮廓线素线圆的投影，它在 H 和 W 面的投影与圆球的前、后对称中心线 1、$1''$ 重合。左视图中的圆 $2''$，表示左、右半球的分界线，是平行于侧面的左、右方向转向轮廓线素线圆的投影，它在 V 和 H 面的投影与圆球的左、右对称中心线 $2'$、2 重合。俯视图中的圆 3，表示上、下半球的分界线，是平行于水平面的上、下方向转向轮廓线素线圆的投影，它在 V 和 W 面的投影与圆球的上、下对称中心线 $3'$、$3''$ 重合。

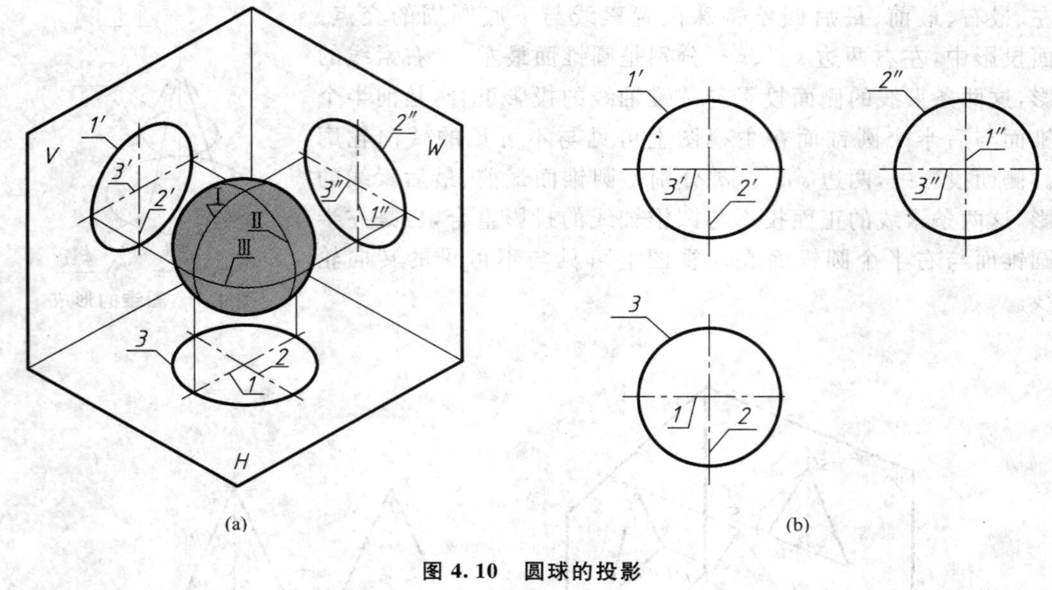

图 4.10 圆球的投影

(a)立体图 (b)三视图

4.2 切割体

工程上经常见到机件的某些部分是平面与立体相交形成的;这样,在立体的表面会产生交线。平面与立体表面相交,可以认为是立体被平面截切。图 4.11(c)所示为机床尾架的顶尖,它是由圆柱、圆锥组合后再切去一部分而成的。

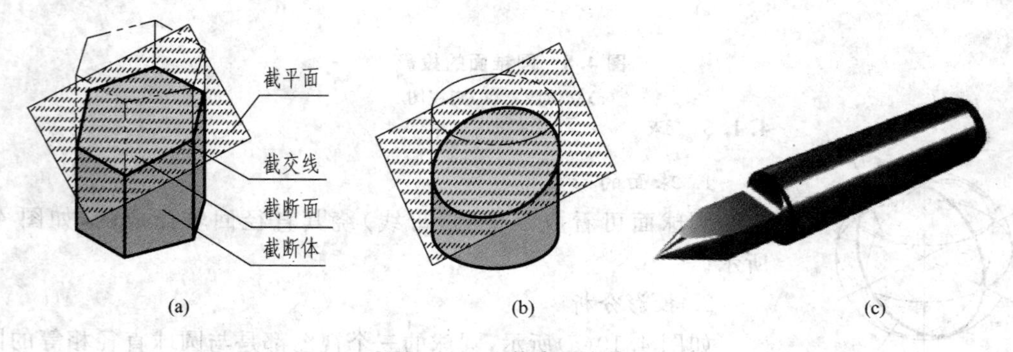

图 4.11 立体表面交线

(a)平面截切棱柱 (b)平面截切圆柱 (c)机床尾架

4.2.1 切割体的作图分析

如图 4.11(a)、(b)所示,平面切割正六棱柱及圆柱,该平面通常称为截平面;截平面与立体表面的交线称为截交线;截交线围成的平面图形称为截断面;被平面截切后的形体称为切割体(或称截断体)。图 4.11(a)所示为棱柱被平面截切,截交线为平面多边形,此平面多边形的作图方法是求出在平面体棱线上的多边形顶点,然后把它们依次连接起来。图 4.11(b)所示,是平面截切曲面体时,在曲面体表面形成的截交线,为平面曲线,其作图方法是求作曲线上一系列的点,然后依次将其光滑连接。切割体的三视图是在原基本体三视图基础上,作出截交线的三面投影而成的,所以切割体三视图的阅读,关键是对截交线的分析。

4.2.2 截交线的性质

1. 封闭性

截交线为封闭的平面图形。

2. 共有性

截交线既在截平面上，又在立体表面上，因此截交线是截平面与立体表面的共有线，截交线上的点都是截平面与立体表面的共有点。所以，求作截交线就是求截平面与立体表面的共有点和共有线。

4.2.3 平面切割体

截交线的形状取决于基本体的形状及截平面与基本体的相对位置。截交线的投影形状取决于截平面与投影面的相对位置。

平面立体的截交线围成的图形必为平面多边形，其边数等于被截切表面的数量，多边形的顶点位于被截切的棱线上，多边形的边就是截平面与平面立体表面的交线。下面以正棱柱、正棱锥被截切为例说明平面切割体三视图的阅读过程。

1. 棱柱

【例 4.1】 正六棱柱被切割后的三视图阅读，如图 4.12 所示。

如图 4.12(a)所示，根据截平面与六棱柱的相对位置可知，截平面与六棱柱的六个棱面相交，所以形成的截交线为六边形。六边形六个顶点分别是棱线与截平面的交点。

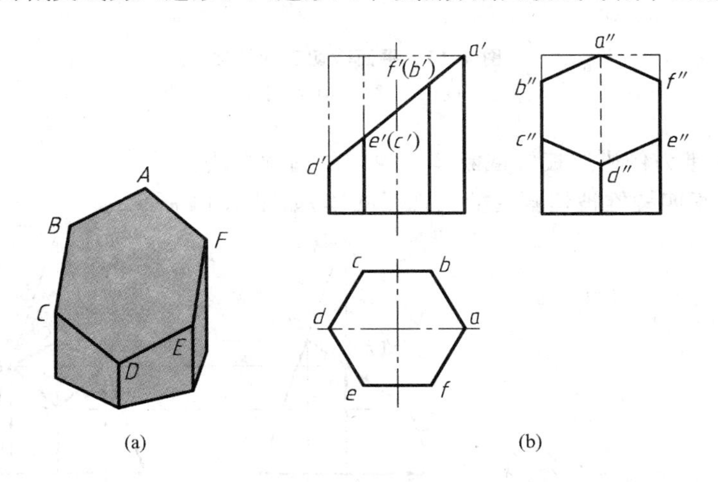

图 4.12 平面截切正六棱柱

(a)立体图 (b)三视图

如图 4.12(b)所示，判断截平面为正垂面，由于截平面与 V 面垂直，正面投影积聚为一倾斜于投影轴的直线，另外两个投影为六边形的类似形。在正面投影中，a'、b'、c'、d'、e'、f' 是空间截平面与各棱线的交点的正面投影；a''、b''、c''、d''、e''、f'' 为侧面投影；a、b、c、d、e、f 为水平投影。顺次连接各点的同面投影，即得截交线的三面投影。六棱柱最左、最右两条棱线在侧面投影重合，被截切后，最右边棱线长出部分($d''a''$)不可见，画成虚线。

【例 4.2】 正四棱柱被切割后的三视图阅读，如图 4.13 所示。

根据三视图分析，这是一个正四棱柱被两个平面切割后产生的立体。在主视图中画出了两个截平面(正垂面、侧平面)有积聚性的投影，其他视图上画出了截交线的投影。正垂面切割四棱柱后产生的截断面为五边形，其中 DE、EF、FG、GC 是正垂面与四棱柱侧面交线，CD 边是侧平面与正垂面的交线，五边形的水平投影、侧面投影为类似性；侧平面切割四棱柱后产生的截断面在空间为矩形，侧面投影反映实形，水平投影有积聚性。四棱柱最左、最右两条棱线在侧面投影重合，被截切后，最右边棱线长出部分不可见，画成虚线。

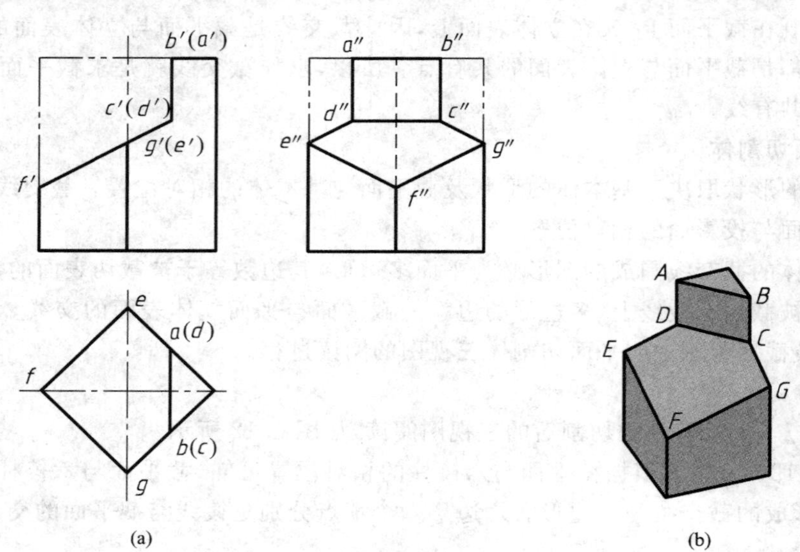

图 4.13　平面截切正四棱柱

(a)三视图　(b)立体图

2. 棱锥

下面以正棱锥为例讲解棱锥截断体三视图的阅读方法。

【例 4.3】　正四棱锥被切割后的三视图阅读，如图 4.14 所示。

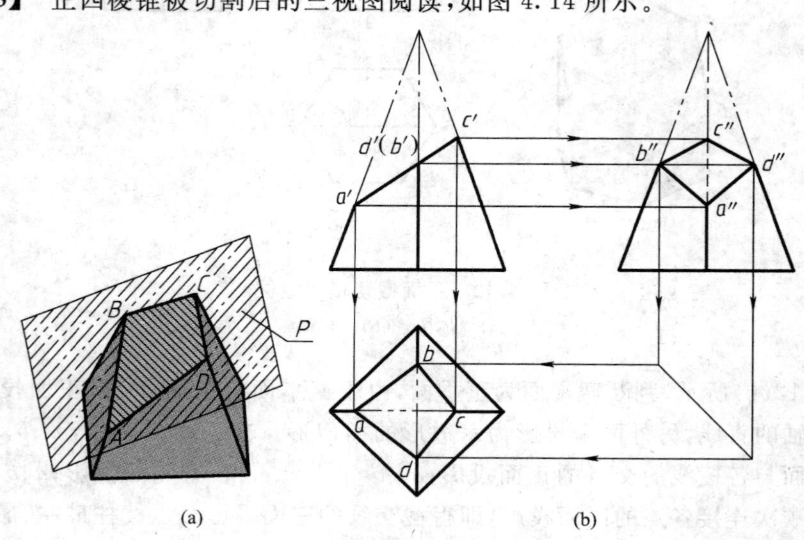

图 4.14　平面截切正四棱锥

(a)立体图　(b)三视图

(1)分析截交线的空间形状

如图 4.14(a)所示，这是一个正四棱锥被正垂面 P 切割后产生的立体。截平面 P 与四棱锥的四条侧棱线都相交，所以截交线构成一个四边形，四边形的顶点 A、B、C、D 是各棱线与平面 P 的交点。

(2)分析截交线的投影图

如图 4.14(b)所示，根据三视图判断，截断体为正四棱锥被平面截切。在正四棱锥三视图基础上，主视图多一条倾斜于投影轴的直线，俯、左视图各增加了一个四边形，根据平面投影特性，判断截平面为正垂面，截交线的正面投影在 p' 上，a'、b'、c'、d' 分别是各棱线与平面 P 的交点的正面投影，a、b、c、d 分别是交点的水平投影，a''、b''、c''、d'' 分别是交点的侧面投影。最左、最右两条棱线在侧面投影重合，被截切后，最右边棱线长出部分不可见，画成虚线。

【例 4.4】 阅读如图 4.15 所示的正三棱锥被切割的三视图。

(1)分析截交线的空间形状

如图 4.15(a)所示，三棱锥被两个正垂面 P、Q 切割，平面 P、Q 分别与三棱锥的三个侧面相交，所以分别有三条截交线，再加上 P、Q 两个面的交线，构成两个四边形即 $ABCD$、$CDEF$。

(2)分析截交线的投影图

如图 4.15(b)所示，根据三视图判断，截断体为正三棱锥被平面截切。

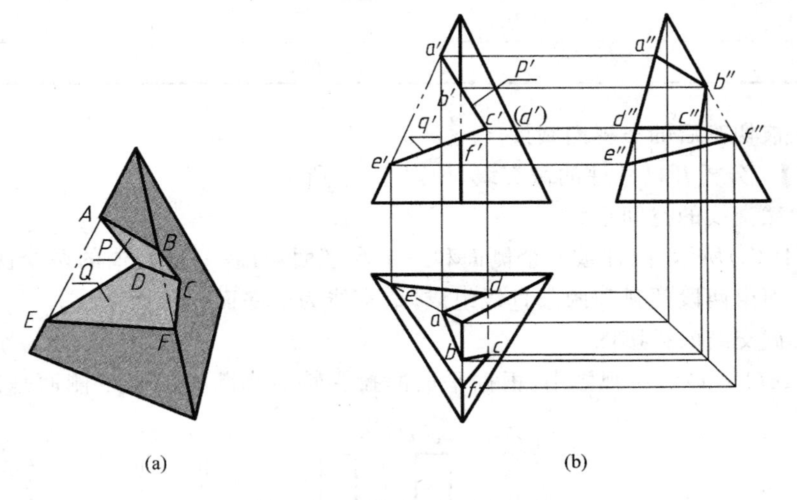

(a)　　(b)

图 4.15　平面截切正三棱锥

(a)立体图　(b)三视图

在三棱锥三视图基础上，主视图多两条倾斜于投影轴的直线，俯、左视图增加了两个四边形。根据平面投影特性，判断平面 P、Q 为正垂面，截交线的正面投影积聚在 p'、q' 上，a'、b'、e'、f' 分别是各棱线与 P、Q 的交点的正面投影，a、b、e、f 分别是交点的水平投影，a''、b''、e''、f'' 分别是交点的侧面投影；$c'd'$ 是 P、Q 两个正垂面交线的正面投影，cd 是交线的水平投影，$c''d''$ 是交线的侧面投影；CD 水平投影不可见，画成虚线。

4.2.4　曲面切割体

1. 圆柱

(1)圆柱的截交线

平面与圆柱面相交时，根据平面与圆柱轴线的相对位置的不同，可将截交线分为三种形式:矩形、圆和椭圆(见表 4.1)。

表 4.1　圆柱体的截交线

截平面的位置	与轴线平行	与轴线垂直	与轴线倾斜
立体图			
三视图			
截交线形状	矩形	圆	椭圆

(2)圆柱被切割后的三视图阅读

【例 4.5】　分析开槽圆柱的截交线,如图 4.16 所示。

(1)分析截交线的空间形状

如图 4.16(a)所示,圆柱被两个侧面和一个水平面切出一直槽,槽的两个侧面为形状相同的矩形,底面由两段圆弧和两条直线组成,该直线为槽底面与侧面交线。

(2)分析截交线的投影图

如图 4.16(b)所示,主视图中,根据平面的投影特性判断槽的两个侧面是侧平面,底面

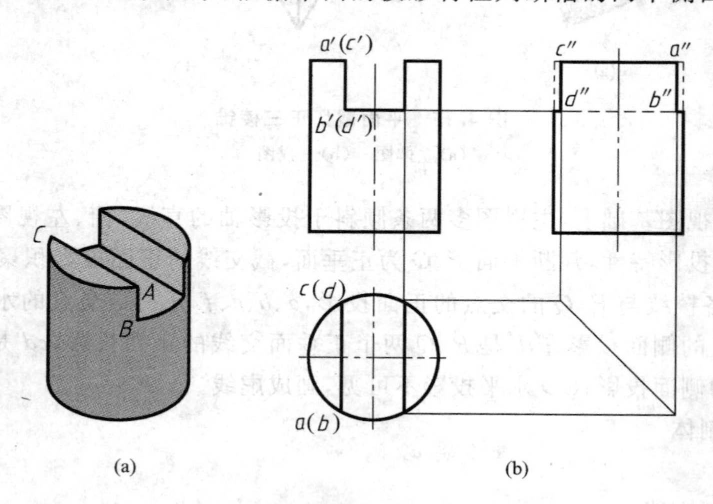

图 4.16　开槽圆柱的截交线

(a)立体图　(b)三视图

为水平面，所以均积聚为平行于相应投影轴的直线；俯视图中，槽的两个侧面积聚成两直线，其两端点位于圆周上，槽底面的水平投影反映实形，两段圆弧重合在圆周上，两条直线分别重合在两侧面的积聚投影上；左视图中，槽侧面的投影反映实形，槽底面的投影积聚成直线，该直线位于 b''、d''以外部分可见，其余不可见，画成虚线，圆柱的最前、最后素线由柱底面画到槽底面为止，圆柱顶面的投影仅在 a''、c''之间画出。

【例 4.6】 如图 4.17(a)所示，阅读圆柱被斜平面截切后的三视图，想象截断体的空间形状。

根据已给图形判断，这是圆柱被一个与轴线倾斜的平面切割后产生的立体，故截交线在空间应为椭圆曲线。如图 4.17(a)所示，在圆柱三视图基础上，主视图多一条直线，左视图增加了一个椭圆。根据平面投影特性判断，截平面为正垂面，截交线的正面投影积聚成直线；截交线的水平投影与圆柱面的积聚性投影重合；截交线的侧面投影为椭圆。想象截断体空间形状如图 4.17(b)所示。

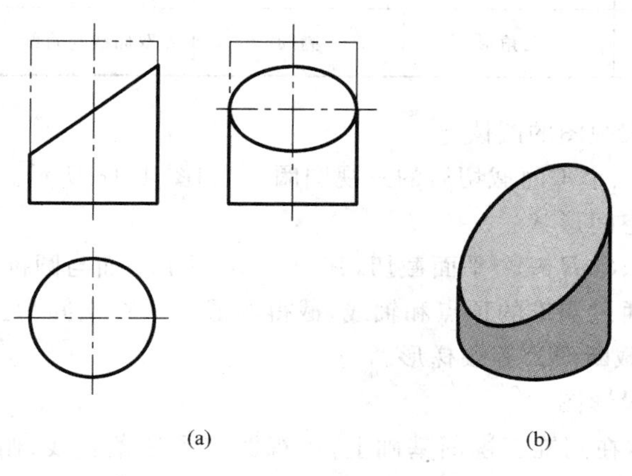

图 4.17 斜截面截切圆柱

(a)三视图 (b)立体图

2. 圆锥

(1)圆锥的截交线

平面截切圆锥，根据截平面位置不同，截交线有五种情况，见表 4.2。

表 4.2 圆锥体的截交线

截平面的位置	与轴线垂直	过圆锥顶点	与轴线倾斜	与轴线平行	与任一素线平行
立体图	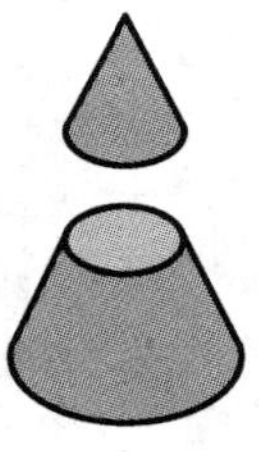	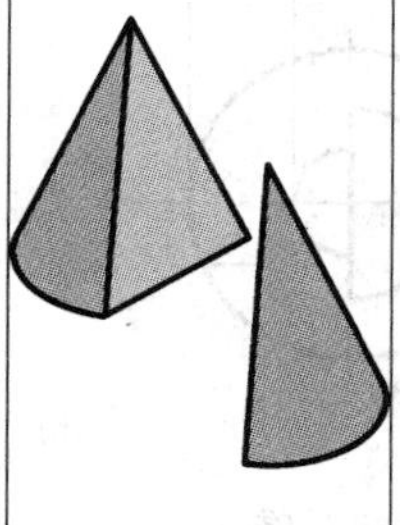	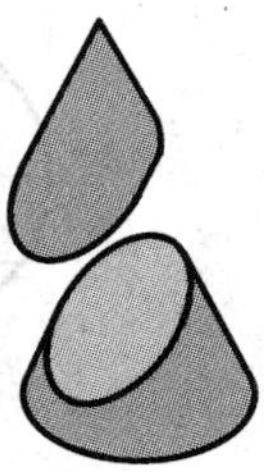	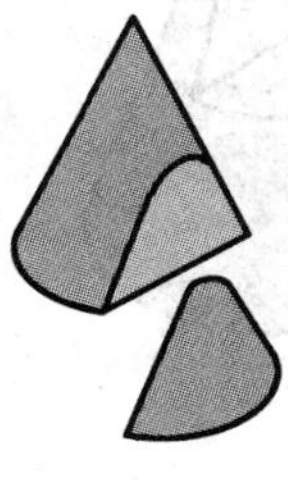	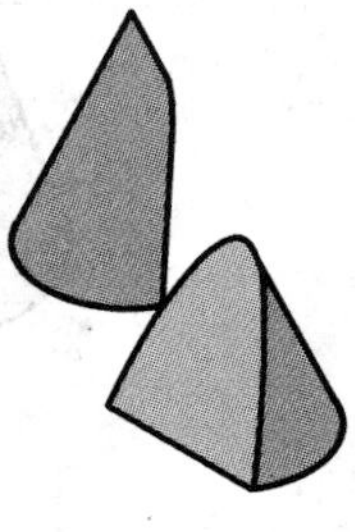

续表

截平面的位置	与轴线垂直	过圆锥顶点	与轴线倾斜	与轴线平行	与任一素线平行
三视图					
截交线形状	圆	三角形	椭圆	双曲线与直线	抛物线与直线

(2)圆锥被切割后三视图的阅读

【例 4.7】 圆锥被三个平面截切后的三视图阅读，如图 4.18 所示。

(1)分析截交线的空间形状

圆锥被如图所示 P、Q、R 三个平面截切，其中 Q、R 两个平面与圆锥轴线垂直，截交线在空间为圆曲线；P 平面通过圆锥的顶点和轴线，截得的截交线在空间为三角形，再加上 P 与 Q、R 分别有一条交线，截断面为等腰梯形。

(2)分析截交线的投影图

如图 4.18(b)所示，在圆锥三视图基础上，主视图多了三条直线，俯视图增加了两个半圆，左视图多出两条直线。根据平面的投影特性判断 R、Q 为水平面，截断面的水平投影反

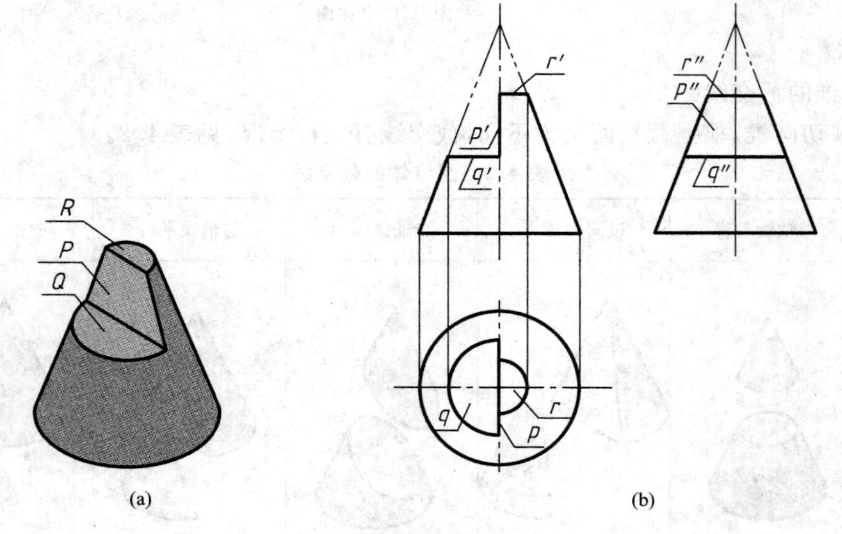

图 4.18 平面截切圆锥

(a)立体图 (b)三视图

映实形，正面投影、侧面投影均积聚成一直线；P 平面为侧平面，截断面的侧面投影反映实形，正面投影、水平投影均积聚成一直线。

3. 球

平面与球相交，不论截平面处于何种位置，截交线都是圆。如图 4.19(a)所示，当截平面平行于投影面时，截交线在该投影面上的投影反映实形，另两个投影积聚成直线；如图 4.19(b)所示，截平面为正垂面（与正立投影面垂直，与另两个投影面倾斜），截交线的正面投影积聚成直线，另外两个投影面内的投影为椭圆。Ⅰ、Ⅱ分别为截交线上最左、最右点，同时也是最低、最高点；Ⅲ、Ⅳ分别为截交线上最前、最后点。

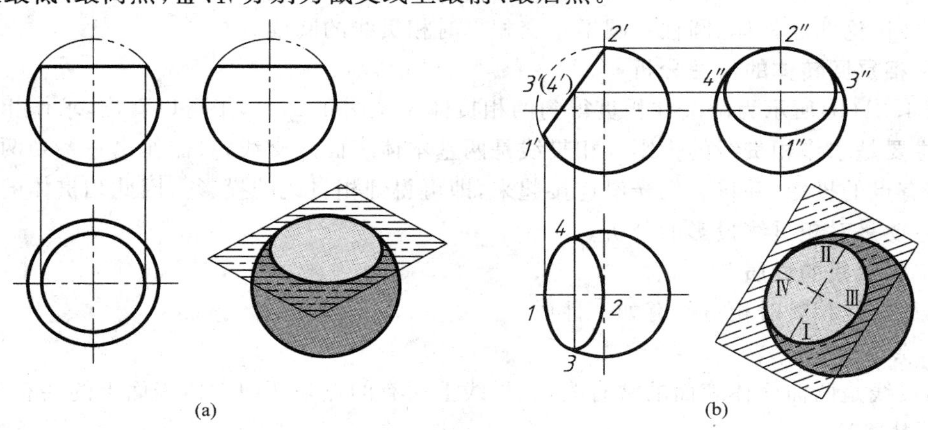

图 4.19　球的截交线

(a)截平面为水平面　(b)截平面为正垂面

【例 4.8】　阅读图 4.20(a)所示开槽半球的三视图。

分析球表面的凹槽由两个侧平面 P 和一个水平面 R 切割形成。截平面 P 截得一段平行于侧面的圆弧，截断面的侧面投影反映实形，另外两个投影均积聚成一直线。而截平面 R 则截得前后各一段水平的圆弧，两截平面之间的交线与正面垂直，截断面的水平投影反映实形，另外两个投影均积聚成一直线。球侧面投影的转向轮廓线处在截平面 R 以上的部分被截切，不必画出；在投影 r'' 中间的部分被左半边部分球面所挡，如图 4.20(a)中左视图所示，故画成虚线。想象截断体空间形状如图 4.20(b)所示。

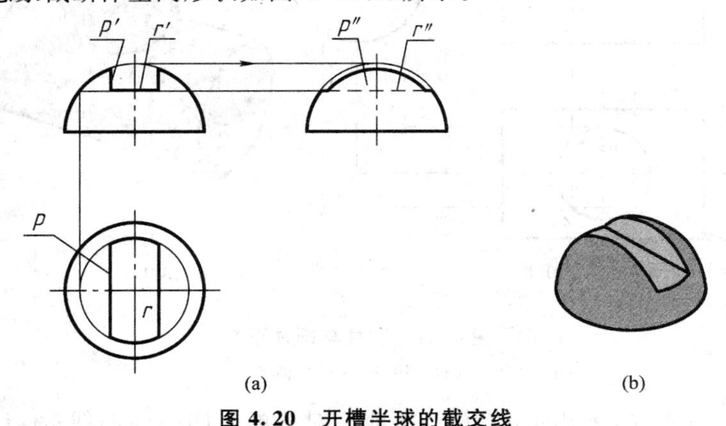

(a)　(b)

图 4.20　开槽半球的截交线

(a)三视图　(b)立体图

通过例 4.1～4.8 总结如下。

平面与基本体表面相交，其截交线是封闭的平面图形。截交线由曲线围成，或者由曲线与直线围成，或者由直线段围成。阅读基本体截交线时，要进行空间及投影分析，分析基本体的形状以及截平面的位置，以便确定截交线的空间形状；要分析截平面与投影面的相对位置，明确截交线的投影特性，找出截交线的投影，从而想象截断体空间形状。

4.3 相贯体

两个基本体相交（又称相贯）得到的形体称为相贯体，两基本体表面的交线称为相贯线。本节主要讨论两圆柱体、圆柱与圆锥正交相贯时相贯线的阅读。

4.3.1 相贯回转体的作图分析

图 4.21(b)所示为两圆柱相贯得到的相贯体。从图 4.21(a)中可以看出，求作相贯体的投影，主要是求作相贯线的投影。相贯线是两基本体表面的交线，只需作出一系列两基本体表面共有点的投影，并将它们光滑连接起来，即可得到相贯线的投影。因此相贯体的三视图阅读，主要是对相贯线投影的分析。

4.3.2 相贯线的性质

曲面立体相贯时相贯线有如下性质。

1. 共有性

相贯线是两曲面体表面的共有线，相贯线上所有的点是两曲面体表面上的共有点。

2. 封闭性

相贯线一般为封闭的空间曲线，特殊情况下为平面曲线或直线。

4.3.3 相贯回转体三视图的阅读

1. 圆柱与圆柱正交

【例 4.9】 已知两相贯圆柱的三视图，阅读它们的相贯线，见图 4.21。

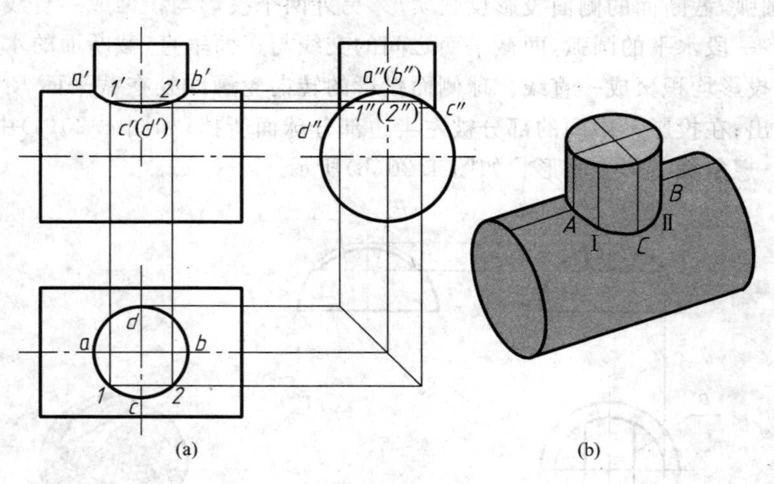

图 4.21 圆柱与圆柱正交

(a)三视图 (b)立体图

两个圆柱垂直正交，其相贯线为左右、前后对称的封闭空间曲线；A、B 两点分别是最左、最右点，同时也是相贯线上最高点；C、D 两点分别是最前、最后点，同时也是相贯线上最低点。由于大、小圆柱的轴线分别为侧垂线和铅垂线，大圆柱的侧面投影具有积聚性，小圆柱的水平投影具有积聚性。相贯线的侧面投影积聚在大圆柱的侧面投影的一段圆弧上，且这段圆弧在小圆柱的侧面投影范围内；水平投影积聚在小圆柱的水平投影的圆周上；相贯线的正面投影是通过取点求出的，由于前半相贯线在两个圆柱的前半个圆柱面上，所以其正面投影 $a'1'c'2'b'$ 可见，而后半相贯线的正面投影不可见，并与前半相贯线投影重合。

【例 4.10】 圆柱穿孔相贯线的阅读，见图 4.22。

对于圆柱穿孔，实质上是外圆柱面与内圆柱面相交，也是两圆柱相贯，如图 4.22 所示，相贯线的阅读方法与例 4.9 基本相同。

【例 4.11】 相贯线近似画法的阅读，见图 4.23。

轴线垂直相交的两圆柱，在零件中是最常见的，当两圆柱直径相差较大时，对于图 4.23 所示的轴线垂直相交的两圆柱的相贯线，为了作图方便常采用近似画法，即用一段圆弧代替相贯线，该圆弧的圆心在小圆柱的轴线上，半径为大圆的半径。

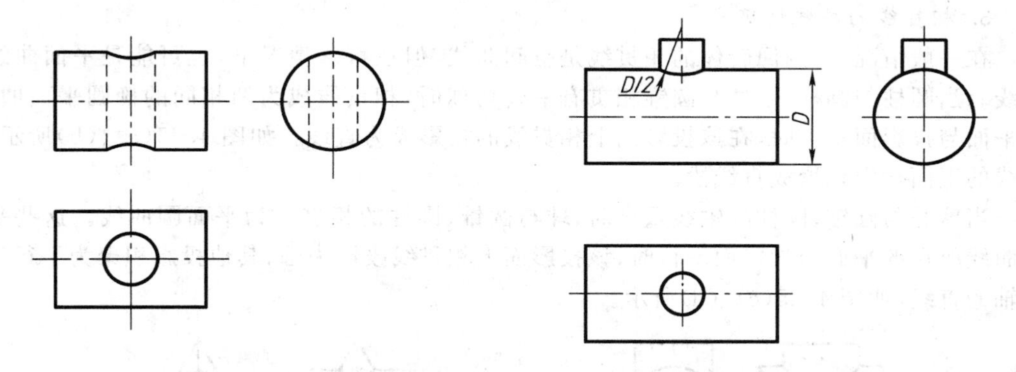

图 4.22 圆柱与圆柱孔相交　　**图 4.23 相贯线的近似画法**

2. 圆柱与圆锥正交

【例 4.12】 圆柱与圆锥相贯体三视图的阅读，见图 4.24。

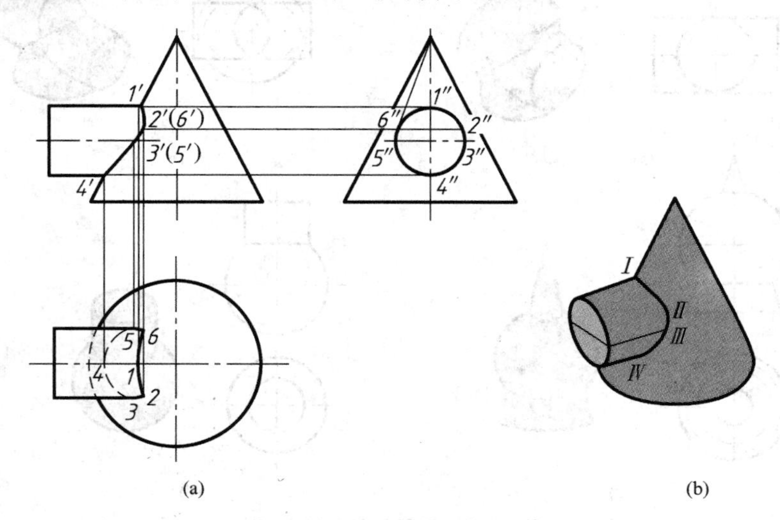

图 4.24 圆柱与圆锥正交

(a)三视图 (b)立体图

相贯体是圆柱与圆锥正交，其中圆锥的轴线为铅垂线，圆柱的轴线为侧垂线，相贯线是前、后对称且封闭的空间曲线。由于圆柱垂直于 W 面，相贯线的侧面投影积聚在圆柱侧面投影的圆周上，而正面投影、水平投影需用辅助平面法求作。

左视图中，1″、4″为相贯线的最高点Ⅰ、最低点Ⅳ的侧面投影，分别是圆柱最上、最下素线与圆锥最左素线的交点；3″、5″为相贯线的最前点Ⅲ、最后点Ⅴ的侧面投影，位于圆柱的最前、最后素线上；2″、6″为相贯线的最右点Ⅱ和Ⅵ的侧面投影，它们位于过锥顶与圆柱相切的素线上。主视图中，相贯线的正面投影以 1′、4′为可见与不可见的分界点，相贯线 1′2′3′4′处于圆柱和圆锥的前半部可见表面上，所以可见。相贯线 1′6′5′4′处于圆柱和圆锥的后半部不可见表面上，应画成虚线，但因相贯线前、后对称，前后两部分相贯线正面投影正好重合在一起，1′2′3′4′用粗实线画出。俯视图中，相贯线以 3、5 为可见与不可见分界点，345 位于圆柱面不可见的下半部，相贯线为不可见，用虚线画出，32165 位于圆柱面可见的上半部，相贯线可见，用粗实线画出。

3. 相贯线的特殊情况

在一般情况下，两回转体的相贯线是空间曲线，但在特殊情况下，也可能是平面曲线或直线。当圆柱与圆柱、圆柱与圆锥相贯有一公切球时，相贯线成为两相同的椭圆平面曲线，该平面与投影面垂直时，在该投影面上相贯线的投影成为直线。如图 4.25(a)、(b)所示，相贯线的正面投影积聚成直线段。

当球心与圆锥、圆柱的轴线重合时，球与圆锥、圆柱的相贯线为平面圆曲线。这些平面圆曲线所在的平面与投影面平行时，该投影面上相贯线投影为圆；其他投影积聚为平行于投影轴的直线，如图 4.25(c)、(d)所示。

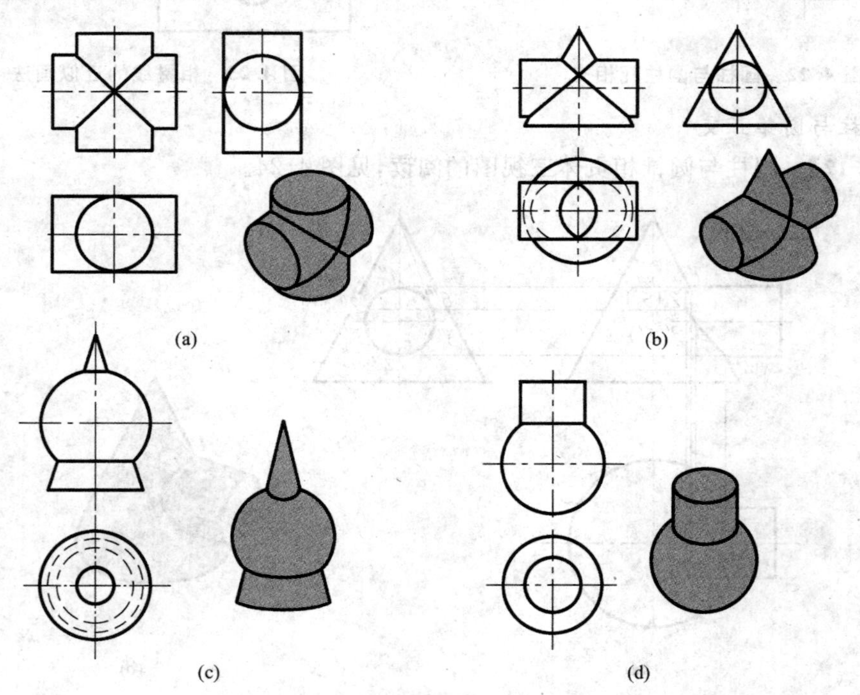

图 4.25 相贯线的特殊情况

(a)两等径圆柱正交 (b)圆柱与圆锥正交 (c)圆锥与球正交 (d)圆柱与球正交

4.4 组合体

4.4.1 组合体的形体分析

1. 组合体的概念

任何复杂的形体，都可以看成是由一些基本的形体按照一定的连接方式组合而成的。这些基本形体包括棱柱、棱锥、圆柱、圆锥、球等。由基本形体组成的复杂形体称为组合体。

2. 组合体的组合方式

组合体的组合方式可分为切割型、叠加型和综合型三种形式，见图 4.26。常见的组合体为综合型组合方式。

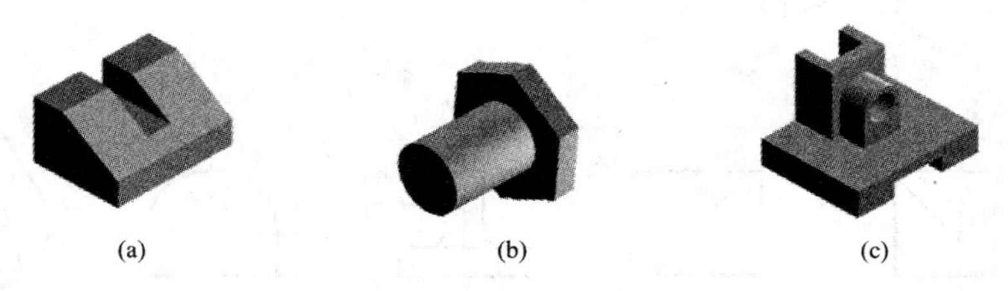
(a)　　(b)　　(c)

图 4.26　组合体的组合方式

(a)切割型　(b)叠加型　(c)综合型

无论以何种方式构成组合体，其基本形体的相邻表面都存在一定的相互关系。其形成一般可分为平行、相切、相交等情况。

(1)平行

所谓平行是指两基本形体表面间同方向的相互关系。它又可以分为两种情况：当两基本体的表面平齐时，两表面为共面，因而视图上两基本体之间无分界线，如图 4.27(a)所示；而当两基本体的表面不平齐时，则必须画出它们的分界线，如图 4.27(b)所示。

(2)相切

当两基本形体的表面相切时，两表面在相切处光滑过渡，不应画出切线，如图 4.27(c)所示。当两曲面相切时，则要看两曲面的公切面是否垂直于投影面。如果公切面垂直于投影面，则在该投影面上相切处要画线，否则不画线，如图 4.27(d)所示。

(3)相交

当两基本形体的表面相交时，相交处会产生不同形式的交线，在视图中应画出这些交线的投影，如图 4.27(e)所示。

3. 形体分析法

形体分析法是解决组合体问题的基本方法。所谓形体分析就是将组合体按照其组成方式分解为若干基本形体，以便弄清楚各基本形体的形状、它们之间的相对位置和表面间的相互关系。在画图、读图和标注尺寸的过程中，常常要运用形体分析法。

4.4.2 组合体三视图的画法

下面以图 4.28 所示轴承座为例，介绍画组合体三视图的一般步骤和方法。

1. 形体分析

画图之前，首先对组合体进行形体分析，分析组合体由哪几部分组成，各部分之间的相对位置，相邻两基本体的组合形式，是否产生交线等。图中轴承座由上部分的凸台 1、圆筒

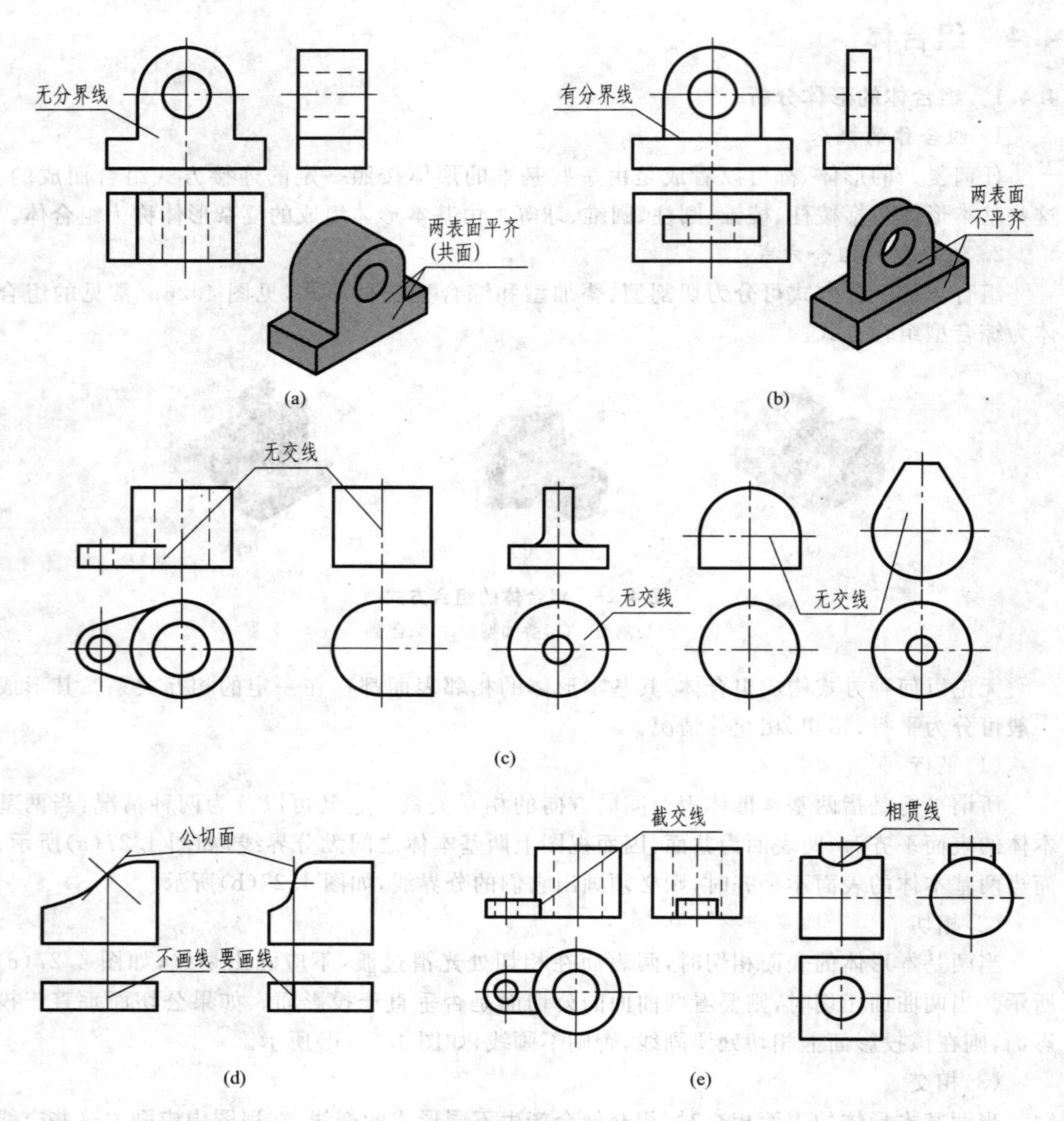

图 4.27　组合体相邻表面相互关系

(a)表面平齐　(b)表面不平齐　(c)表面相切　(d)两曲面相切　(e)表面相交

2、支承板 3、底板 4 及肋板 5 组成。凸台与轴承是两个垂直相交的空心圆柱体，在外表面和内表面上都有相贯线。支承板、肋板和底板分别是不同形状的平板。支承板的左、右侧面都与圆筒的外圆柱面相切，肋板的左、右侧面与轴承的外圆柱面相交，底板的顶面与支承板、肋板的底面在同一平面上。

2. 选择视图

选择视图首先要确定主视图。一般是将组合体的主要表面或主要轴线放置在与投影面平行或垂直的位置，并以最能反映该组合体各部分形状和位置特征的一个视图作为主视图。同时还应考虑到：①尽量使其他两个视图上的虚线少一些；②尽量使画出的三视图长大于

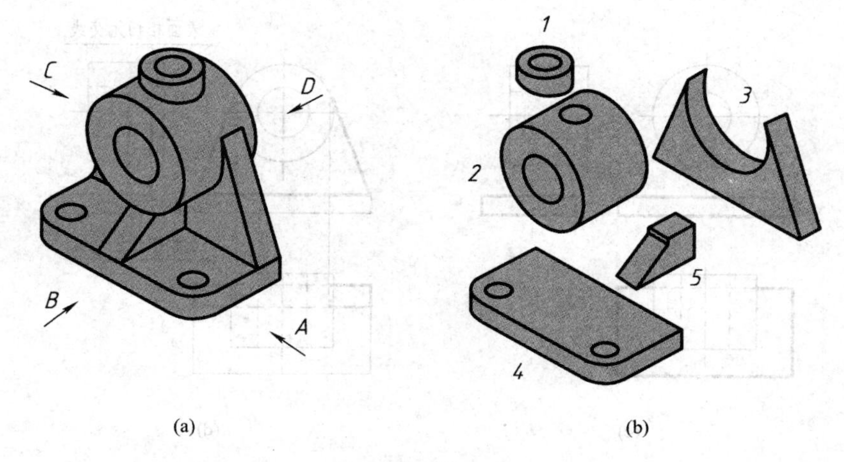

(a) (b)

图 4.28 轴承座

(a)立体图 (b)形体分析

1—凸台;2—圆筒;3—支承板;4—底板;5—肋板

宽。沿 B 向观察,所得视图满足上述要求,可以作为主视图。主视图方向确定后,其他视图的方向则随之确定。

3. 选择图纸幅面和比例

根据组合体的复杂程度和尺寸大小,应选择国家标准规定的图幅和比例。在选择时,应充分考虑到视图、尺寸、技术要求及标题栏的大小和位置等。

4. 布置视图,画作图基准线

根据组合体的总体尺寸,通过简单计算将各视图均匀地布置在图框内。各视图位置确定后,用细点画线或细实线画出作图基准线。作图基准线一般为底面、对称面、重要端面、重要轴线等,如图 4.29(a)所示。

5. 画底稿

依次画出每个简单形体的三视图,如图 4.29(b)~(f)所示。画底稿时应注意以下几点。

①在画各基本形体的视图时,应先画主要形体,后画次要形体,先画可见的部分,后画不可见的部分。如图中先画圆筒和底板,后画支承板和肋板。

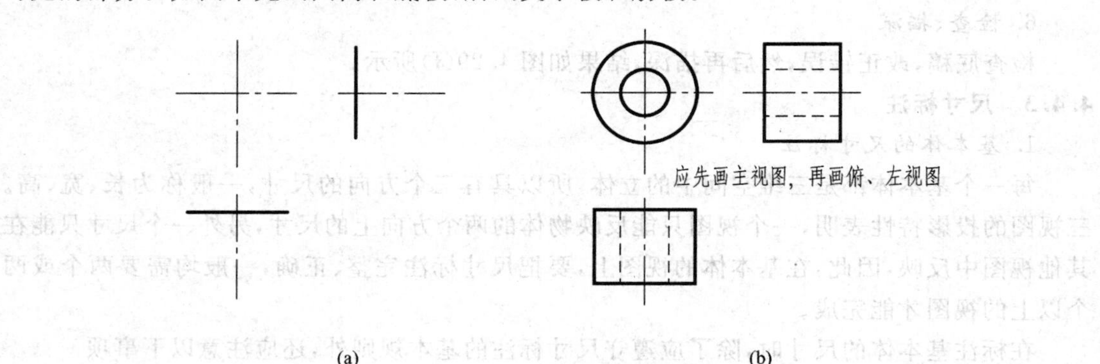

(a) (b)

图 4.29 组合体三视图的作图步骤

(a)布置视图并画出作图基准线 (b)画出圆筒的三视图

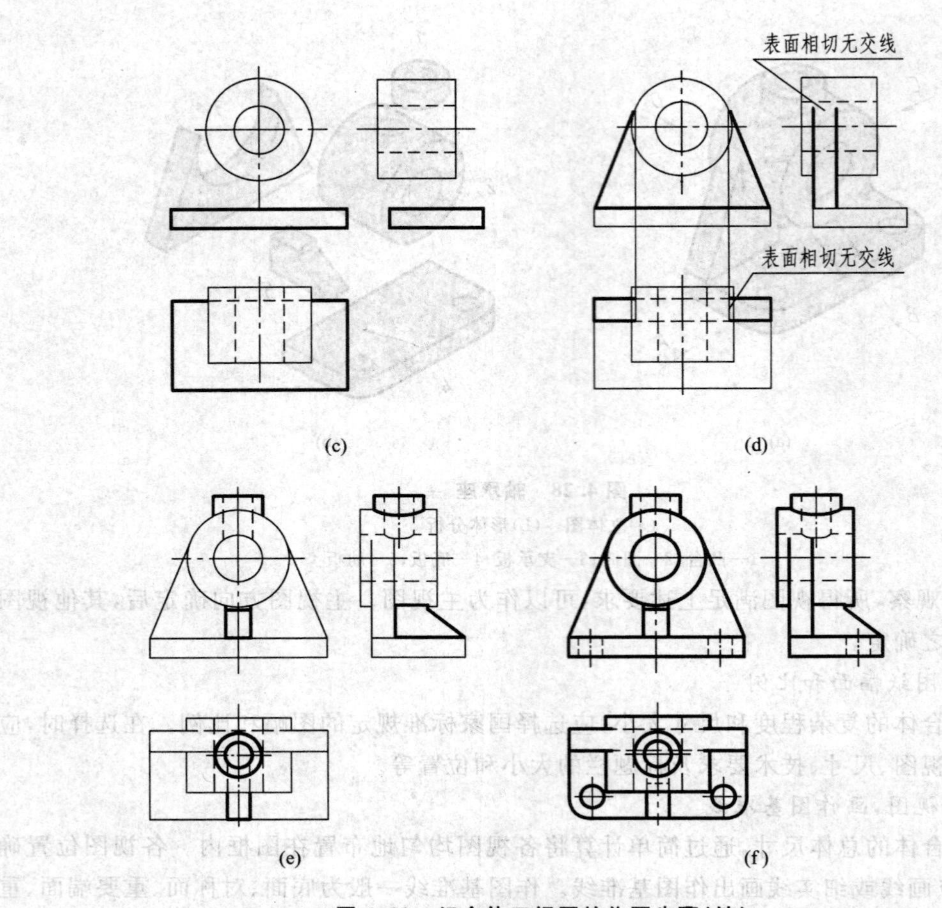

图 4.29　组合体三视图的作图步骤(续)

(c)画出底板的三视图　(d)画出支承板的三视图　(e)画出凸台与肋板的三视图

(f)画出底板上的圆角和圆柱孔的三视图，检查、加深

②画每一个基本形体时，一般应三个视图对应着一起画。先画反映实形或有特征的视图，再按投影关系画其他视图。(如图中轴承先画主视图，凸台先画俯视图，支承板先画主视图等。)尤其要注意必须按投影关系正确地画出平行、相切和相交处的投影。

6. 检查、描深

检查底稿，改正错误，然后再描深，结果如图 4.29(f)所示。

4.4.3　尺寸标注

1. 基本体的尺寸标注

每一个基本体都是三维空间中的立体，所以具有三个方向的尺寸，一般称为长、宽、高。三视图的投影特性表明，一个视图只能反映物体的两个方向上的尺寸，另外一个尺寸只能在其他视图中反映，因此，在基本体的视图上，要把尺寸标注完整、正确，一般均需要两个或两个以上的视图才能完成。

在标注基本体的尺寸时，除了应遵守尺寸标注的基本规则外，还应注意以下事项。

①尺寸应尽量标注在反映物体形状特征的视图上。

②半径尺寸一定要标注在视图中的圆弧上，尺寸数字前面加“*R*”。

③直径尺寸可以标注在非圆视图上，尺寸数字前面加“ϕ”。

图 4.30(a)～(g)分别是常见的棱柱、棱台、棱锥、圆柱、圆锥、圆台、圆球的尺寸标注，其中图 4.30(d)、(e)、(f)中尺寸“ϕ12”也可以标注在俯视图上。常用的符号和缩写词见表 2.5。

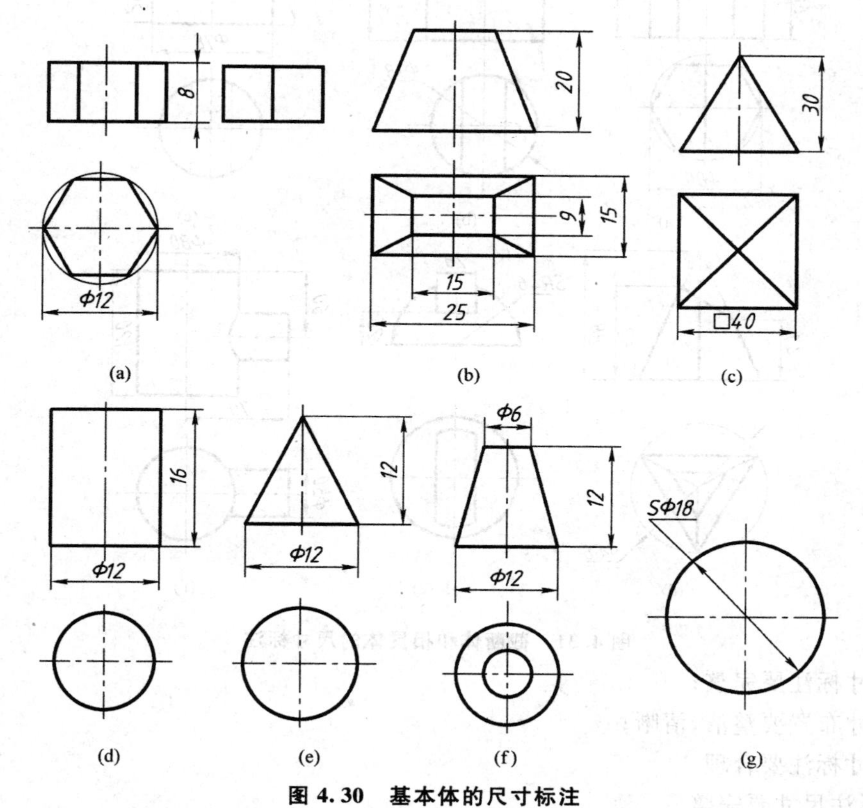

图 4.30　基本体的尺寸标注

(a)正六棱柱尺寸标注　(b)四棱台尺寸标注　(c)四棱锥尺寸标注
(d)圆柱尺寸标注　(e)圆锥尺寸标注　(f)圆台尺寸标注　(g)圆球尺寸标注

2. 截断体和相贯体的尺寸标注

①对于带切口的几何体，除标注几何体的尺寸外，还必须标注出切口的位置尺寸，如图 4.31(a)、(d)所示。

②对于带凹槽或穿孔的几何体，除标注出几何体的尺寸外，还必须注出槽、孔的定形尺寸和定位尺寸，如图 4.31(b)、(c)、(e)所示。

③对于相贯体，除标注相交两基本体的尺寸外，还应标注出两相交体的相对位置尺寸。当两相交基本形体的形状、大小及相对位置确定后，相贯体的形状、大小才能完全确定，相贯线的形状、大小也就确定了。因此，相贯线不需要再标注尺寸，如图 4.31(f)所示。

3. 组合体的尺寸标注

(1)组合体尺寸标注的基本要求

组合体的视图表达了机件的形状，而机件的大小则要由视图上所标注的尺寸来确定。图样上标注尺寸一般应做到以下几点：

①尺寸标注要符合国家标准；

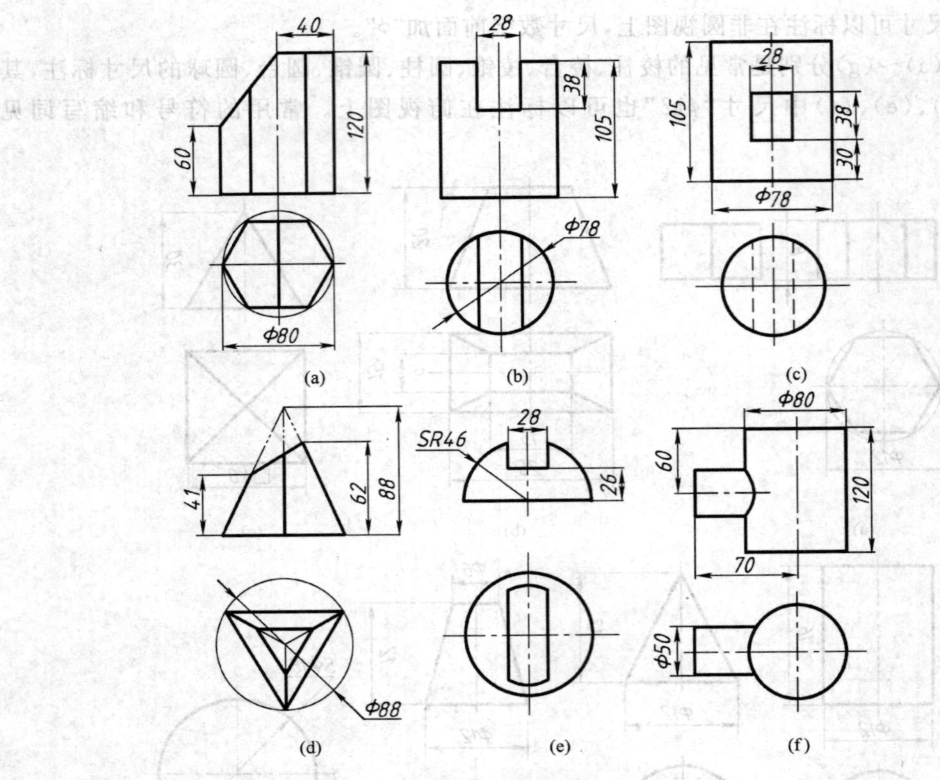

图 4.31　截断体和相贯体的尺寸标注

②尺寸标注要完整；

③尺寸布置要整洁、清晰；

④尺寸标注要合理。

(2)标注尺寸要完整

要达到这个要求，应首先按形体分析法将组合体分解为若干基本体，再注出表示各个基本体大小的尺寸及确定这些基本体间相对位置的尺寸。前者称为定形尺寸，后者称为定位尺寸。按照这样的分析方法去标注尺寸，就比较容易做到既不漏尺寸，也不会重复标注尺寸。下面以图 4.32 所示的支架为例说明尺寸标注过程中的分析方法。

1)定形尺寸

如图 4.33 所示，将支架分解成六个基本体后，分别注出其定形尺寸。由于每个基本体的尺寸一般只有少数几个，因而比较容易考虑，如直立空心圆柱的定形尺寸 $\phi72$、$\phi40$、80，底板的定形尺寸 $R22$、$\phi22$、20，肋板的定形尺寸 34、12 等。至于这些尺寸标注在哪一个视图上，则要根据具体情况而定。如直立空心圆柱的尺寸 80 可注在主视图上，但 $\phi72$、$\phi40$ 在主视图上标注比较困难，故将它们分别注在左视图和俯视图上。搭子的尺寸 $R16$、$\phi16$ 注在俯视图上最为适宜，而厚度尺寸 20 只能注在主视图上。其余各形体的定形尺寸见图 4.34，读者可自行分析。

2)定位尺寸

组合体各组成部分之间的相对位置必须从长、宽、高三个方向来确定。标注定位尺寸的起点称为尺寸基准，因此，长、宽、高三个方向至少各要有一个尺寸基准。组合体的对称面、

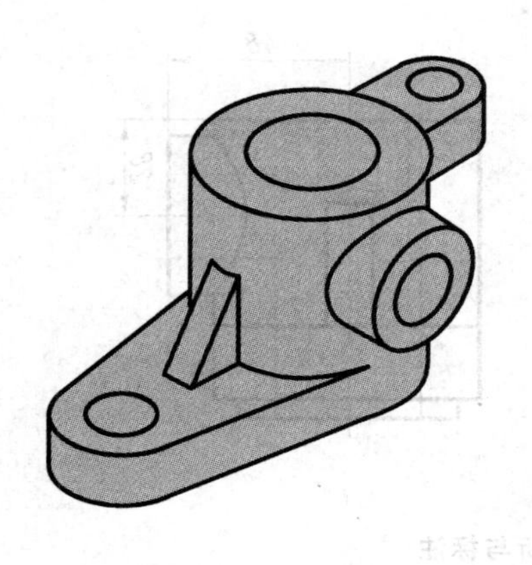

图 4.32　支架立体图

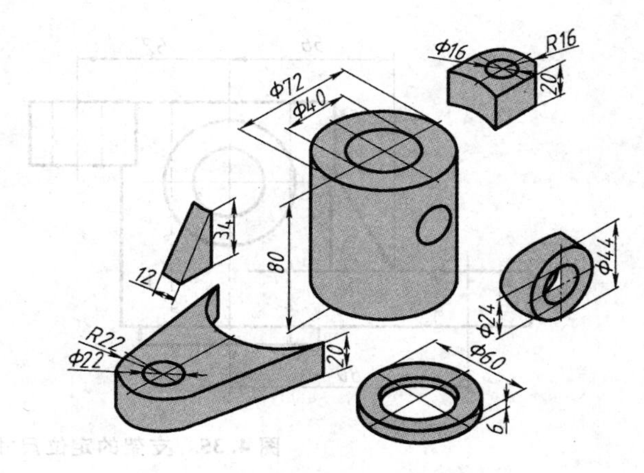

图 4.33　支架的定形尺寸分析

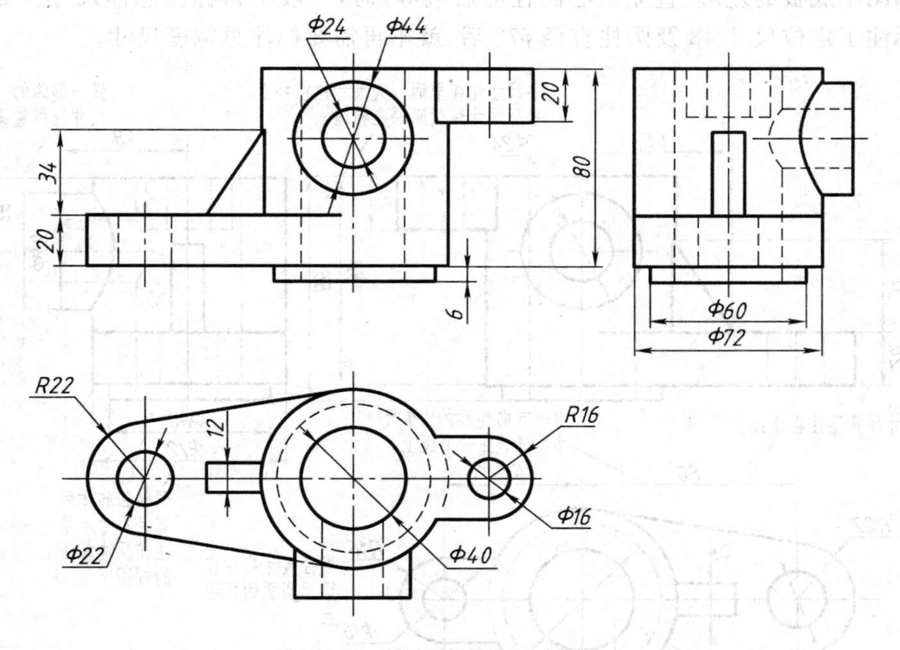

图 4.34　支架的定形尺寸标注

底面、重要的端面和重要的回转体的轴线经常被选做尺寸基准。图中支架长度方向的尺寸基准为直立空心圆柱的轴线；宽度方向的尺寸基准为底板及直立空心圆柱的前后对称面；高度方向的尺寸基准为直立空心圆柱的上表面。图 4.35 表示了这些基本形体之间的五个定位尺寸，如直立空心圆柱与底板孔、肋、搭子孔之间在左、右方向的定位尺寸 80、56、52，水平空心圆柱与直立空心圆柱在上、下方向的定位尺寸 28 以及前、后的定位尺寸 48。将定形尺寸和定位尺寸合起来，则支架上所必需的尺寸就标注完整了。

3)总体尺寸

按上述分析，尺寸虽然已经标注完整，但考虑总体尺寸后，为了避免重复，还应做适当的调整。如图 4.36 中，尺寸 86 为总体尺寸。注上这个尺寸后会与直立空心圆柱的高度尺寸 80、扁空心圆柱的高度尺寸 6 重复，因此应将尺寸 6 省略。当物体的端部为同轴线的圆柱和

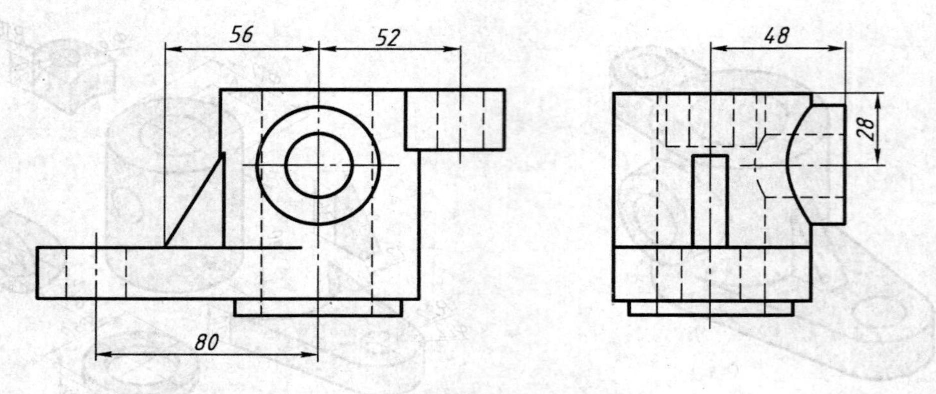

图 4.35 支架的定位尺寸分析与标注

圆孔(如图中底板的左端、直立空心圆柱的后端等)时,一般不再标注总体尺寸。如图 4.36 所示,标注了定位尺寸 48 及圆柱直径 $\phi72$ 后,就不再需要标注总宽度尺寸。

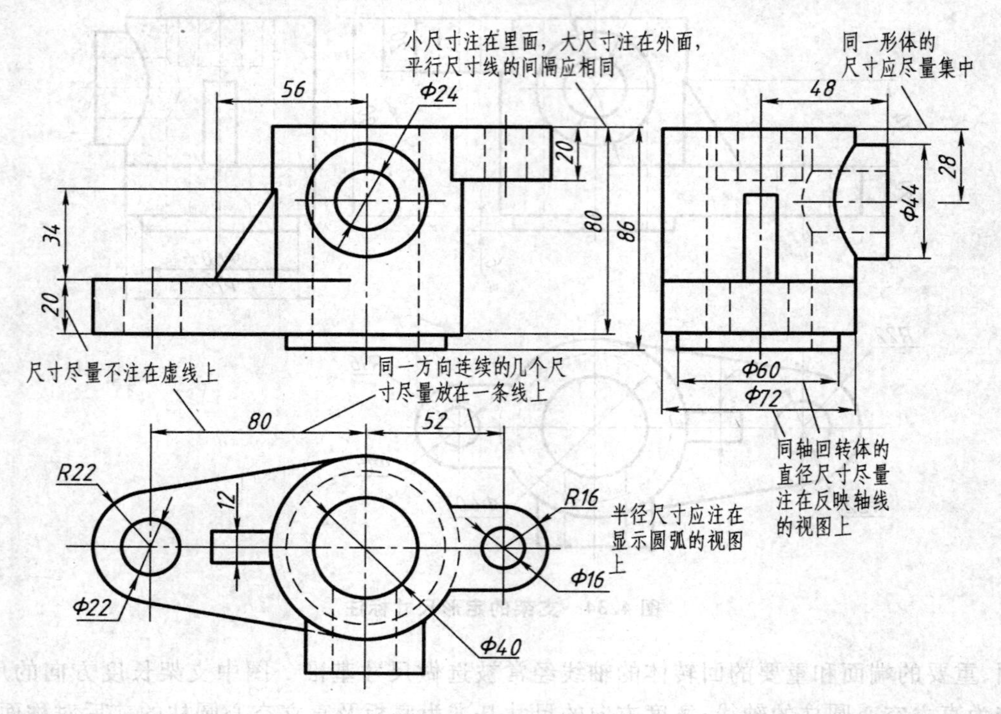

图 4.36 支架的尺寸标注

(3)标注尺寸要清晰

标注尺寸时,除了要求完整外,为了便于读图,还要求标注得清晰。现以图 4.36 为例,说明几个主要的考虑因素。

①尺寸应尽量标注在表示形体特征最明显的视图上。如图中肋的尺寸 34,注在主视图上比注在左视图上好;水平空心圆柱的定位尺寸 28,注在左视图上比注在主视图上好;而底板的定形尺寸 $R22$ 和 $\phi22$ 则应注在表示该部分形状最明显的俯视图上。

②同一基本形体的定形尺寸以及相关联的定位尺寸尽量集中标注。如图中将水平空心

圆柱的定形尺寸 $\phi44$ 从原来的主视图上移到左视图上，这样便和它的定位尺寸 28、48 集中在一起，因而比较清晰，也便于寻找尺寸。

③尺寸应尽量注在视图的外侧，以保持图形的清晰。同一方向的连续尺寸应尽量放在同一条线上。如主、左视图中将肋板的定位尺寸 56 和水平空心圆柱的定位尺寸 48，俯视图中搭子的左、右定位尺寸 52 和底板圆孔定位尺寸 80 排在一条线上，使尺寸标注显得较为清晰。

④同心圆柱的直径尺寸尽量注在非圆视图上，而圆弧的半径尺寸则必须注在投影为圆弧的视图上。如图中直立空心圆柱的直径 $\phi60$、$\phi72$ 均注在左视图上，而底板及搭子上的圆弧半径 $R22$、$R16$ 则必须注在俯视图上。

⑤尽量避免在虚线上标注尺寸。如图中直立空心圆柱的孔径 $\phi40$，若标注在主、左视图上将从虚线引出，因此注在俯视图上。

⑥尺寸线与尺寸界线、尺寸线与轮廓线都应避免相交。相互平行的尺寸应按“小尺寸在内，大尺寸在外”的原则排列。

⑦内形尺寸与外形尺寸最好分别注在视图的两侧。

在标注尺寸时，有时会出现不能兼顾以上各点的情况，这时必须在保证尺寸标注正确、完整的前提下，灵活掌握，力求清晰。

图 4.37 列出了一些常见结构的尺寸标注法。从图中可以看出，当这些结构在某个投影图中以圆弧为轮廓线时，一般不注总体尺寸而是注出圆心位置和圆弧半径或直径，如图 4.37(c)、(e)、(f)所示。当圆弧只是作为圆角时，则既要注出圆角半径，也要注出总长、总宽等尺寸，如图 4.37(a)所示。其他尺寸读者可自行分析。

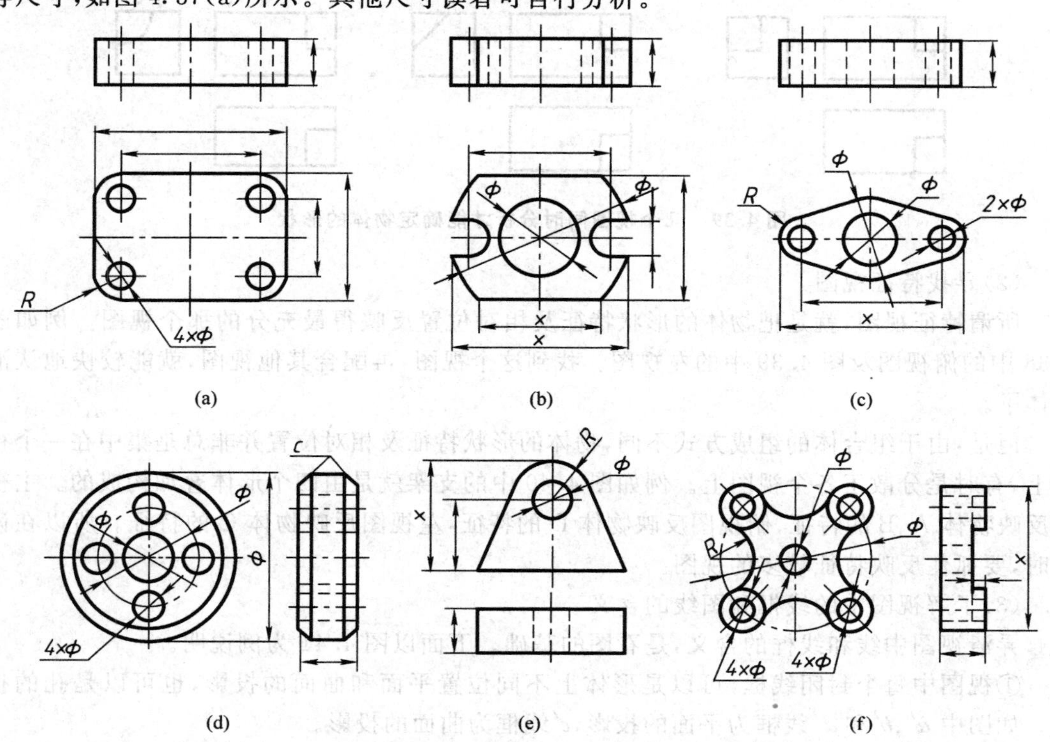

图 4.37 常见结构的尺寸标注法

(图中×表示此尺寸标注错误)

4.4.4 组合体三视图的阅读

读图是学习本课程的重点之一。画图是把空间形体用正投影方法表达在平面上；而读图则是依据正投影原理，根据视图想象出空间形体的结构形状。所以，要能正确、迅速地读懂视图，必须掌握读图的基本知识和基本方法，培养空间想象力和形体构思能力，并通过不断实践，逐步提高读图能力。

1. 读图的基本知识

(1)几个视图联系起来看

一般情况下，一个视图不能完全确定物体的形状。如图 4.38 所示的五组视图，它们的主视图都相同，但实际上是五种不同形状的物体。图 4.39 所示的三组视图，它们的主、俯视图都相同，但也表示了三种不同形状的物体。由此可见，读图时，一定要将几个视图联系起来阅读、分析和构思，才能弄清物体的形状。

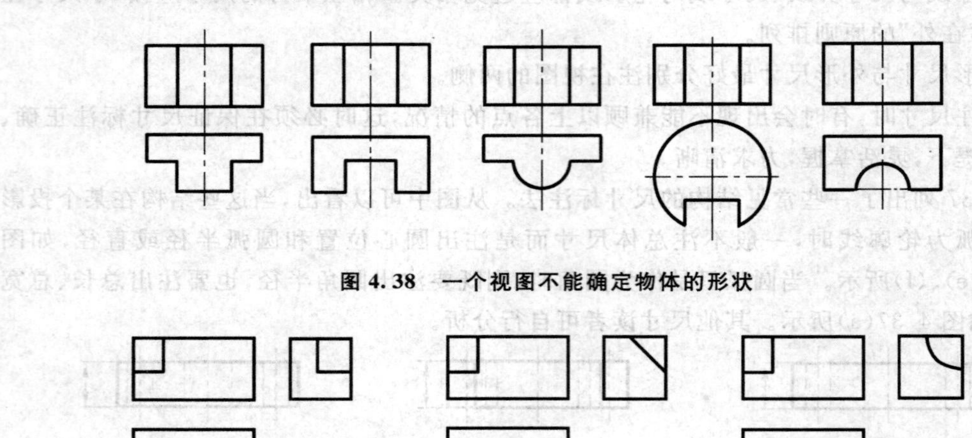

图 4.38 一个视图不能确定物体的形状

图 4.39 几个视图同时分析才能确定物体的形状

(2)寻找特征视图

所谓特征视图，就是把物体的形状特征及相对位置反映得最充分的那个视图。例如图 4.38 中的俯视图及图 4.39 中的左视图。找到这个视图，再配合其他视图，就能较快地认清物体了。

但是，由于组合体的组成方式不同，物体的形状特征及相对位置并非总是集中在一个视图上，有时是分散于各个视图上。例如图 4.40 中的支架就是由四个形体叠加构成的。主视图反映物体 A、B 的特征，俯视图反映物体 D 的特征，左视图反映物体 C 的特征。所以在读图时，要抓住反映特征较多的视图。

(3)了解视图中的线框和图线的含义

弄清视图中线和线框的含义，是看图的基础。下面以图 4.41 为例说明。

①视图中每个封闭线框，可以是形体上不同位置平面和曲面的投影，也可以是孔的投影。如图中 a'、b'和 d'线框为平面的投影，c'线框为曲面的投影。

②视图中的每一条图线可以是曲面的转向轮廓线的投影，也可以是两表面的交线的投影，还可以是面的积聚性投影。如图 4.41 中直线 $1'$是圆柱的转向轮廓线的投影；直线$2'$是

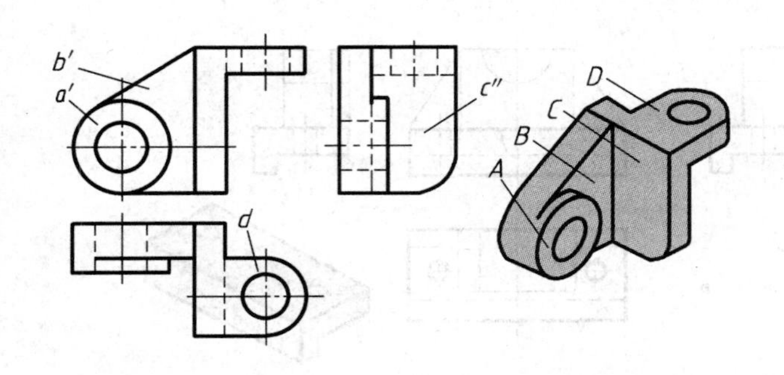

图 4.40　读图时应找出特征视图

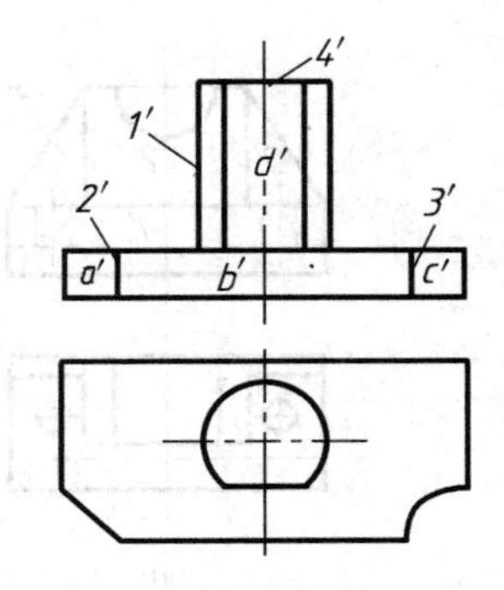

图 4.41　线框和图线的含义

两平面的交线的投影，直线 3′是平面与曲面交线的投影；直线 4′是有积聚性的面的投影。

③任何相邻的两个封闭线框，应是物体上相交的两个面的投影，或是同向错位的两个面的投影。如图中 a' 和 b'、b' 和 c' 都是相交两表面的投影，b' 和 d' 则是前后平行两表面的投影。

④大的封闭线框内包围的小线框，表示向外叠加而突出或向内挖切而凹下的结构。如俯视图中的两个线框，结合主视图分析，中间封闭线框为突出结构。

2. 读图的基本方法

(1)形体分析法

形体分析法是读图的基本方法。一般从反映物体形状特征的主视图着手，对照其他视图，初步分析出该物体是由哪些基本形体以及通过什么连接关系形成的。然后按投影规律逐个找出各基本体在其他视图中的投影，以确定各基本体的形状和它们之间的相对位置。最后综合想象出物体的总体形状。

下面以图 4.42 所示轴承座为例，说明形体分析的读图方法。

①从视图中分离出表示各基本形体的线框。将主视图分为四个线框。其中线框 3 为左右两个完全相同的三角形，因此左视图可归纳为三个线框。每个线框各代表一个基本形体，如图 4.42(a)所示。

②分别找出各线框对应的其他投影，并结合各自的特征视图逐一构思它们的形状。

如图 4.42(b)所示，线框 1′对应的主、俯两视图是矩形，左视图是 L 形，可以想象出该形体是一块直角弯板，板上钻了两个圆孔。

如图 4.42(c)所示，线框 2′对应的俯视图是一个中间带有两条直线的矩形。其左视图是一个矩形，矩形中间有一条虚线，可以想象出它的形状是在一个长方体的中部挖了一个半圆槽。

如图 4.42(d)所示，线框 3′对应的俯、左两视图都是矩形。因此它们是两块三角形板对称地分布在轴承座的左右两侧。

③根据各部分的形状和它们的相对位置综合想象出其整体形状，如图 4.42(e)、(f)所示。

(2)线面分析法

当形体被多个平面切割、形体的形状不规则或在某视图中形体结构的投影重叠时，应用形体分析法往往难于读懂。这时，需要运用线、面投影理论来分析物体的表面形状、面与面

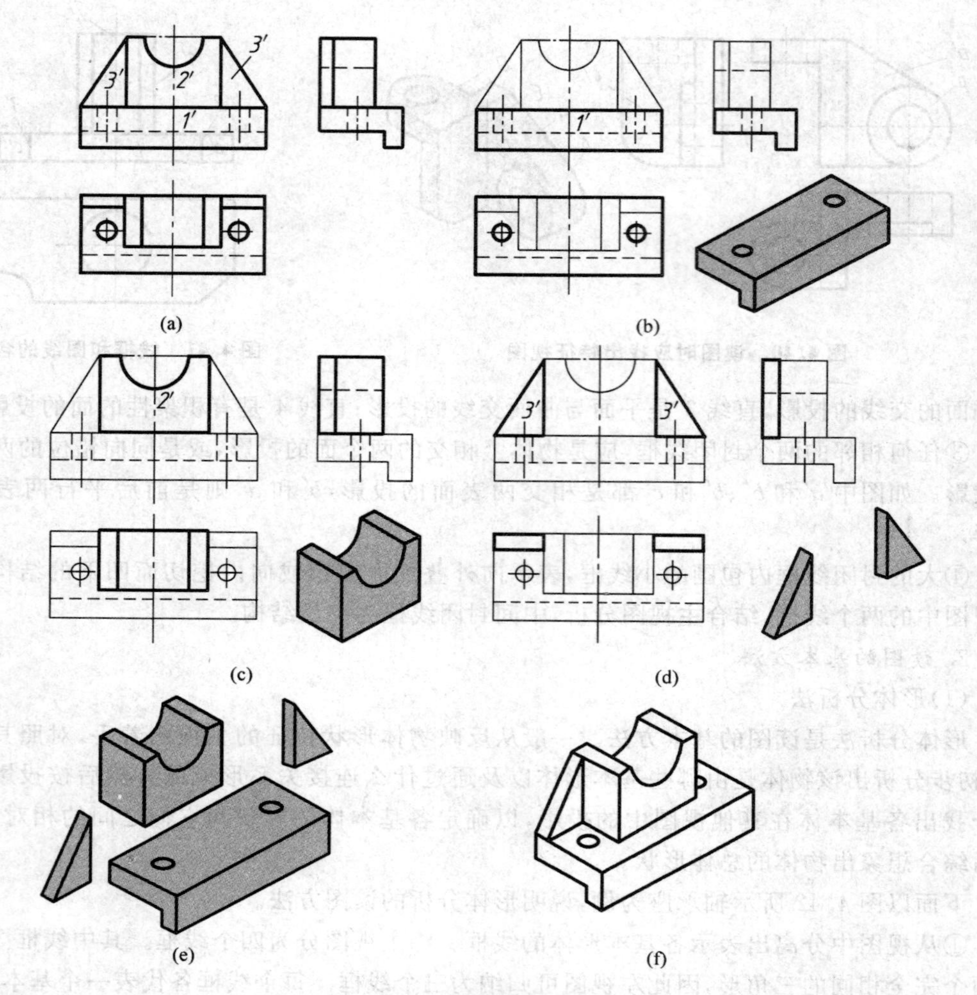

(a) (b) (c) (d) (e) (f)

图 4.42　轴承座的读图方法

(a)分离线框　(b)分析线框 1′　(c)分析线框 2′　(d)分析线框 3′　(e)想象各部分相对位置　(f)想象整体形状

的相对位置以及面与面之间的表面交线，并借助立体的概念来想象物体的形状。这种方法称为线面分析法。

下面以图 4.43 所示压块为例，说明线面分析的读图方法。

1)确定物体的整体形状

根据图 4.43(a)，压块三视图的外形均是有缺角和缺口的矩形，可初步认定该物体是由长方体切割而成且中间有一个阶梯圆柱孔。

2)确定切割面的位置和面的形状

由图 4.43(b)可知，在俯视图中有梯形线框 a，而在主视图中可找出与它对应的斜线 a'，由此可见 A 面是垂直于 V 面的梯形平面。长方体的左上角由 A 面切割而成，平面 A 对 W 面和 H 面都处于倾斜位置，所以它们的侧投影 a''和水平投影 a 是类似图形，不反映 A 面的真实形状。

由图 4.43(c)可知，在主视图中有七边形线框 b'，而在俯视图中可找出与它对应的斜线

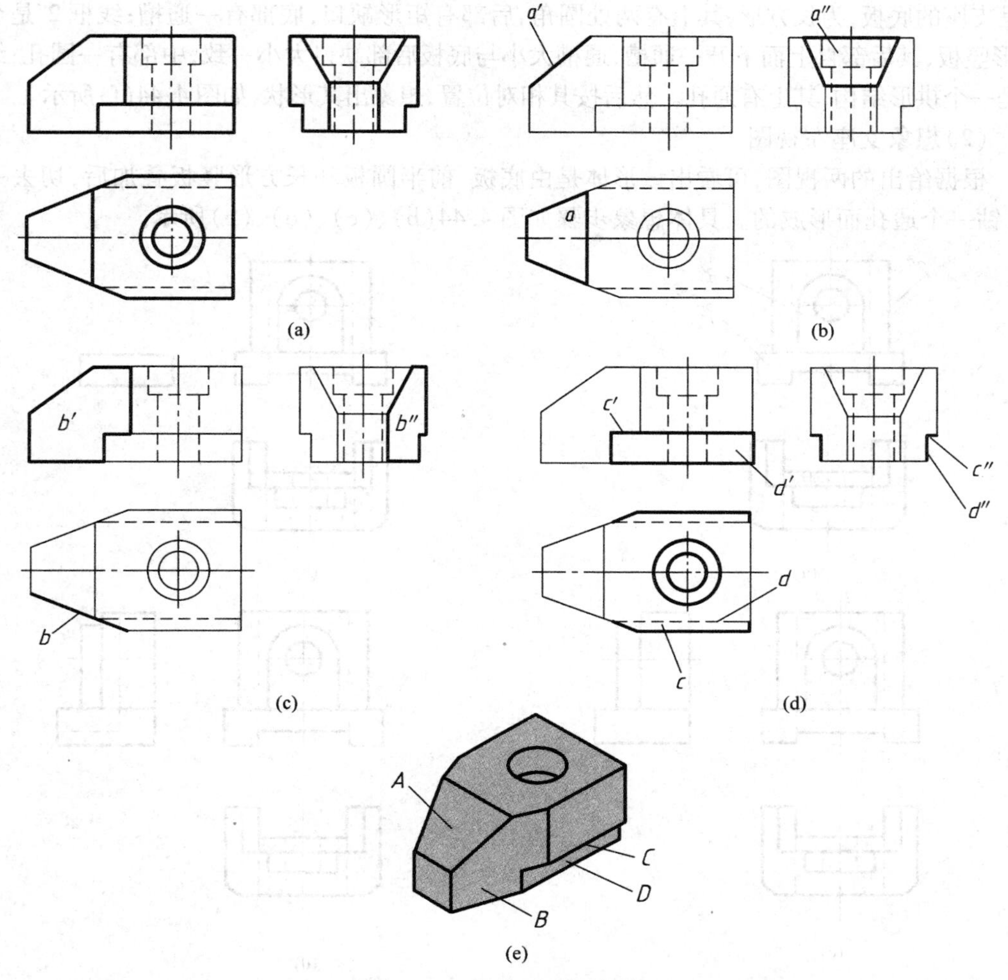

图 4.43　压块的读图过程

(a)压块三视图　(b)分析正垂面 A　(c)分析铅垂面 B　(d)分析正平面 D 和水平面 C　(e)想象整体形状

b,由此可见 B 面是铅垂面。长方体的左端就是由这样的两个平面切割而成的。平面 B 对 V 面和 W 面都处于倾斜位置,因而侧面投影 b'' 也是类似的七边形线框。

由图 4.43(d)可知,从主视图上的长方形线框 d' 入手,可找到 D 面的三个投影。由俯视图的四边形线框 c 入手,可找到 C 面的三个投影。从投影图中可知 D 面为正平面,C 面为水平面。长方体的前后两边就是由这样两个平面切割而成的。

3)综合想象其整体形状

搞清楚各截切面的空间位置和形状后,根据基本形体形状、各截切面与基本形体的相对位置,并进一步分析视图中的线、线框的含义,可以综合想象出整体形状,如图 4.43(e)所示。

读组合体的视图常常是两种方法并用,以形体分析法为主,线面分析法为辅。

根据两个视图想象第三视图,也是培养读图能力的一种有效手段。现举例如下。

【例 4.13】　已知支座主、俯视图,想象其左视图,如图 4.44(a)所示。

(1)形体分析

在主视图上将支座分成三个线框,按投影关系找出各线框在俯视图上的对应投影:线框

1″是支座的底板，为长方形，其上有两处圆角，后部有矩形缺口，底部有一通槽；线框 2″是个长方形竖板，其后部自上而下开一通槽，通槽大小与底板后部缺口大小一致，中部有一圆孔；线框 3″是一个拱形结构，其上有通孔。然后按其相对位置，想象出其形状，如图 4.44(f)所示。

(2)想象支座左视图

根据给出的两视图，可看出该形体是由底板、前半圆板和长方形竖板叠加后，切去一通槽，钻一个通孔而形成的。具体想象步骤如图 4.44(b)、(c)、(d)、(e)所示。

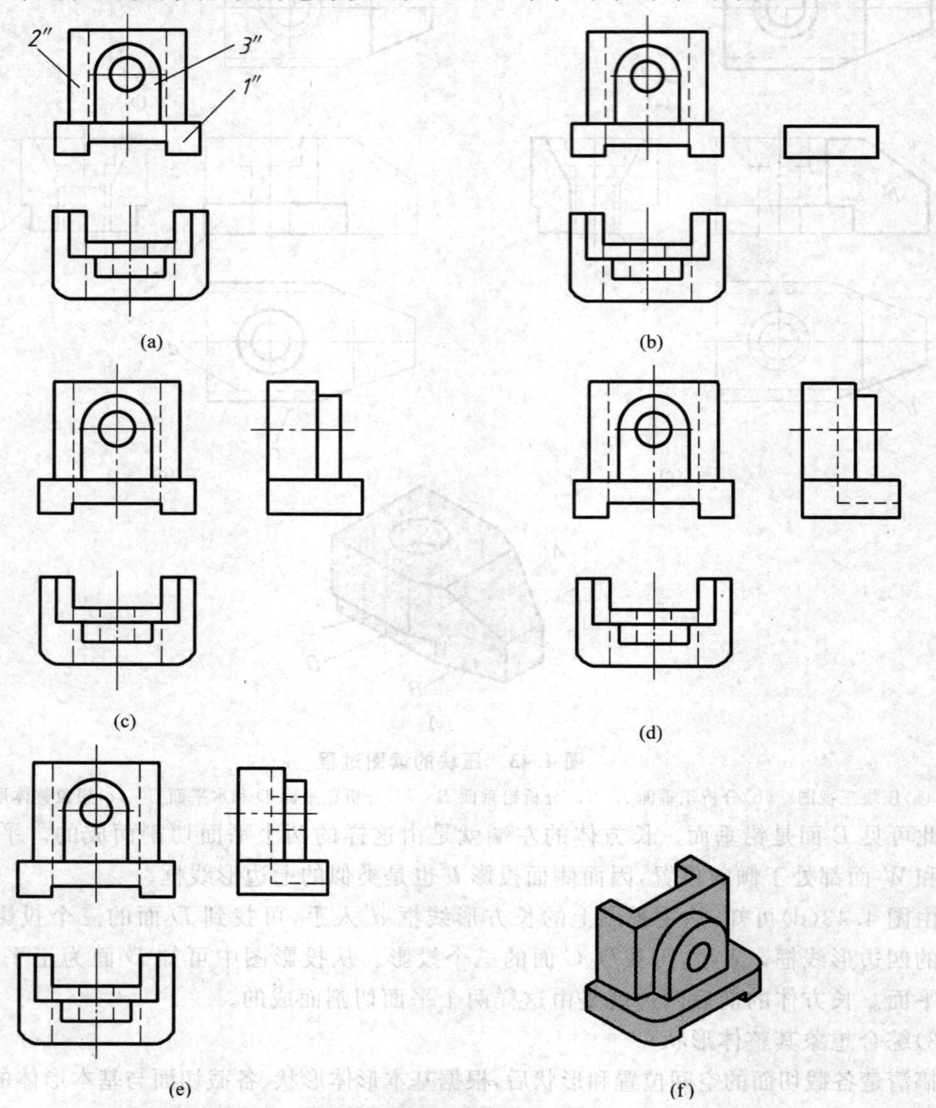

图 4.44　想象支座的第三视图

(a)支座主、俯视图　(b)分析底板外形　(c)分析竖板和拱形结构外形　(d)分析后面矩形缺口、底部通槽
(e)分析拱形结构中部圆孔　(f)综合想象空间形状

4.5　用 AutoCAD 进行实体造型

在 AutoCAD 中，最基本的实体对象包括多段体、长方体、楔体、圆锥体、球体、圆柱体、圆

圆环体及棱锥面，可以单击“菜单浏览器”按钮，在弹出的菜单中选择“绘图”→“建模”子命令，或在三维建模工具栏中单击相应的按钮来创建。下面介绍用 AutoCAD 绘制长方体、圆柱体及组合体的操作方法和步骤。

4.5.1 绘制长方体、圆柱体

1. 绘制长方体

(1)绘制长方体方式

①单击“菜单浏览器”按钮，在弹出的菜单中选择“绘图”→“建模”→“长方体”命令(BOX)；

②在建模工具栏中单击“长方体”按钮；

③选择“绘图”下拉菜单“绘图”→“建模”→“长方体”命令(BOX)。

通过以上三种方式都可绘制长方体。

【例 4.14】 绘制长、宽、高分别为 40、25、30 的长方体。

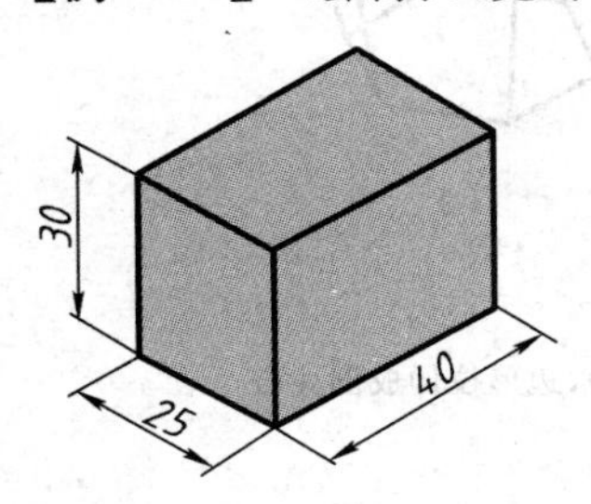

图 4.45 长方体

拾取长方体命令后，命令行提示信息如下：

命令：_BOX

指定第一个角点或［中心(C)］：(用光标确定一点)

指定其他角点或［立方体(C)/长度(L)］：@40，25，30↙

结果如图 4.45 所示。

2. 绘制圆柱体

①单击“菜单浏览器”按钮，在弹出的菜单中选择“绘图”→“建模”→“圆柱体”命令(CYLINDER)；

②在建模工具栏中单击“圆柱体”按钮；

③选择“绘图”下拉菜单“绘图”→“建模”→“圆柱体”命令(CYLINDER)。

通过以上三种方式都可绘制圆柱体。

【例 4.15】 绘制底圆半径为 15、高为 40 的圆柱体。

拾取圆柱体命令，命令行提示信息如下：

命令：_CYLINDER

指定底面的中心点或［三点(3P)/两点(2P)/切点、切点、半径(T)/椭圆(E)］：(用光标指定一点)

指定底面半径或［直径(D)］：15(输入圆柱半径)↙

指定高度或［两点(2P)/轴端点(A)］<21.1797>：40↙

结果如图 4.46 所示。

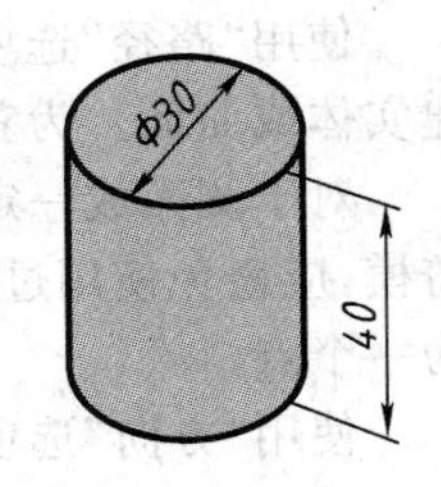

图 4.46 圆柱体

使用 CYLINDER 命令，可以创建以圆或椭圆为底面的实体圆柱体。也可以使用 CYLINDER 命令的“轴端点”选项确定圆柱体的高度和方向。轴端点是圆柱体顶面的圆心。轴端点可以位于三维空间的任意位置。使用 CYLINDER 命令的“三点”选项，可以通过在三维空间的任意位置指定三个点来定义圆柱体的底面。

4.5.2 通过二维对象创建三维对象

在 AutoCAD 中，通过拉伸二维轮廓线或将二维轮廓线沿指定轴旋转，可以创建出三维实体。通过二维对象创建三维对象有多种方式，这里只介绍将二维对象拉伸成三维对象和旋转成三维对象两种方式。

1. 将二维对象拉伸成三维对象

在 AutoCAD 中，单击“菜单浏览器”按钮，在弹出的菜单中选择“绘图”→“建模”→“拉伸”命令(EXTRUDE)，或在建模工具栏中单击“拉伸”按钮，或选择下拉菜单“绘图”→“建模”→“拉伸”命令，都可以将二维对象沿 Z 轴或某个方向拉伸成实体，如图 4.47 所示。拉伸对象被称为断面，可以是任何二维封闭多段线、圆、椭圆、封闭样条曲线和面域，多段线对象的顶点数不能超过 500 个且不小于 3 个。

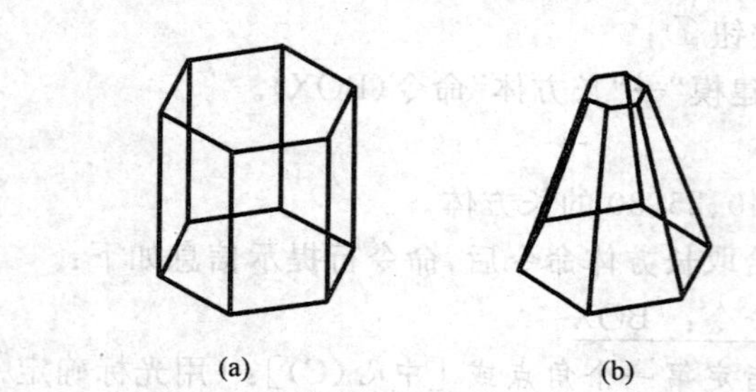

(a)

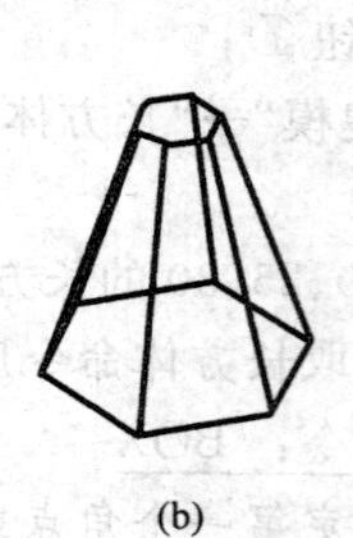

(b)

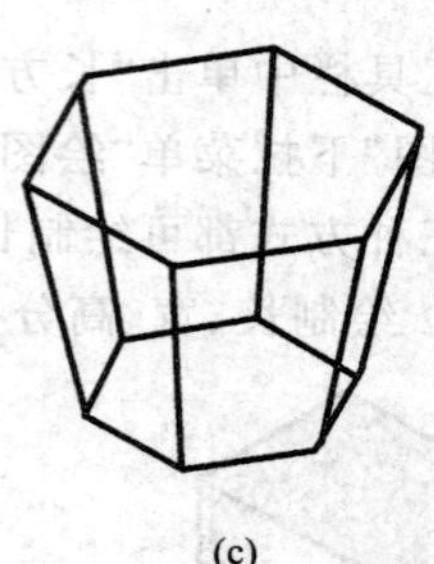

(c)

图 4.47　二维对象拉伸成三维对象

(a)将六边形拉伸成六棱柱　(b)将六边形拉伸成棱台　(c)将六边形拉伸成倒棱台

执行 EXTRUDE 命令，命令行提示信息如下：

命令：_EXTRUDE

当前线框密度：ISOLINES=4

选择要拉伸的对象：(用光标选取六边形)找到 1 个

选择要拉伸的对象：↙

指定拉伸的高度或［方向(D)/路径(P)/倾斜角(T)］＜11.7026＞：60↙(操作结束)

拉伸对象时，可以指定以下任意一个选项。

使用“路径”选项，可以将对象指定为拉伸的路径，沿选定路径拉伸选定对象的轮廓以创建实体或曲面。为获得最佳结果，建议将路径置于拉伸对象的边界上或边界内。

对于侧面成一定角度的零件来说，倾斜拉伸特别有用。铸造车间用来制造金属产品的铸模，应避免使用过大的倾斜角度。如果角度过大，轮廓可能在达到所指定高度以前就倾斜为一个点。

使用“方向”选项，可以通过指定两个点来指定拉伸的长度和方向。

2. 将二维对象旋转成三维对象

在 AutoCAD 中，可以单击“菜单浏览器”按钮，在弹出的菜单中选择“绘图”→“建模”→“旋转”命令(REVOLVE)，或在建模工具栏中单击“旋转”按钮，或选择菜单“绘图”→“建模”→“旋转”命令，都可以将开放或闭合的平面曲线创建成新的实体或曲面，如图 4.48 所示。

执行 REVOLVE 命令，命令行提示信息如下：

命令：_REVOLVE

当前线框密度：ISOLINES=4

选择要旋转的对象：(用光标选取曲线 1)找到 1 个

选择要旋转的对象：↙

指定轴起点或根据以下选项之一定义轴［对象(O)/X/Y/Z］＜对象＞：(指定线段 2 的一个端点)

指定轴端点：(指定线段 2 的另一个端点)

指定旋转角度或［起点角度(ST)］＜360＞：↙

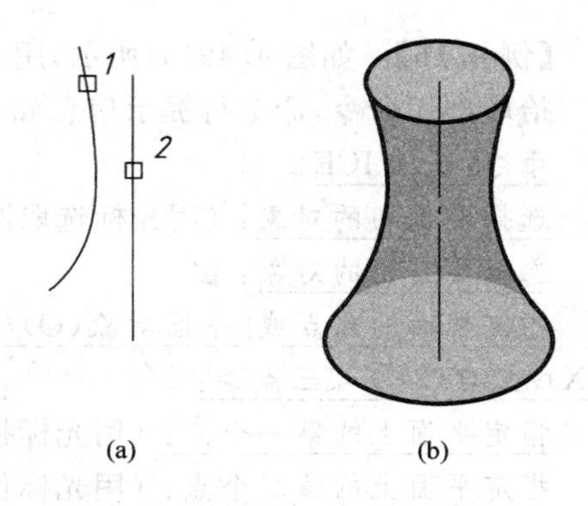

图 4.48 二维对象旋转成三维对象

(a)二维对象 (b)旋转结果

以概念视觉样式显示，如图 4.48(b)所示。

用于旋转的二维对象可以是封闭多段线、多边形、圆、椭圆、封闭样条曲线、圆环及封闭区域。三维对象、包含在块中的对象、有交叉或自干涉的多段线不能被旋转。

4.5.3 编辑三维对象

在 AutoCAD 中，可以使用三维编辑命令，在三维空间中移动、复制、镜像、对齐以及阵列三维对象。下面介绍几个常用的三维编辑命令。

1. 编辑三维实体

在 AutoCAD 中，可以通过对三维基本实体进行并集运算、差集运算、交集运算、剖切实体、倒角和圆角等编辑操作，来创建复杂实体。

(1)并集运算

单击“菜单浏览器”按钮，在弹出的菜单中选择“修改”→“实体编辑”→“并集”命令(UNION)，或在实体编辑工具栏中单击“并集”按钮，或选择菜单“修改”→“实体编辑”→“并集”命令，就可以组合多个实体生成一个新实体。该命令主要用于将多个相交或相接触的对象组合在一起。当组合一些不相交的实体时，其显示效果看起来还是多个实体，但实际上却被当做一个对象。在使用该命令时，只需要依次选择待合并的对象即可。

(2)差集运算

单击“菜单浏览器”按钮，在弹出的菜单中选择“修改”→“实体编辑”→“差集”命令(SUBTRACT)，或在实体编辑工具栏中单击“差集”按钮，或选择菜单“修改”→“实体编辑”→“差集”命令，即可从一些实体中去掉部分实体，从而得到一个新的实体。

(3)交集运算

单击“菜单浏览器”按钮，在弹出的菜单中选择“修改”→“实体编辑”→“交集”命令(INTERSECT)，或在“实体编辑”工具栏中单击“交集”按钮，就可以利用各实体的公共部分创建新实体。

(4)剖切实体

单击“菜单浏览器”按钮，在弹出的菜单中选择“修改”→“三维操作”→“剖切”命令(SLICE)，或选择菜单“修改”→“三维操作”→“剖切”命令，都可以使用平面剖切一组实体。剖切面可以是对象、*Z* 轴、视图、*XY*/*YZ*/*ZX* 平面或 3 点定义的面。执行该命令，并选择需要剖切的实体对象(可以是一个或多个)。

【例 4.16】 如图 4.49(a)所示,用 *CD* 中点和 *AB* 所确定的平面剖切圆柱。

拾取剖切命令,命令行提示信息如下:

命令:_SLICE

选择要剖切的对象:(用光标选取圆柱体)找到 1 个

选择要剖切的对象:↙

指定切面的起点或[平面对象(O)/曲面(S)/Z 轴(Z)/视图(V)/XY(XY)/YZ(YZ)/ZX(ZX)/三点(3)]＜三点＞:↙

指定平面上的第一个点:(用光标指定点 *A*)

指定平面上的第二个点:(用光标指定点 *B*)

指定平面上的第三个点:(用光标指定 *CD* 中点)

在所需的侧面上指定点或[保留两个侧面(B)]＜保留两个侧面＞:↙

结果如图 4.49(b)所示。使用删除命令将切去部分删除后,结果如图 4.49(c)所示。

在用光标指定点 *A*、点 *B*、*CD* 中点后,也可以在所需的侧面上任意指定一点,直接得到图 4.49(c)所示结果。

指定切面的起点还有"平面对象(O)/曲面(S)/Z 轴(Z)/视图(V)/XY(XY)/YZ(YZ)/ZX(ZX)"等选项,同学们可根据命令行提示进行练习。

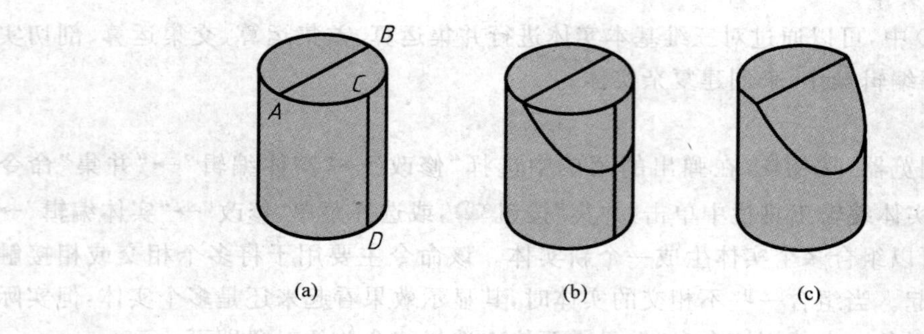

图 4.49 平面剖切圆柱

(a)原图 (b)差集运算后保留两个侧面结果 (c)差集运算后保留一个侧面结果

(5)倒角和圆角

单击"菜单浏览器"按钮,在弹出的菜单中选择"修改"→"倒角"命令(CHAMFER),或在修改工具栏中单击"倒角"按钮,或选择菜单"修改"→"倒角"命令,都可以对实体的棱边修倒角,从而在两相邻面间生成一个平坦的过渡面。

单击"菜单浏览器"按钮,在弹出的菜单中选择"修改"→"圆角"命令(FILLET),或在修改工具栏中单击"圆角"按钮,都可以为实体的棱边修圆角,从而在两个相邻面间生成一个圆滑过渡的曲面。在为几条交于同一个点的棱边修圆角时,如果圆角半径相同,则会在该公共点上生成球面的一部分。

2. 编辑三维对象

在 AutoCAD 2009 中,二维图形编辑中的许多命令(如移动、复制、删除等)同样适用于三维图形。另外,用户可以对三维空间中的对象进行移动、旋转、镜像、对齐等操作。

(1)三维移动

单击“菜单浏览器”按钮，在弹出的菜单中选择“修改”→“三维操作”→“三维移动”命令(3DMOVE)，或选择菜单“修改”→“三维操作”→“三维移动”命令，都可以移动三维对象。执行该命令时，首先需要选择要移动的对象，这时命令行显示如下提示信息：

指定基点或［位移(D)］＜位移＞：(用光标指定实体上的一点)

指定第二个点或＜使用第一个点作为位移＞：(用光标指定要移至的位置点或输入相对坐标)

要求指定一个基点，然后指定第二个点即可移动三维对象。

(2)三维旋转

单击“菜单浏览器”按钮，在弹出的菜单中选择“修改”→“三维操作”→“三维旋转”命令(ROTATE3D)，或选择菜单“修改”→“三维操作”→“三维旋转”命令，可以使对象绕三维空间中任意轴(X 轴、Y 轴或 Z 轴)、视图、对象或两点旋转。执行该命令时，首先需要选择要旋转的对象，这时命令行显示如下提示信息：

指定基点：(用光标指定)

拾取旋转轴：(用光标指定)

指定角的起点或键入角度：(键盘输入角度)↙

要求指定一个基点，然后拾取旋转轴(X 轴、Y 轴或 Z 轴)，并且指定角的起点或旋转角度即可旋转三维对象。

(3)三维镜像

单击“菜单浏览器”按钮，在弹出的菜单中选择“修改”→“三维操作”→“三维镜像”命令(MIRROR3D)，或选择菜单“修改”→“三维操作”→“三维镜像”命令，可以在三维空间中将指定对象相对于某一平面镜像。执行该命令并选择需要进行镜像的对象，命令行提示指定镜像面。指定镜像平面后按回车键，完成镜像命令的操作。

镜像平面有以下多个选项：对象(O)/最近的(L)/Z 轴(Z)/视图(V)/XY 平面(XY)/YZ 平面(YZ)/ZX 平面(ZX)/三点(3)。默认情况下是三点式，可以通过指定三点确定镜像面。

(4)对齐位置

单击“菜单浏览器”按钮，在弹出的菜单中选择“修改”→“三维操作”→“对齐”命令(ALIGN)，或选择菜单“修改”→“三维操作”→“对齐”，在“实体编辑”中，单击“三维对齐”按钮，可以对齐对象。

首先选择源对象，在命令行“指定基点或［复制(C)］：”提示下指定第一个点，在命令行“指定第二个点或［继续(C)］＜C＞：”提示下指定第二个点，在命令行“指定第三个点或［继续(C)］＜C＞：”提示下指定第三个点。在目标对象上同样需要确定三个点，与源对象的点一一对应。

4.5.4 标注三维对象的尺寸

在 AutoCAD 中，使用“标注”菜单中的命令或标注工具栏中的标注工具，不仅可以标注二维对象的尺寸，还可以标注三维对象的尺寸。由于所有的尺寸标注都只能在当前坐标的 XY 平面中进行，因此为了准确标注三维对象中各部分的尺寸，需要不断地变换坐标系。

下面以长方体标注尺寸为例，简要介绍标注三维对象的方法。

①创建长宽高分别为 20、30、40 的长方体。

②调整视口。

单击“菜单浏览器”按钮，在弹出的菜单中选择“视图”→“三维视图”→“西南等轴测”命令，或单击视图工具栏中图标按钮，结果如图 4.50 所示。

③建立 UCS。

单击“菜单浏览器”按钮，在弹出的菜单中选择“工具”→“新建 UCS”→“三点”命令，或单击 UCS 工具栏中图标按钮，命令行提示信息如下：

命令：_UCS

当前 UCS 名称：* 世界 *

指定 UCS 的原点或[面(F)/命名(NA)/对象(OB)/上一个(P)/视图(V)/世界(W)/X/Y/Z/Z 轴(ZA)]<世界>：_3

指定新原点 <0,0,0>：(用光标指定 A 点)

在正 X 轴范围上指定点 <269.8733,−151.3972,0.0000>：(用光标指定 B 点)

在 UCS XY 平面的正 Y 轴范围上指定点 <268.8733,−150.3972,0.0000>：(用光标指定 C 点)

结果如图 4.51 所示。

④标注尺寸。

单击“菜单浏览器”按钮，在弹出的菜单中选择“标注”→“线性”命令(DIMLINEAR)，或单击标注工具栏图标按钮，命令行提示信息如下：

命令：_DIMLINEAR

指定第一条延伸线原点或 <选择对象>：(用光标指定 A 点)

指定第二条延伸线原点：(用光标指定 B 点)

指定尺寸线位置或[多行文字(M)/文字(T)/角度(A)/水平(H)/垂直(V)/旋转(R)]：(移动光标指定恰当位置)

标注文字 = 20

结果如图 4.52 所示。

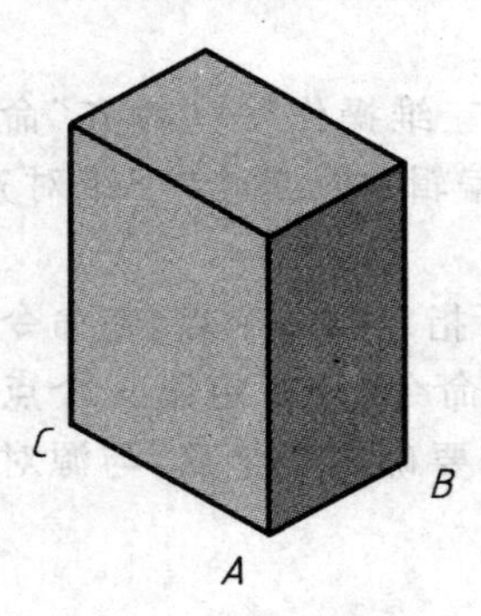

图 4.50　创建长方体

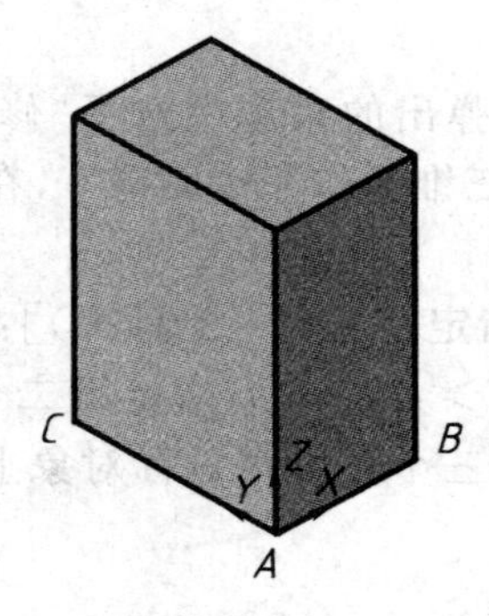

图 4.51　三点方式建立 UCS

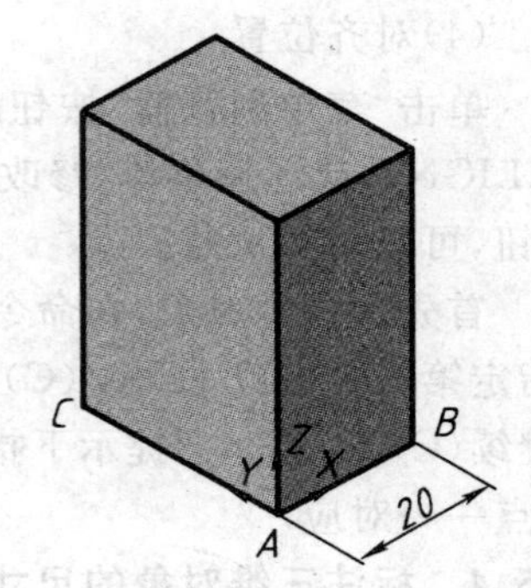

图 4.52　标注底面 20 mm 尺寸

⑤调整 UCS。

单击“菜单浏览器”按钮，在弹出的菜单中选择“工具”→“新建 UCS”→“Z”命令，或单击标注工具栏图标按钮，命令行提示信息如下：

命令：_UCS

当前 UCS 名称：* 没有名称 *

指定 UCS 的原点或［面(F)/命名(NA)/对象(OB)/上一个(P)/视图(V)/世界(W)/X/Y/Z/Z 轴(ZA)］＜世界＞：_Z

指定绕 Z 轴的旋转角度 ＜90＞：－90↙

结果如图 4.53 所示。

⑥标注尺寸。

单击“菜单浏览器”按钮，在弹出的菜单中选择“标注”→“线性”命令(DIMLINEAR)，或单击标注工具栏图标按钮，命令行提示信息如下：

命令：_DIMLINEAR

指定第一条延伸线原点或 ＜选择对象＞：(用光标指定 C 点)

指定第二条延伸线原点：(用光标指定 A 点)

指定尺寸线位置或［多行文字(M)/文字(T)/角度(A)/水平(H)/垂直(V)/旋转(R)］：(移动光标指定恰当位置)

标注文字 ＝ 30

结果如图 4.54 所示。

⑦调整 UCS。

单击 UCS 工具栏图标按钮，命令行提示信息如下：

命令：_UCS

当前 UCS 名称：* 没有名称 *

指定 UCS 的原点或［面(F)/命名(NA)/对象(OB)/上一个(P)/视图(V)/世界(W)/X/Y/Z/Z 轴(ZA)］＜世界＞：_X

指定绕 X 轴的旋转角度 ＜90＞：90↙

结果如图 4.55 所示。

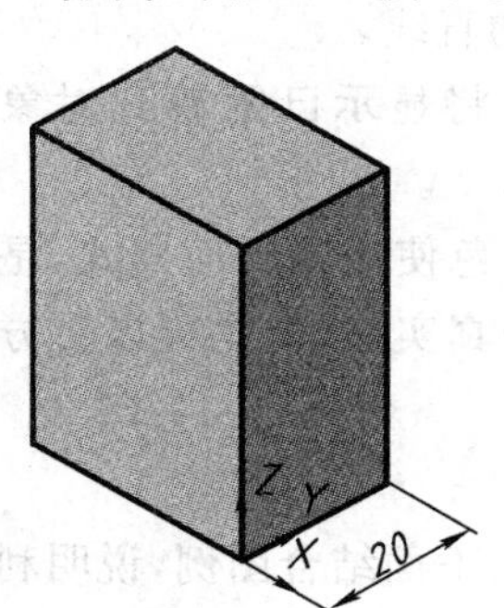

图 4.53　绕 Z 轴旋转调整 UCS

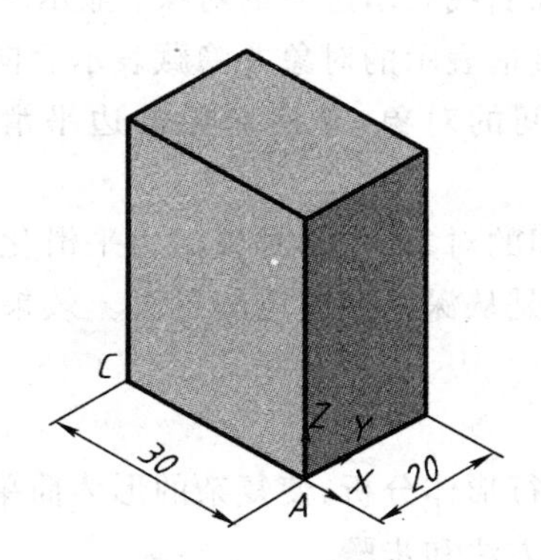

图 4.54　标注底面 30 mm 尺寸

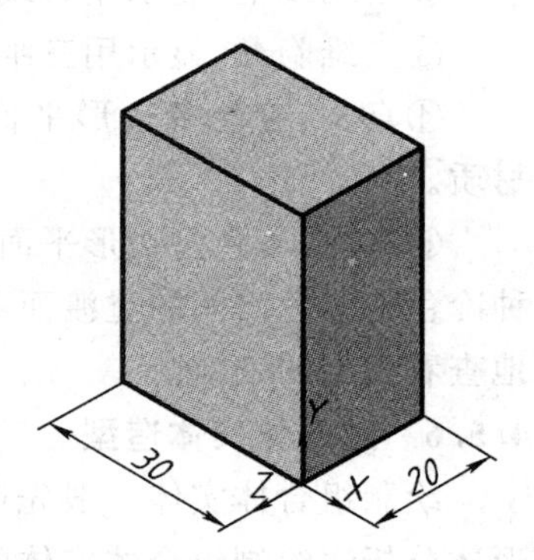

图 4.55　绕 X 轴旋转调整 UCS

⑧标注尺寸。

单击“菜单浏览器”按钮，在弹出的菜单中选择“标注”→“线性”命令(DIMLINEAR)，或单击标注工具栏图标按钮，命令行提示信息如下：

命令：_DIMLINEAR

指定第一条延伸线原点或 ＜选择对象＞：(用光标指定 C 点)

指定第二条延伸线原点：(用光标指定 D 点)

指定尺寸线位置或［多行文字(M)/文字(T)/角度(A)/水平(H)/垂直(V)/旋转(R)］：

(移动光标指定恰当位置)

标注文字 = 40

结果如图 4.56 所示。

4.5.5 视觉样式

单击“菜单浏览器”按钮，在弹出的菜单中选择“视图”→“视觉样式”子命令，或在视觉样式工具栏中单击其中一个图标按钮，都可以对视图应用视觉样式。

视觉样式是一组设置，用来控制视口中边和着色的显示。一旦应用了视觉样式或更改了其设置，就可以在视口中查看效果。在 AutoCAD 中，有以下 5 种默认视觉样式，如图 4.57 所示。

①二维线框：显示用直线和曲线表示边界的对象。光栅和 OLE 对象、线型和线宽均可见。

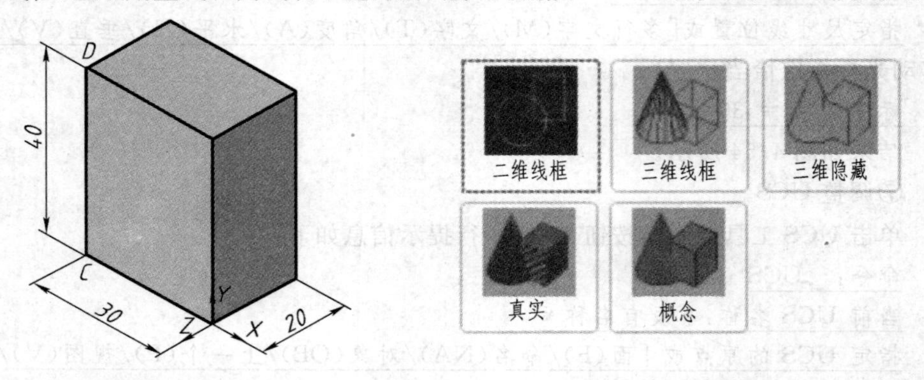

图 4.56　标注高度 40 mm 尺寸　　　图 4.57　默认视觉样式

②三维线框：显示用直线和曲线表示边界的对象。显示一个已着色的三维 UCS 图标。

③三维隐藏：显示用三维线框表示的对象并隐藏表示后向面的直线。

④真实：着色多边形平面间的对象，并使对象的边平滑化。将显示已附着到对象的材质。

⑤概念：着色多边形平面间的对象，并使对象的边平滑化。着色使用古氏面样式，是一种冷色和暖色之间的过渡而不是从深色到浅色的过渡。效果缺乏真实感，但是可以更方便地查看模型的细节。

4.5.6 组合体实体造型

绘制组合体实体一般先进行形体分析，使复杂的形体简单化。下面结合图例，说明利用形体分析法绘制组合体实体的方法和步骤。

绘制如图 4.58(a)所示的支架实体。

1. 形体分析

该支架按结构特点可分为底板、支承板、圆筒三个部分，如图 4.58(b)所示。底板、支承板之间的组合形式为叠加；支承板左右两侧和圆筒外表面相切。底板又可以看做图 4.59(b)所示大长方体与图 4.59(a)所示圆柱和图 4.59(c)所示小长方体之差。

2. 绘制方法与步骤

(1)绘制底板

按例 4.14 和例 4.15 讲述方法绘制如图 4.59 所示的两个长方体和圆柱体。

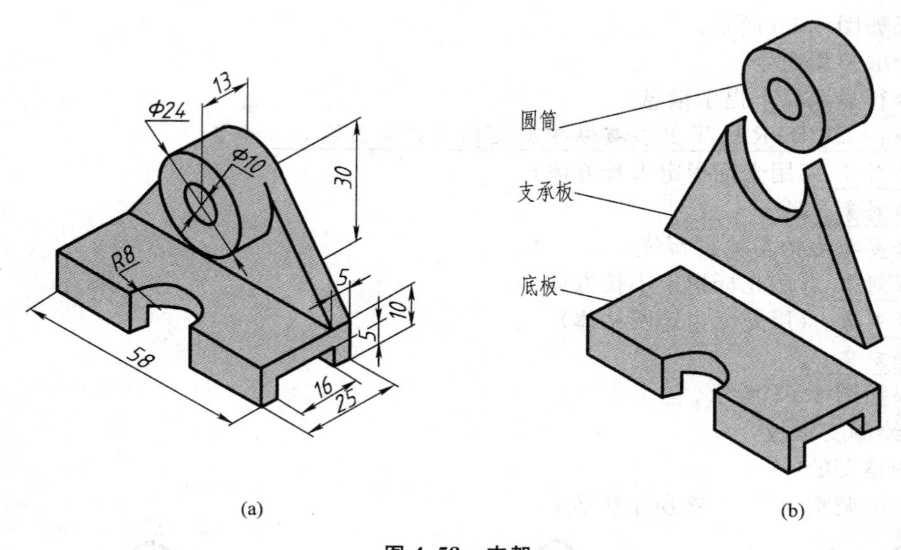

图 4.58　支架

(a)立体图　(b)形体分析

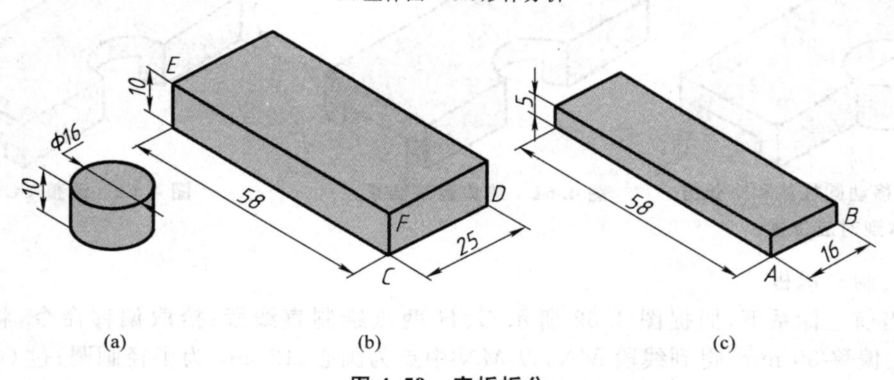

图 4.59　底板拆分

(a)绘制圆柱　(b)绘制大长方体　(c)绘制小长方体

1)拾取移动命令

命令行显示以下提示信息：

命令：_MOVE

选择对象：(选取图 4.59(c)所示长方体)

选择对象：↙

指定基点或［位移(D)］<位移>：(用光标指定 4.59(c)所示 AB 中点)

指定第二个点或 <使用第一个点作为位移>：(用光标指定 4.59(b)所示 CD 中点)

2)重复移动命令

命令行显示以下提示信息

命令：_MOVE

选择对象：(选取图 4.59(a)所示圆柱体)

选择对象：↙

指定基点或［位移(D)］<位移>：(用光标指定 4.59(a)所示圆柱上顶圆圆心)

指定第二个点或 <使用第一个点作为位移>：(用光标指定 4.59(b)所示 EF 中点)

结果如图 4.60 所示。

3)拾取差集命令

命令行显示以下提示信息：

命令：_SUBTRACT 选择要从中减去的实体或面域...

选择对象：(用光标指定大长方体)

选择对象：↙

选择要减去的实体或面域...

选择对象：(用光标指定小长方体)

选择对象：(用光标指定圆柱体)

选择对象：↙

结果如图 4.61 所示。

(2)绘制支承板

1)调整 UCS

将坐标调整至图 4.62 所示位置。

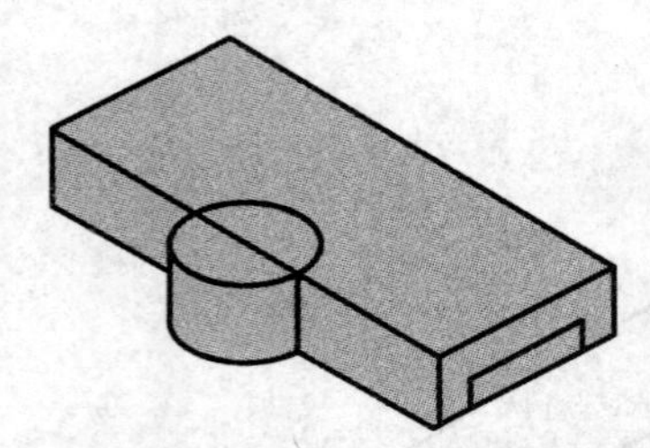

图 4.60 移动圆柱体和小长方体到对应位置

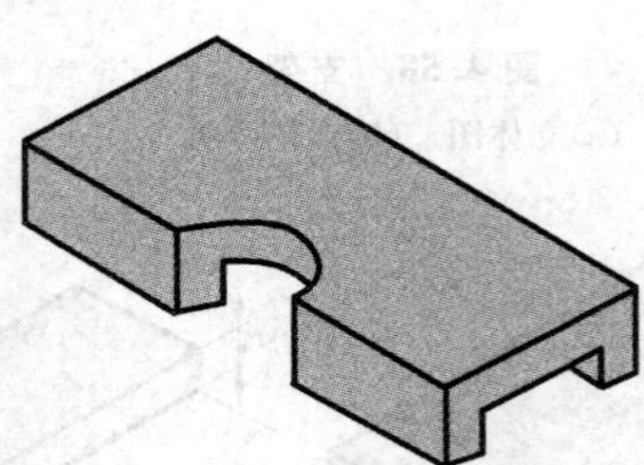

图 4.61 差集运算结果

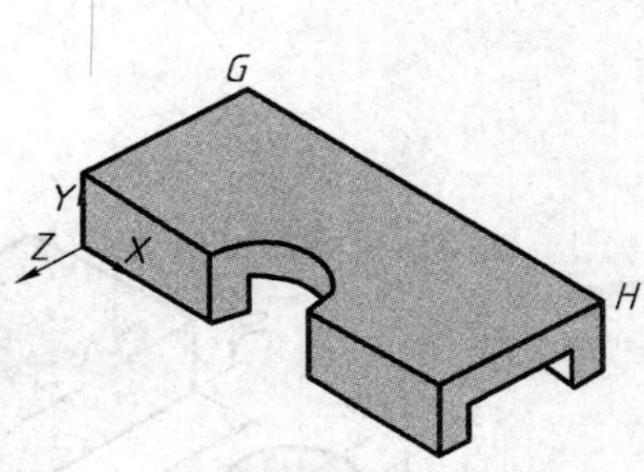

图 4.62 调整 UCS

2)绘制支承板

在当前坐标系下，捕捉图 4.62 所示 *G*、*H* 两点绘制直线段；拾取偏移命令，将直线段 *GH* 向上偏移 30 mm，得到线段 *MN*；以 *MN* 中点为圆心、12 mm 为半径画圆；过 *G*、*H* 分别向圆作切线；拾取修剪命令，以切线为边界剪去部分圆弧。结果如图 4.63 所示。

将支承板平面图形设置成面域后，再将二维图形拉伸成三维实体，结果如图 4.64 所示。

3)绘制圆筒

在当前坐标系下，绘制底圆直径为 24 和 10、高为 13 的两个同心圆柱，并做差集运算，从大圆柱中减去小圆柱，结果如图 4.65 所示。

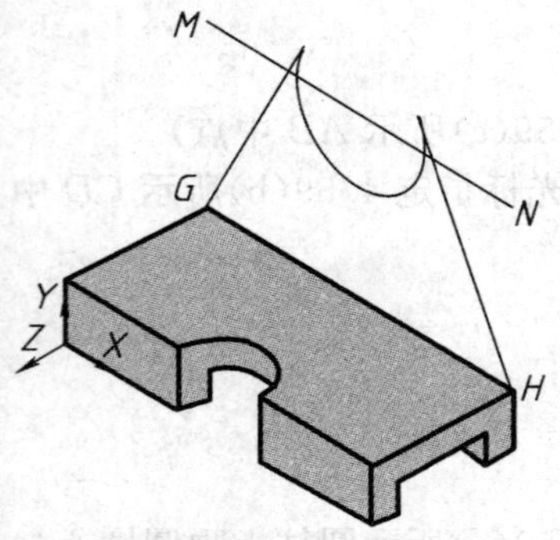

图 4.63 绘制支承板平面图

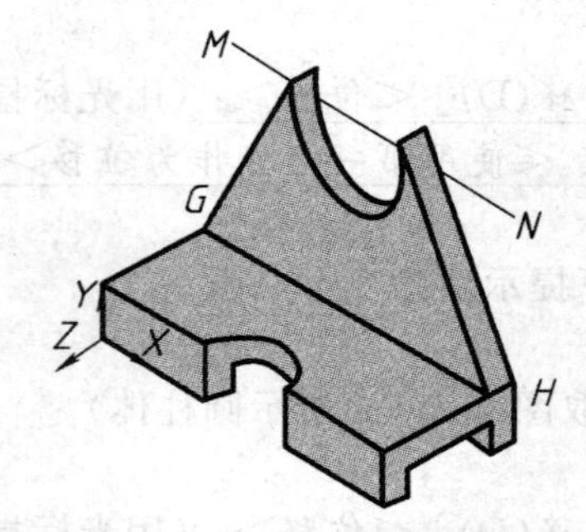

图 4.64 面域后拉伸成实体

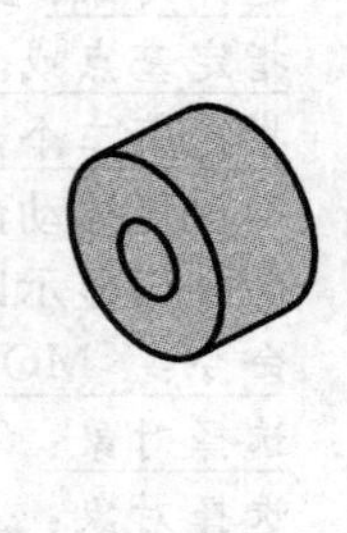

图 4.65 绘制圆筒

4)合并成组合体

拾取移动命令，选取圆筒为移动对象；指定圆柱后端的圆心为基点，指定 MN 中点为第二个点。将图 4.65 所示圆筒移至支承板上，做并集计算，结果如图 4.58(a)所示。

本章小结

本章介绍了基本体、截断体、相贯体、组合体三视图绘制与阅读及计算机绘图有关知识。介绍了基本体的几何特征、截交线和相贯线性质、空间形状、组合体组合方式，讲解了几何体三视图投影分析方法、三视图的尺寸标注方法、三视图的阅读方法。主要知识点归纳如下：

①棱柱、棱锥、圆柱、圆锥、球的几何特征，三视图投影分析；

②截交线与相贯线的概念和性质；

③棱柱、棱锥、圆柱、圆锥、球被平面截切，形成的截交线形状与投影分析；

④两个不同直径圆柱的相贯线、近似画法、相贯线的特殊情况；

⑤基本体、截断体和相贯体的尺寸标注；

⑥组合体的形体分析法、线面分析法概念，组合体的组合方式；

⑦组合体尺寸标注的基本要求，标注尺寸要完整、清晰；

⑧组合体三视图读图的基本知识、基本方法；

⑨计算机绘制、编辑三维实体及在实体上进行尺寸标注。

思考与练习

1. 标注形体的尺寸(尺寸大小从图中直接量取)。

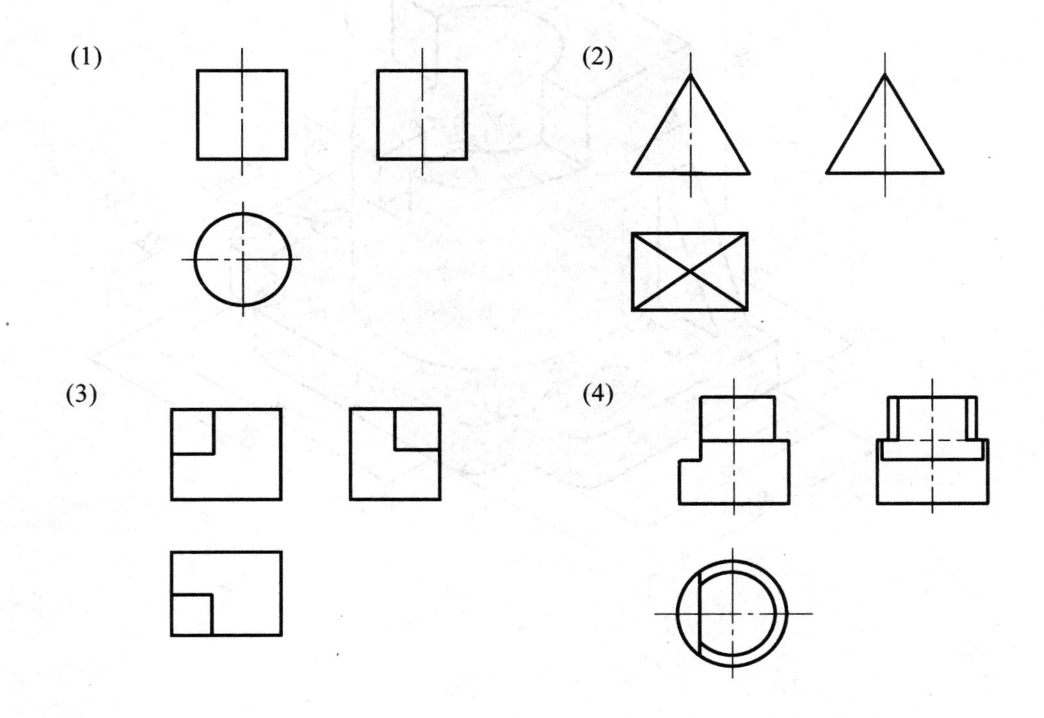

2. 使用 AutoCAD 完成下面实体造型。

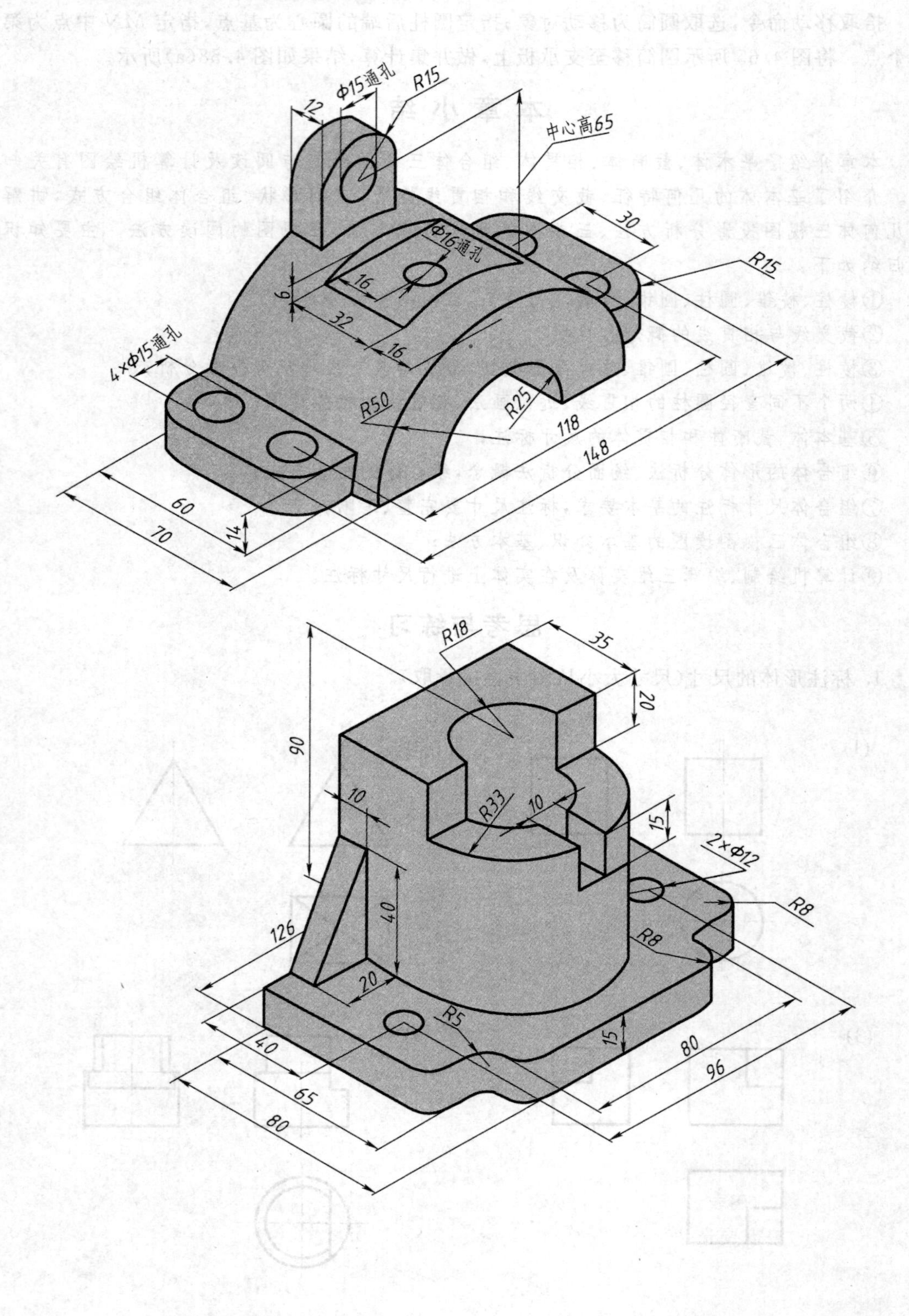

第5章　物体的表达方法

在生产实际中，零件的外部形状、内部结构是多种多样的，如果只用前面介绍的两视图或三视图，就难以将它们的内、外形状完整、清晰地表达出来。为此，国标《技术制图》和《机械制图》中的“图样画法”和“简化表示法”中对零件的外部形状、内部结构规定了多种表达方法，包括视图、剖视图、断面图、局部放大图和简化画法等。通过本章学习，要达到以下基本要求：

①了解剖视图的分类；

②理解视图、剖视图、断面图概念；

③能阅读基本视图、向视图、局部视图、斜视图；

④能阅读各类剖视图及其尺寸标注；

⑤能阅读移出断面图、重合断面图、局部放大图和采用简化画法绘制的图形。

5.1　视图

视图用于表达零件的外部结构形状，根据国家标准《技术制图》(GB/T 17451—1998)的规定，视图有基本视图、向视图、局部视图和斜视图。

5.1.1　基本视图

1. 六个基本视图的产生

机件向基本投影面投射所得的视图称为基本视图，根据国家标准《机械制图》的规定，用正六面体的六个面作为基本投影面，如图5.1所示。把机件放置其中，用正投影的方法向六个基本投影面分别进行投射，就得到该机件的六个基本视图。

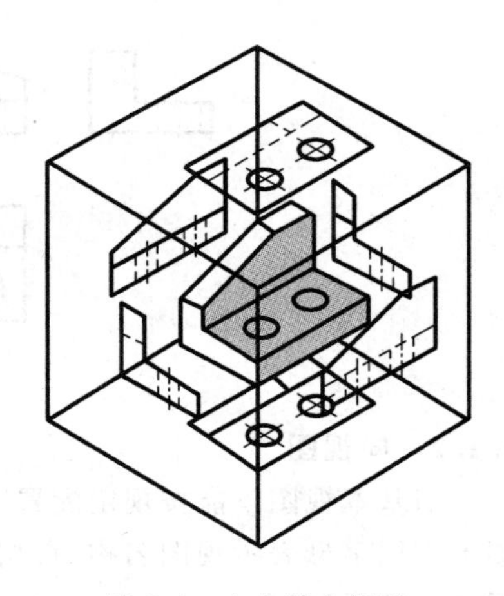

图5.1　六个基本视图

基本视图名称及投射方向如下：

主视图，由前向后投射；

俯视图，由上向下投射；

左视图，由左向右投射；

右视图，由右向左投射；

仰视图，由下向上投射；

后视图，由后向前投射。

投射后，规定正投影面不动，把其他投影面按图5.2所示的方法展开到与正投影面成同一平面。

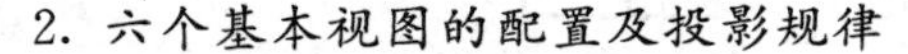

2. 六个基本视图的配置及投影规律

六个基本视图的配置位置如图5.3所示。在同一张图样上，这样配置的视图一律不标注视图的名称。在表达机件的形状时，不是任何机件都需要画出六个基本视图，应根据机件的结构特点，按需要选出其中几个视图。

六个基本视图之间仍然符合“长对正、高平齐、宽相等”的投影规律，其他关系如方位关系等可参照三视图投影规律分析。

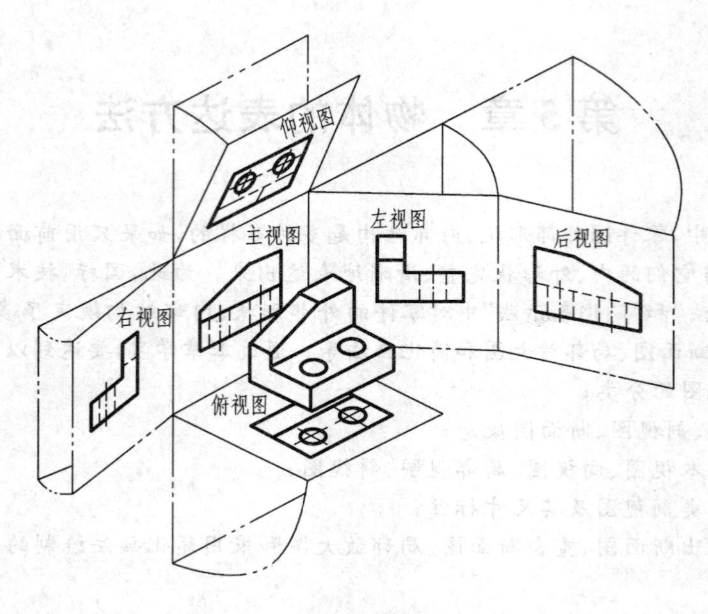

图 5.2　六个基本投影面的展开

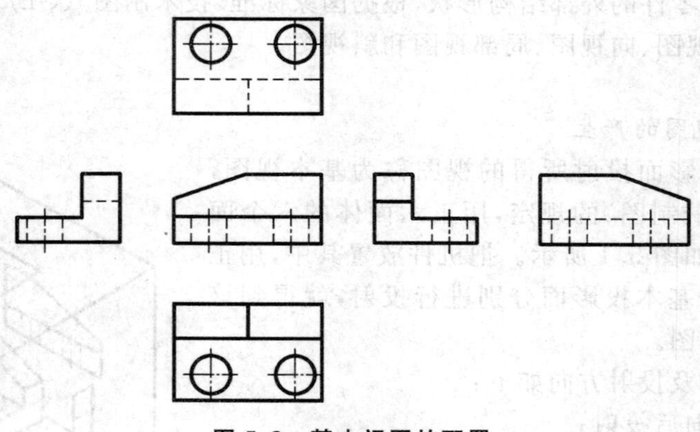
图 5.3　基本视图的配置

5.1.2　向视图

当基本视图不能按规定配置时,可用向视图来表示。向视图是自由配置的视图,在向视图上方用字母表示视图名称,在相应视图附近用箭头表示投影方向,并注上相同的字母,如图 5.4 所示。

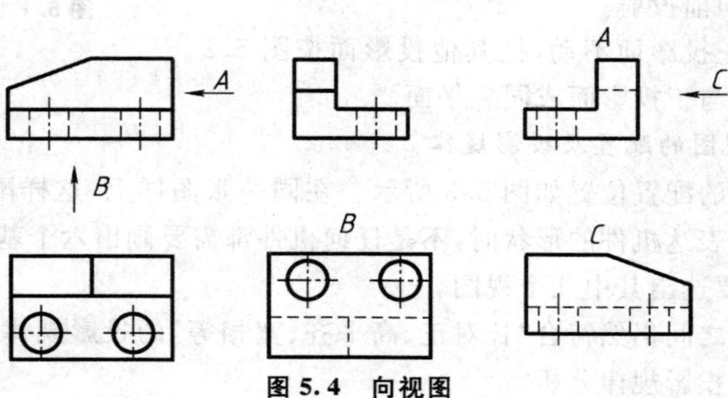

图 5.4　向视图

5.1.3 局部视图

当机件上有凸台、凹坑、槽或倾斜结构等,不需要用完整的基本视图或用基本视图表达不清时,可采用其他视图。若只需要表示机件上某一部分结构的形状,则可将此部分向基本投影面投射,所得的视图称为局部视图。

1. *局部视图的画法*

如图 5.5 所示,局部视图 A 由于所表达的只是机件某一部分的形状,故需要画出断裂边界,其断裂边界用波浪线表示;而另一局部视图所表示的局部结构形状是完整的,且外形轮廓线又成封闭时,波浪线可省略不画。

2. *局部视图的配置*

局部视图一般按投影关系配置,或画在箭头所指部位的附近。若图纸布置不适宜时,也可配置在其他适当位置,如图 5.5 所示的局部视图 A。

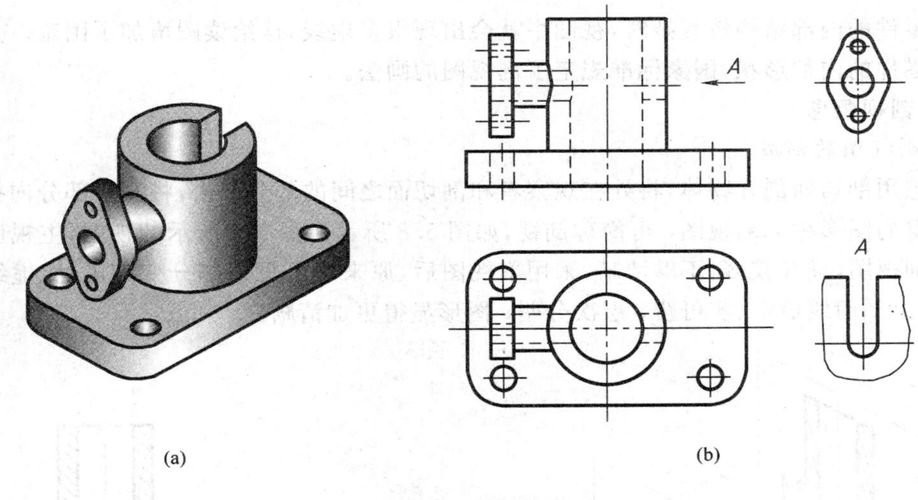

图 5.5 局部视图

(a)立体图 (b)视图

5.1.4 斜视图

物体向不平行于基本投影面的平面进行投射所得的视图,称为斜视图,如图 5.6 所示。斜视图通常按向视图的配置形式配置并标注,如图 5.7(a)所示。必要时允许将斜视图旋转配置,但需要在该视图上方画出旋转符号,并在旋转符号的箭头端写上相应的字母,如图 5.7(b)所示。斜视图的断裂线可用波浪线或双折线表示,如图 5.7 中的视图 A。

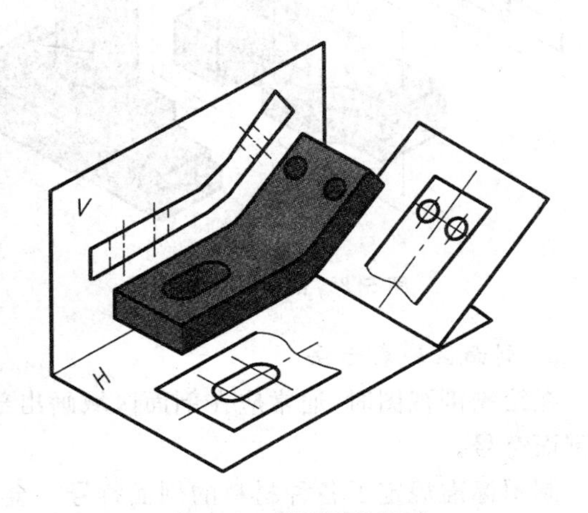

图 5.6 斜视图的形成

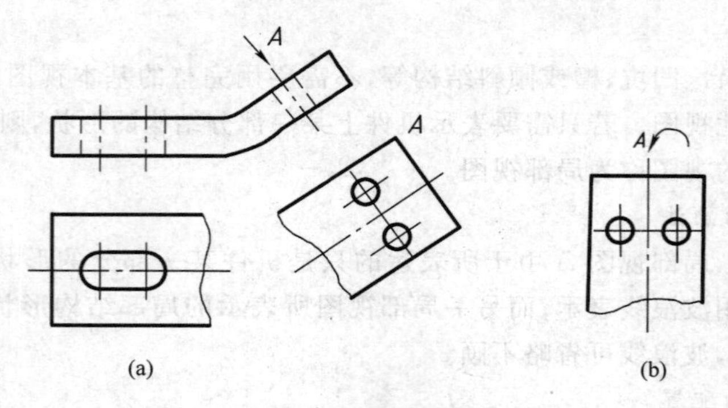

图 5.7　斜视图

5.2　剖视图

当零件的内部结构较复杂时，视图中就会出现很多虚线，这给读图增加了困难。为了清晰表达零件的内部形状，国家标准规定了剖视图的画法。

5.2.1　剖视概念

1. 剖视图的形成

假想用剖切面剖开物体，将处在观察者和剖切面之间的部分移去，将其余部分向投影面投射所得的图形称为剖视图，可简称剖视，如图 5.8 所示。图 5.9 所示的视图，主视图中如不采用剖视图，虚线较多，不够清晰，采用剖视图后，原来不可见的部分变为可见，虚线变为实线，加上剖面线后空、实可辨，层次分明，图形显得更加清晰。

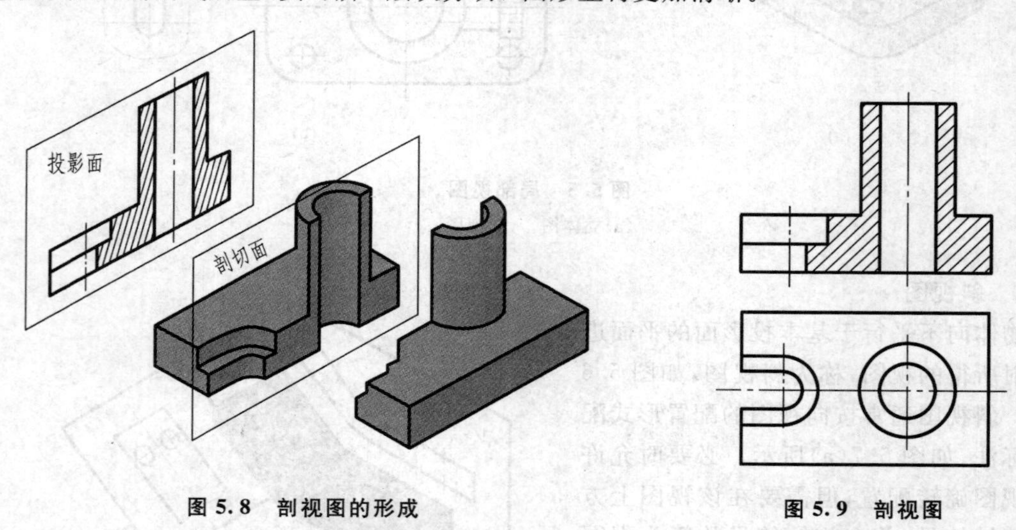

图 5.8　剖视图的形成　　　　图 5.9　剖视图

2. 剖面区域表示法

在绘制剖视图时，通常应在剖面区域画出剖面线或剖面符号。表 5.1 所示为各种材料的剖面符号。

制图标准规定了各种材料的剖面符号。金属材料的剖面符号规定画成间隔相等、方向相同，且与图形主要轮廓线或对称面方向成 45°的平行细实线，向左或向右倾斜均可，同一金属零件在各个剖视图中的所有剖面线，其倾斜方向和间隔必须一致，如图 5.10(a)所示。

表 5.1 不同材料的剖面符号(摘自 GB/T 17453—1998)

材料	剖面符号	材料	剖面符号
金属材料		木材纵剖面	
非金属材料		木材横剖面	
玻璃及透明材料		胶合板	
型砂、陶瓷、砂轮、硬质合金等		液体	
混凝土		钢筋混凝土	
砖		格网	
线圈绕组元件		转子、变压器	

当图形中的主要轮廓线与水平方向成 45°时，该图形的剖面线应画成与水平成 30°或 60°的平行线，其倾斜方向仍与其他图形的剖面线一致，如图 5.10(b)主视图所示。

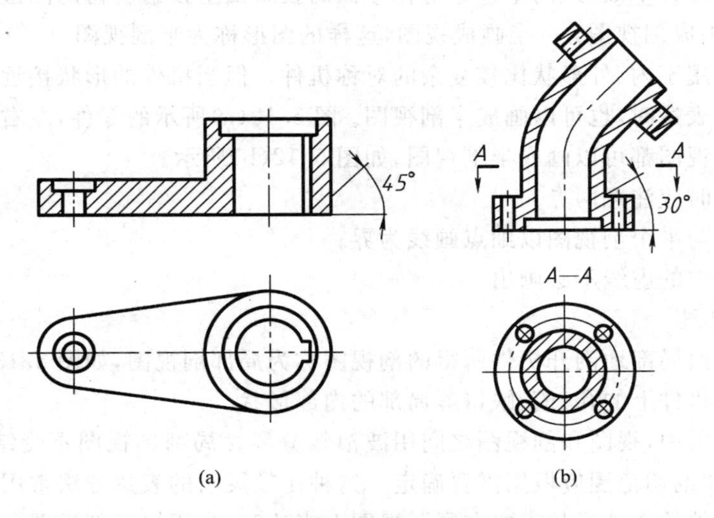

图 5.10 画金属材料剖面符号的规定

(a)45°剖面线 (b)30°剖面线

3. 画剖视图应注意的事项

①剖视图是用剖切面假想地剖开物体，所以，当物体的一个视图画成剖视图后，其他视图的完整性不受影响，仍按完整视图画出。

②画剖视图时，应将剖切面与投影面之间机件的可见轮廓线全部画出，不能遗漏。

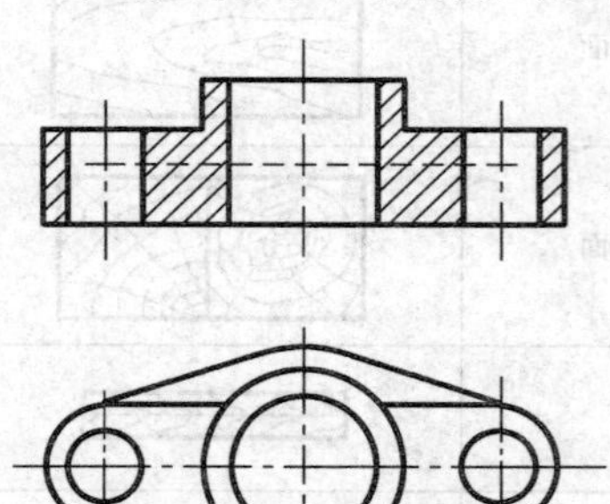

图 5.11　剖视图中必要的虚线

③对于剖视图中不可见部分，若在其他视图中已经表达清楚，则虚线可省略不画，如图 5.9 所示。但对于尚未表达清楚的结构形状，若画少量虚线能减少视图数量，也可画出必要的虚线，如图 5.11 所示。

4. 剖视图标注

①在剖视图的上方用字母标注剖视图的名称“×—×”；在相应的视图上用剖切符号画粗实线表示剖切平面的剖切位置；在起、迄处剖切符号的外侧画上与剖切符号垂直的箭头表示投射方向，并注出同样的字母，字母一律水平书写，如图 5.10(b)所示。

②当剖视图按投影关系配置，中间又没有其他图形隔开时，可以省略箭头。如图 5.10(b)所示箭头可省略。

③当单一剖切平面通过机件的对称平面或基本对称平面，且剖视图按投影关系配置，中间又没有其他图形隔开时，可省略标注，如图 5.10(a)、图 5.11 所示。

5.2.2　剖视图的种类

1. 全剖视图

用剖切平面完全地剖开机件所得的剖视图称为全剖视图。由于全剖视图是将机件完全地剖开，机件外形的投影受到影响。因此，全剖视图适用于内部复杂、外形简单或外形较复杂但已在其他视图上表达清楚的机件，如图 5.9、图 5.10(a)、图 5.11 所示。

2. 半剖视图

当机件具有对称平面时，向垂直于对称平面的投影面上投射所得的图形，可以以对称中心线为界，一半画成剖视图，一半画成视图，这样的图形称为半剖视图。

半剖视图适用于内、外形状比较复杂的对称机件。但当机件的形状接近对称，且不对称部分已另有图形表达时，也可以画成半剖视图。图 5.12(a)所示的零件，左右对称，前后基本对称，所以主、俯视图都可以画成半剖视图，如图 5.12(b)所示。

画半剖视图时应注意两点：

①半个视图与半个剖视图以细点画线为界；

②半个视图中的虚线不必画出。

3. 局部剖视图

假想用剖切面局部地剖开机件所得的剖视图称为局部剖视图，如图 5.13 所示。局部剖视图常用来表达机件上的孔、槽、缺口等局部的内部形状。

在局部剖视图中，视图和剖视图之间用波浪线分界。局部剖视图不受结构是否对称的限制，剖切位置和剖切范围应根据需要确定。这种比较灵活的表达方法常用于下列情况：

①不对称机件的内外形状需要在同一视图上表达时，常用局部剖视图；

②表达机件上的孔、槽、缺口部的内部形状；

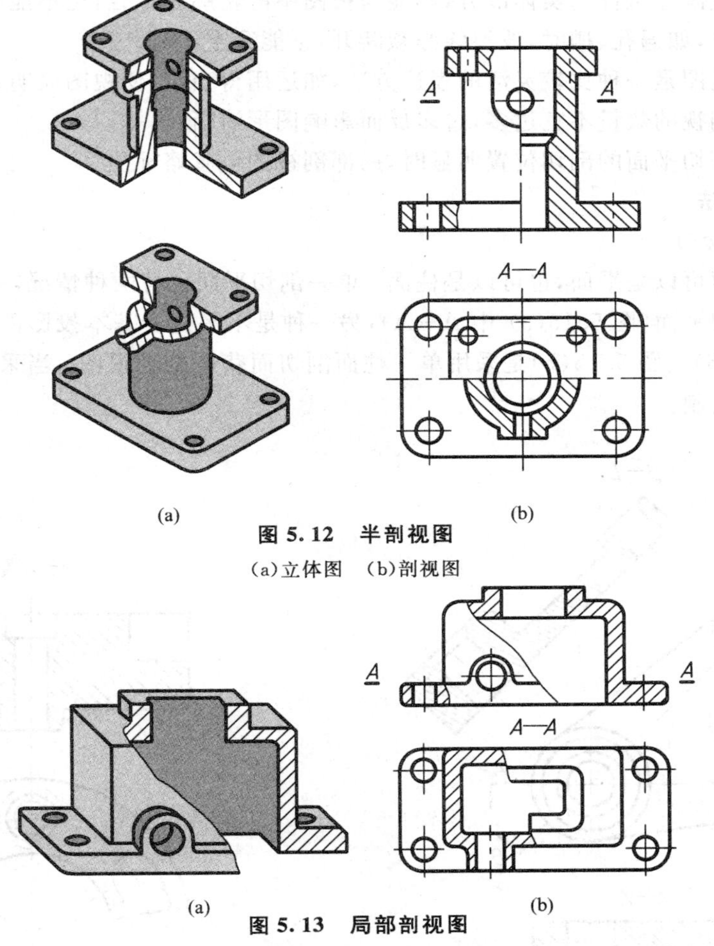

(a) (b)

图 5.12　半剖视图

(a)立体图　(b)剖视图

(a) (b)

图 5.13　局部剖视图

(a)立体图　(b)剖视图

③在对称机件的视图中,其对称面正好与轮廓重合而不宜采用半剖视图时,可以采用局部剖视图,如图 5.14 所示。

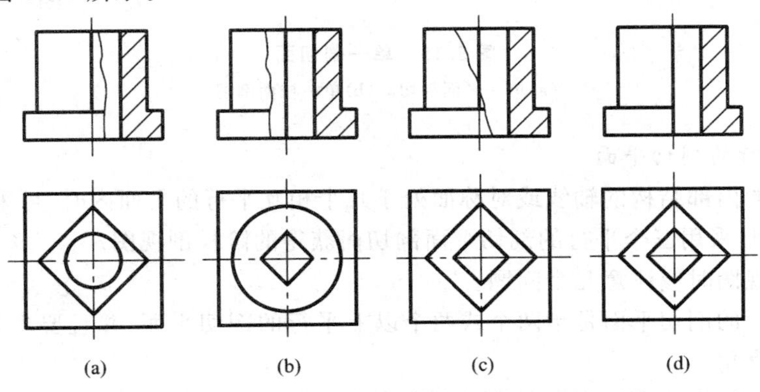

(a) (b) (c) (d)

图 5.14　对称结构的局部剖视图

(a)正确　(b)正确　(c)正确　(d)错误

画局部剖视图时应注意:

①波浪线应画在机件的实体部分，不能与视图中的轮廓线重合，也不能超出视图中被剖切部分的轮廓线，如遇孔、槽时，波浪线必须断开，不能穿空而过；

②局部剖视图是一种比较灵活的表达方法，如运用得当，可使视图简明、清晰，但在同一个视图中局部剖视的数量不宜过多，过多反而影响图形清晰；

③当单一剖切平面的剖切位置明显时，局部剖视图可省略标注。

5.2.3 剖切方法

1. 单一剖切面

单一剖切面可以是平面，也可以是柱面。单一剖切平面也有两种情况，一种是平行于基本投影面的剖切平面(图 5.15(a) 中 *A—A*)，另一种是不平行于基本投影面的剖切平面(图 5.15(a)中 *B—B*)。图 5.15(b)是采用单一柱面剖切而获得的剖视图，当采用柱面剖切时，剖视图应展开绘制。

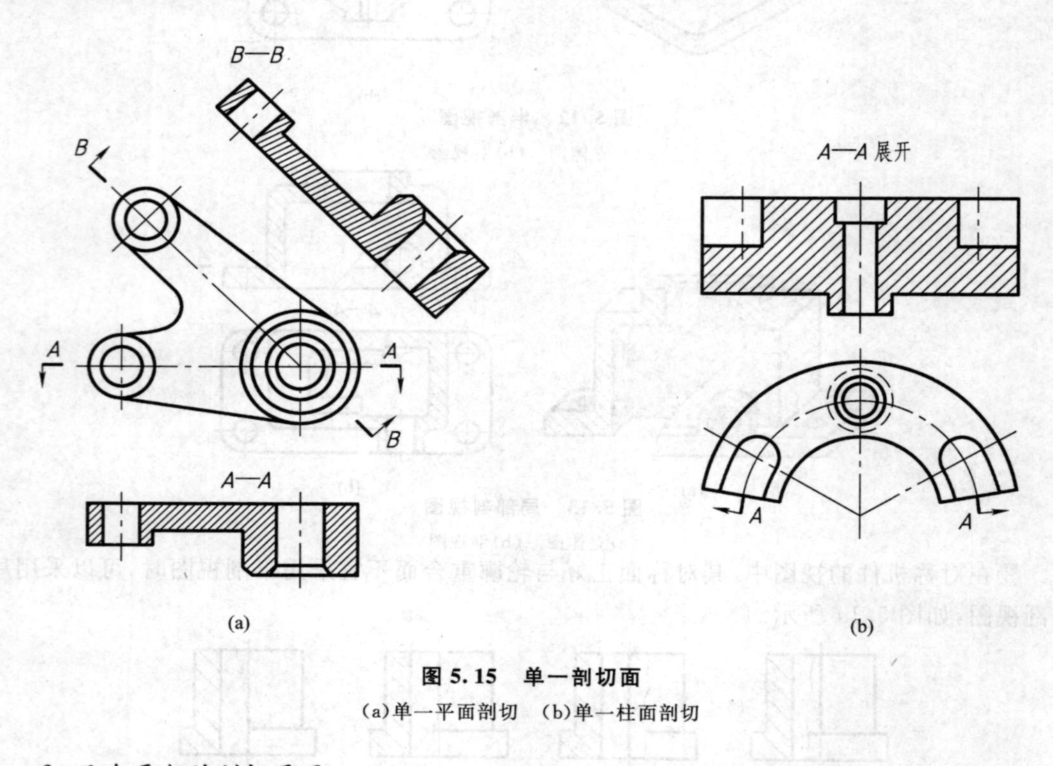

图 5.15 单一剖切面

(a)单一平面剖切 (b)单一柱面剖切

2. 几个平行的剖切平面

当零件上的内部结构的轴线或对称面处于几个相互平行的平面内时，可采用阶梯剖，图 5.16 所示零件是采用三个平行的剖切平面剖切而获得的阶梯剖视图。

画阶梯剖视图时应注意几个问题。

①几个平行的剖切平面是指两个或两个以上平行的剖切平面，并且要求各剖切平面的转折处必须是直角。

②不应在剖视图中画出各剖切平面转折处的投影，如图 5.17(a) 所示；同时剖切平面转折处也不应与图形中的轮廓线重合，如图 5.17(b)所示。

③选择剖切平面位置时，应注意在图形上不应出现不完整要素，如图 5.17(c)所示。

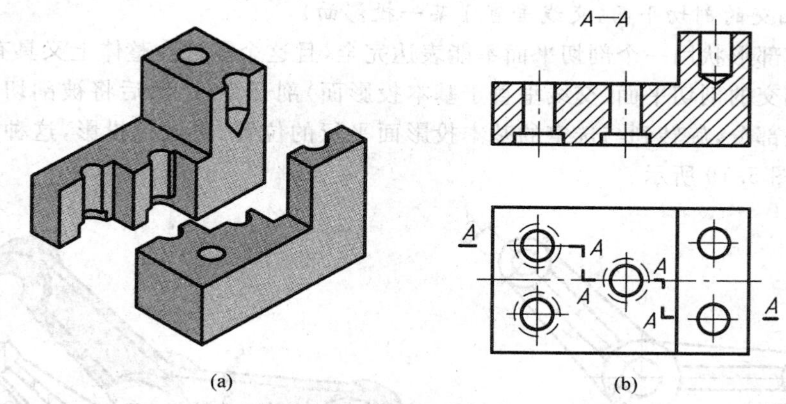

图 5.16 几个平行的剖切平面

(a)立体图 (b)剖视图

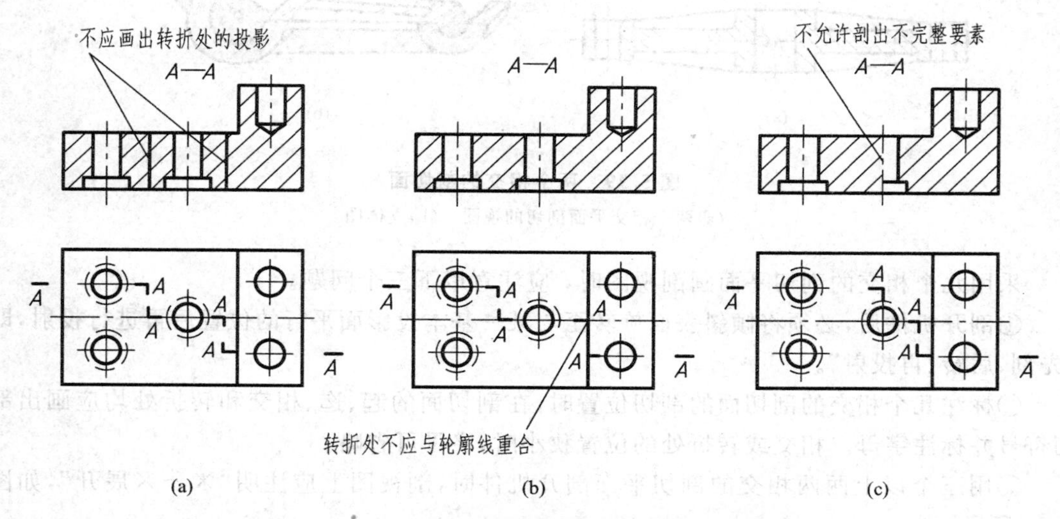

图 5.17 几个平行的剖切平面剖切时应注意的问题

(a)问题一 (b)问题二 (c)问题三

④当两个要素在图形上具有公共对称中心线或轴线时，可以以对称中心线或轴线为界各画一半。剖面区域中剖面线间隔应一致，如图 5.18 所示。

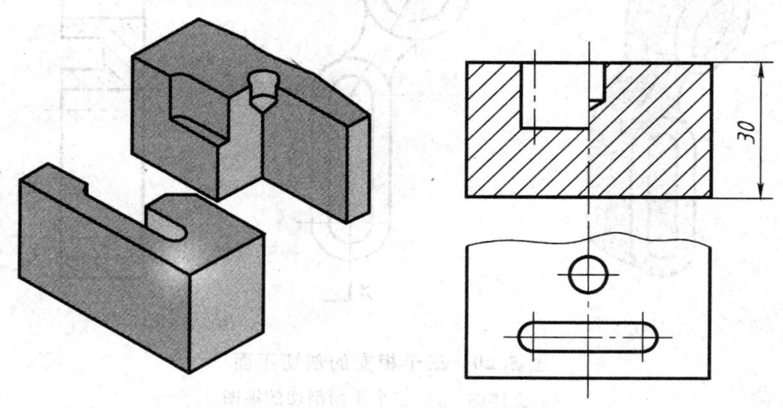

图 5.18 具有公共对称中心的各剖一半的画法

3. 几个相交的剖切平面(交线垂直于某一投影面)

当零件内部形状用一个剖切平面不能表达完全,且这个零件在整体上又具有回转轴时,可采用两个相交的剖切平面(交线垂直于基本投影面)剖开零件,然后将被剖切平面剖开的结构及其有关部分,旋转到与选定的基本投影面平行的位置,再进行投影,这种剖切方法称为旋转剖,如图 5.19 所示。

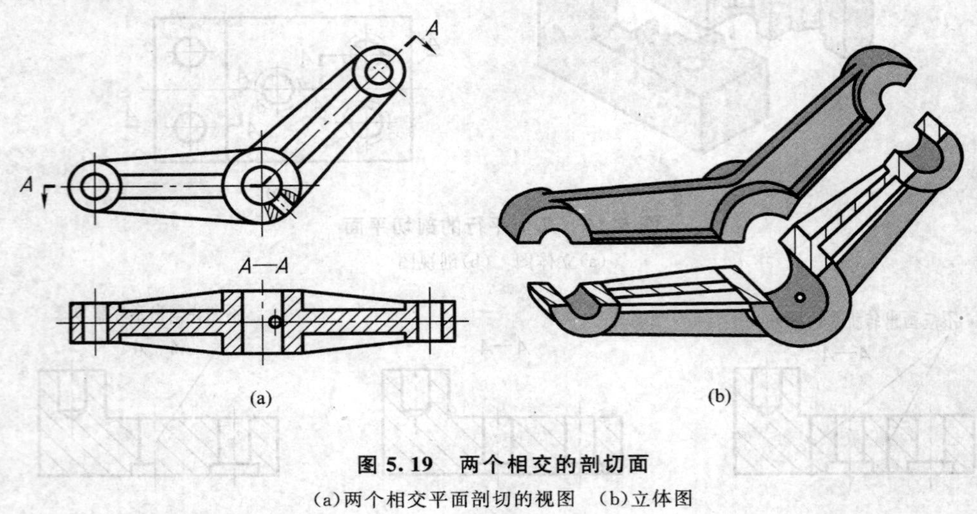

图 5.19 两个相交的剖切面

(a)两个相交平面剖切的视图 (b)立体图

采用几个相交的剖切平面画剖视图时，应注意以下三个问题。

①剖开机件后,必须将倾斜表面旋转至与某一基本投影面平行的位置后再进行投射,即“先剖、后转、再投射”。

②标注几个相交的剖切面的剖切位置时,在剖切面的起、迄、相交和转折处均应画出剖切符号并标注字母。相交或转折处的位置狭小时,字母可省略。

③用三个以上两两相交的剖切平面剖开机件时,剖视图上应注明“×—×展开”,如图 5.20 所示。

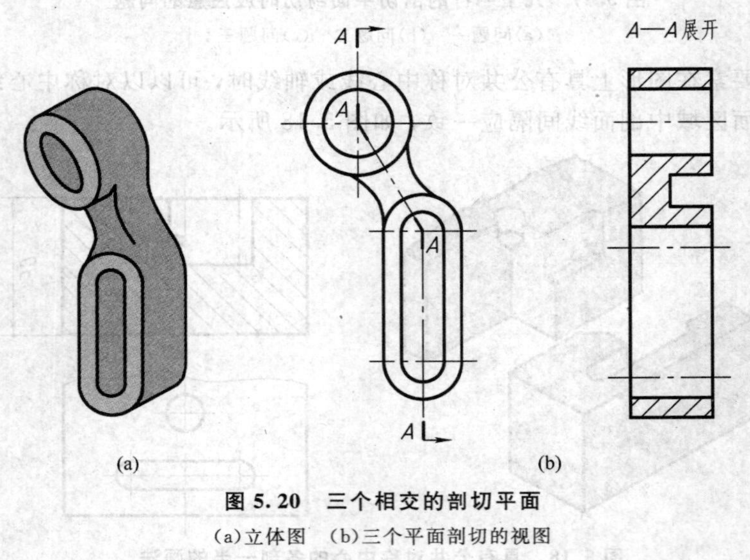

图 5.20 三个相交的剖切平面

(a)立体图 (b)三个平面剖切的视图

5.3 断面图

5.3.1 断面图的形成

假想用剖切面将物体的某处切断，仅画出剖切面与物体接触部分的图形，称为断面图，如图 5.21(a)所示。

画断面图时，应特别注意断面图与剖视图的区别，图 5.21(b)为断面图，图 5.21(c)为剖视图，即剖切面后面部分也画出。

断面图通常用来表示物体上某一局部的断面形状。例如机件上的肋板、轮辐，轴上的键槽、孔、凹坑及各种型材的断面形状等等。

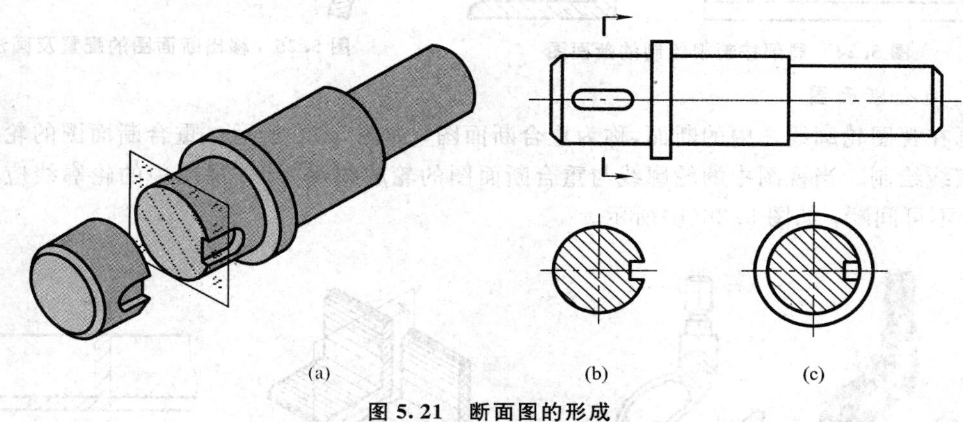

图 5.21 断面图的形成

(a)用剖切面切断物体 (b)断面图 (c)剖视图

5.3.2 断面图的分类及画法

1. *移出断面图*

画在视图轮廓之外的断面图为移出断面图。移出断面图的轮廓线用粗实线画出，可配置在剖切位置线的延长线上或其他适当的位置，如图 5.22 所示。当断面图对称时，也可配置在视图的中断处，如图 5.23 所示。

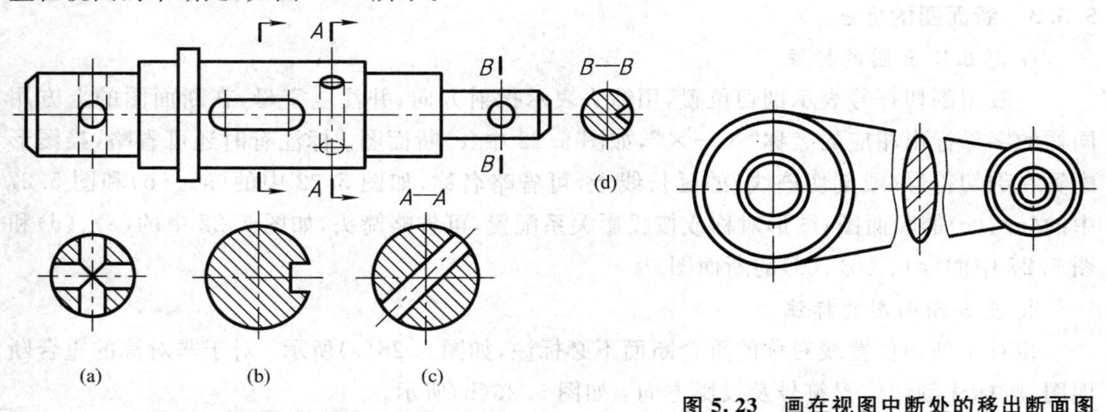

图 5.22 移出断面图的配置及画法

(a)相交孔处断面图 (b)键槽处断面图

(c)圆柱孔处断面图 (d)圆锥槽处断面图

图 5.23 画在视图中断处的移出断面图

画移出断面图时应注意以下三点。

①当剖切平面通过由回转面形成的孔或凹坑的轴线时，这些结构应按剖视绘制，如图

5.22(a)、(c)、(d)断面图所示。

②当剖切平面通过非圆孔，导致出现完全分离的两个断面图时，应按剖视图绘制，如图5.24所示。

③由两个或多个相交的剖切平面剖切所得的移出断面图，中间一般应断开绘制，如图5.25所示。

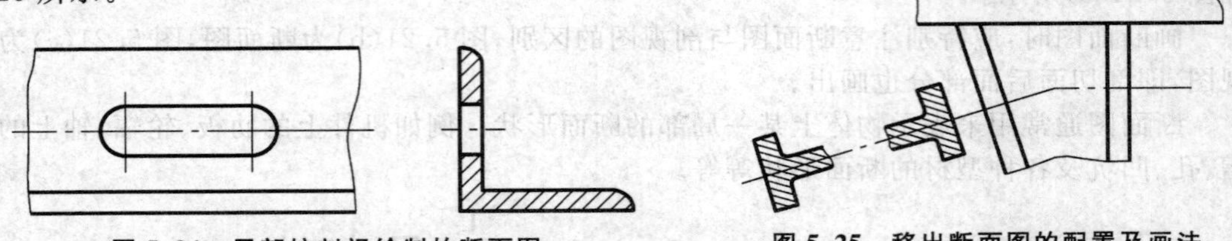

图 5.24　局部按剖视绘制的断面图　　　图 5.25　移出断面图的配置及画法

2. 重合断面图

画在视图轮廓线之内的断面，称为重合断面图，如图5.26所示。重合断面图的轮廓线用细实线绘制。当视图中的轮廓线与重合断面图的轮廓线重叠时，视图中的轮廓线应连续画出，不可间断，如图5.26(b)所示。

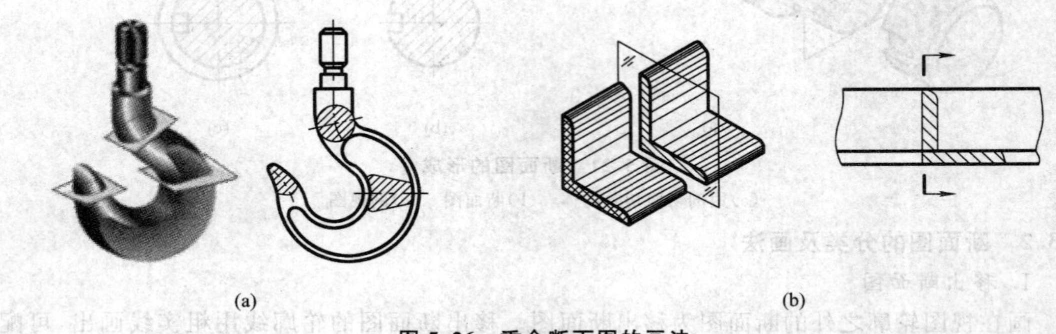

图 5.26　重合断面图的画法

(a)对称的重合断面　(b)非对称的重合断面

5.3.3　断面图的标注

1. 移出断面图的标注

一般用剖切符号表示剖切位置，用箭头表示投射方向，并注上字母，在断面图的上方用同样的字母标出相应的名称"×－×"，如图5.22中(c)断面图。标注有时还可省略，当图形配置在剖切符号(或剖切迹线)的延长线上，可省略名称，如图5.22中的(a)、(b)和图5.27中的(a)、(c)的断面图；图形对称或按投影关系配置，可省略箭头，如图5.22中的(a)、(d)和图5.27中的(a)、(b)、(d)的断面图。

2. 重合断面图的标注

相对于剖切位置线对称的重合断面不必标注，如图5.26(a)所示。对于非对称的重合断面图，应标注剖切位置符号及投影方向，如图5.26(b)所示。

5.4　局部放大图与简化画法

5.4.1　局部放大图

将图样中所表示物体的部分结构，用大于原图的比例绘出的图形，称为局部放大图，如

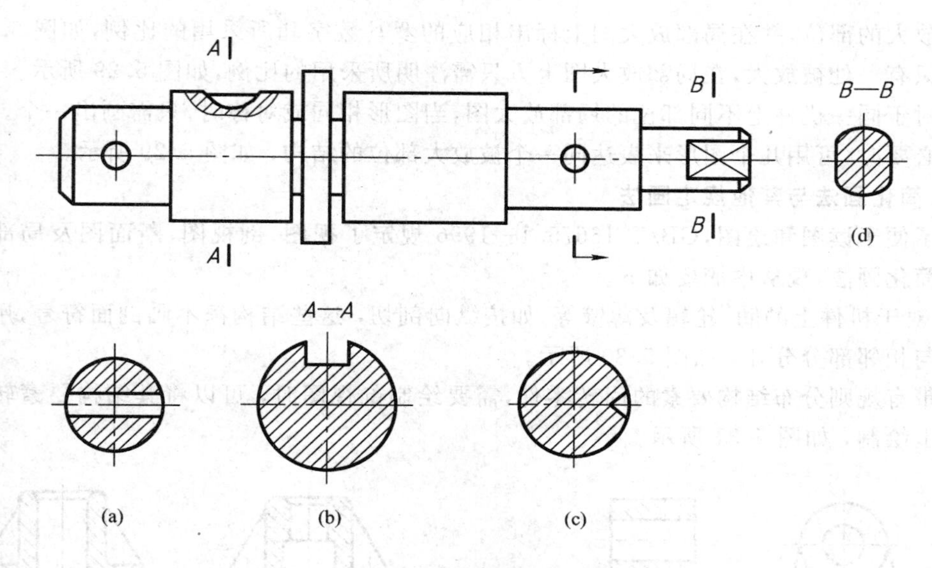

图 5.27　断面图的标注

(a)圆柱孔处断面图　(b)键槽处断面图　(c)圆锥槽处断面图　(d)B—B 剖面图

图 5.28、图 5.29 所示。

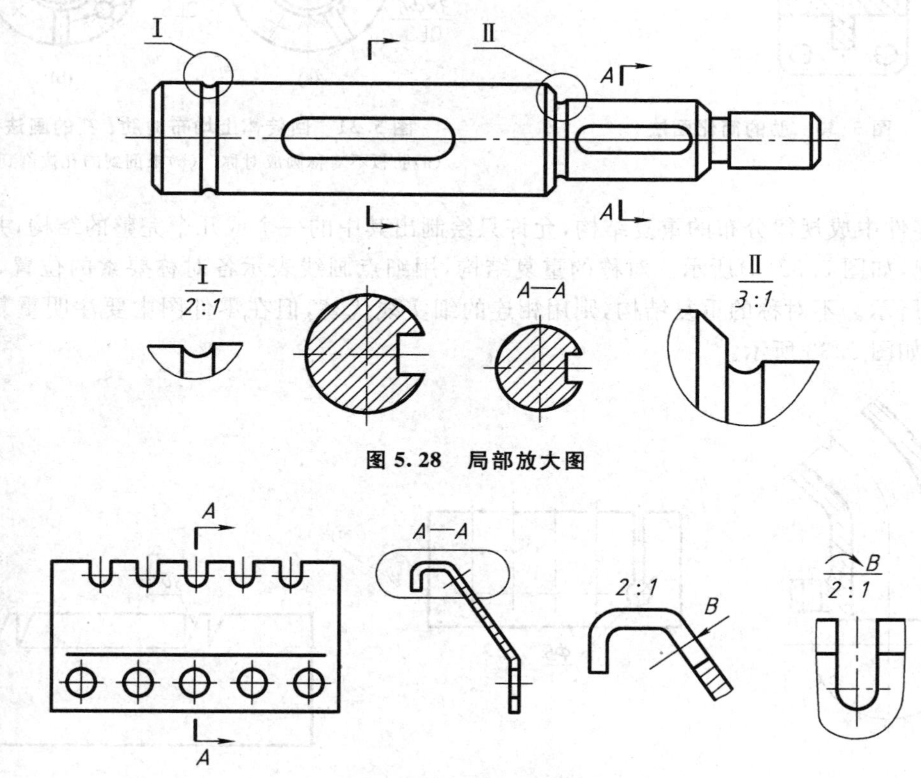

图 5.28　局部放大图

图 5.29　局部放大图

画局部放大图时应注意以下三点。

①用细实线圈出被放大的部位，当同一机件上有几处需要放大时，必须用罗马数字依次

标明被放大的部位,并在局部放大图上标出相应的罗马数字和所采用的比例,如图 5.28 所示。若只有一处被放大,在局部放大图上方只需注明所采用的比例,如图 5.29 所示。

②对于同一机件上不同部位的局部放大图,当图形相同或对称时,只需画出一个。

③必要时,可用几个图形来表达同一个被放大部位的结构,如图 5.29 所示。

5.4.2 简化画法与其他规定画法

为了便于读图和绘图,GB/T 16675.1—1996 规定了视图、剖视图、断面图及局部放大图中的简化画法,现从中摘要如下。

① 对于机件上的肋、轮辐及薄壁等,如按纵向剖切,这些结构都不画剖面符号,用粗实线将其与相邻部分分开,如图 5.30 所示。

②带有规则分布结构要素的回转零件,需要绘制剖视图时,可以将其结构要素转到剖切平面上绘制,如图 5.31 所示。

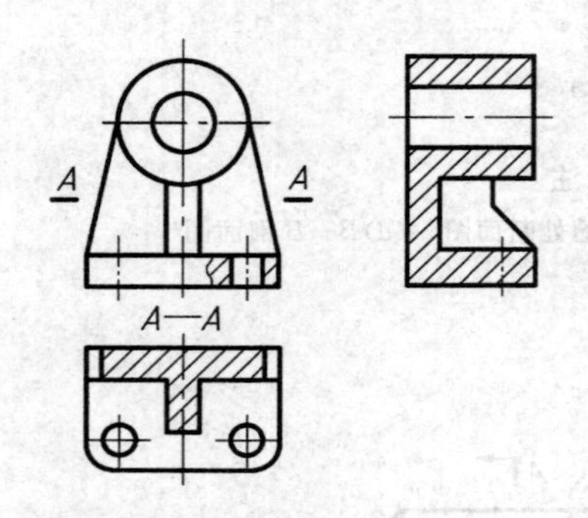

图 5.30 肋的简化画法

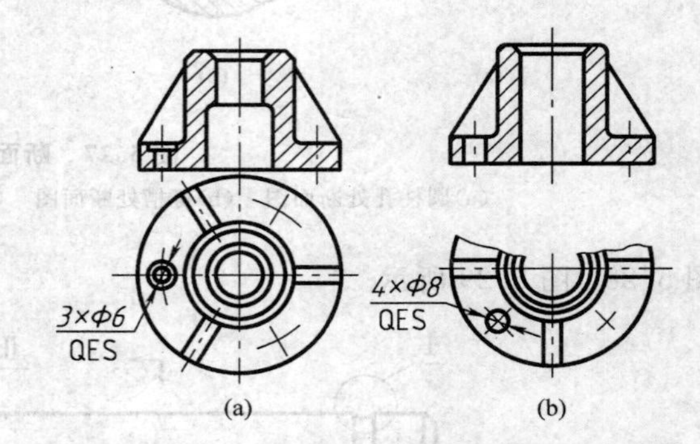

图 5.31 回转体上均布的肋、孔的画法

(a)肋板不对称画成对称 (b)未剖到的孔按剖到画

③零件中成规律分布的重复结构,允许只绘制出其中的一个或几个完整的结构,并反映分布情况,如图 5.32(a)所示。对称的重复结构,用细点画线表示各对称要素的位置,如图 5.32(b)所示。不对称的重复结构,则用相连的细实线代替,但在零件图中要注明重复结构的总数,如图 5.33 所示。

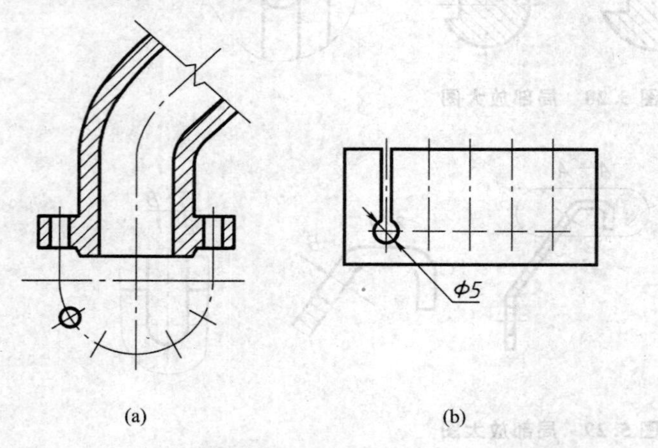

图 5.32 重复结构的画法

(a)呈规律分布的重复结构的画法 (b)对称的重复结构的画法

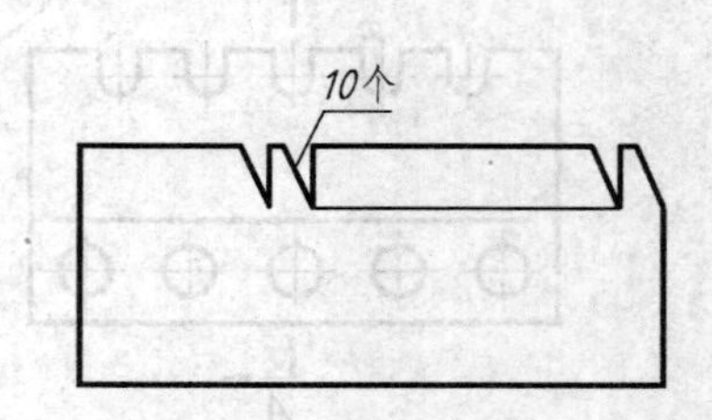

图 5.33 不对称的重复结构的画法

④均布的孔(圆孔、螺孔、沉孔等),可以仅画一个或少量几个,其余只需用细点画线表示其中心位置,但在零件图中要注明孔的总数，如图 5.34 所示。

⑤滚花、槽沟等网状结构应用粗实线完全或部分地表达出来，如图 5.35 所示。

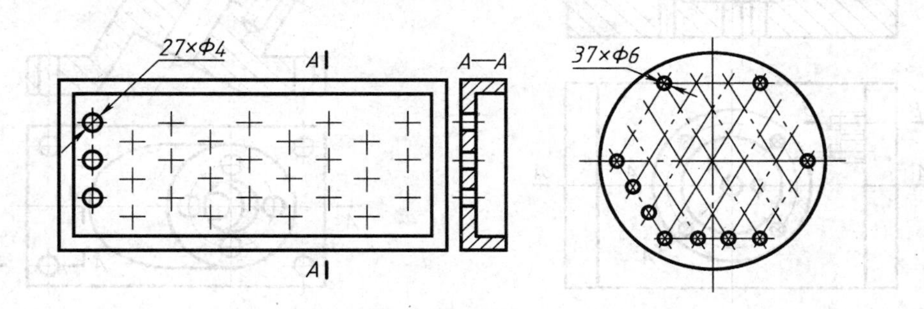

图 5.34　等径且呈规律分布孔的画法

⑥对于机件上斜度和锥度等较小的结构,如在一个图形中已表达清楚时，其他图形可按小端画出,如图 5.36 所示。

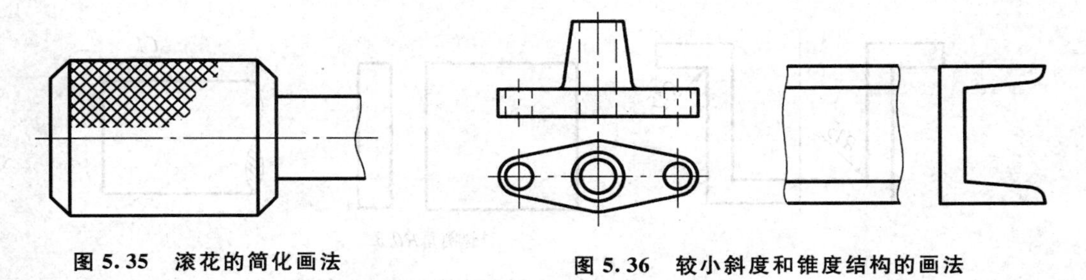

图 5.35　滚花的简化画法

图 5.36　较小斜度和锥度结构的画法

⑦较长机件(轴、杆、型材、连杆等)沿长度方向的形状一致或按一定规律变化时,可断开绘制,如图 5.37 所示。

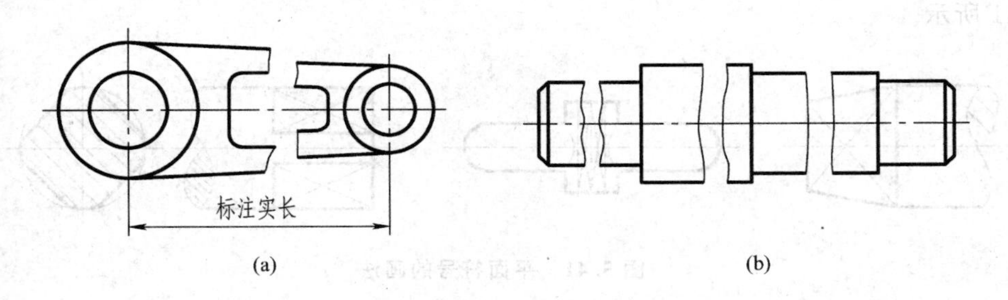

图 5.37　较长机件的简化画法

(a)长度方向按一定规律变化的机件的画法　(b)长度方向形状一致的机件的画法

⑧剖视中的剖视图画法。在剖视图的剖面区域可再做一次局部剖视，采用这种表达方法时，两者的剖面线应同方向、同间隔，但要相互错开，并用引出线来标注名称，如图 5.38 所示。

⑨倾斜圆投影的简化画法。机件上与投影面的倾斜角度小于或等于 30°的圆或圆弧，其投影可用圆或圆弧代替,如图 5.39 所示。

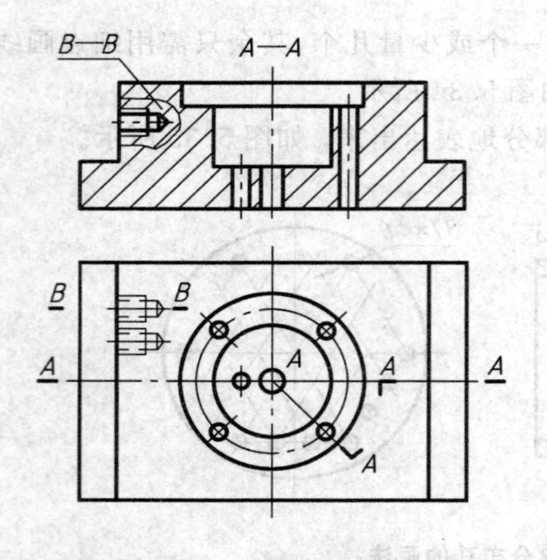

图 5.38　在剖视图中再做剖视

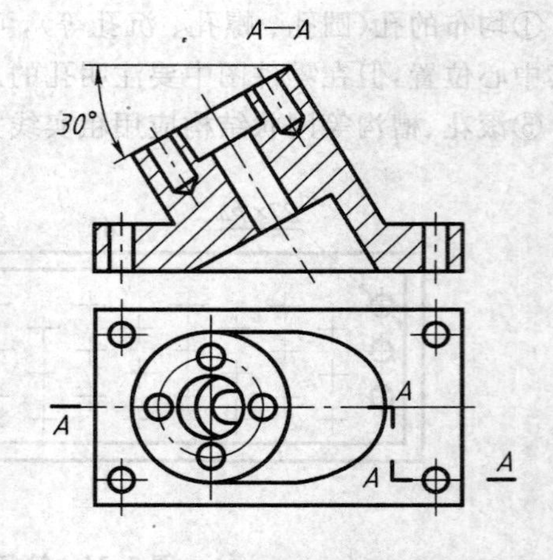

图 5.39　斜面上圆或圆弧的简化画法

⑩小倒角、小圆角的省略画法。在不致引起误解时，零件图中的小圆角或小倒角允许省略不画，但必须标注尺寸或在技术要求中加以说明，如图 5.40 所示。

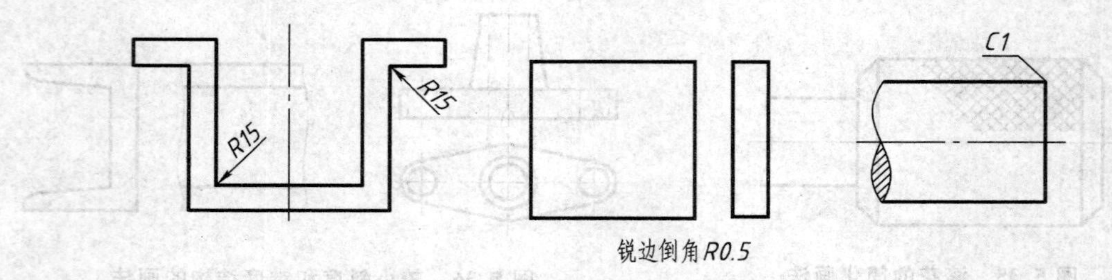

图 5.40　小倒角、小圆角的简化画法和标注

⑪平面表示法。当图形不能充分表达平面时，可用平面符号即两条对角细实线表示，如图 5.41 所示。

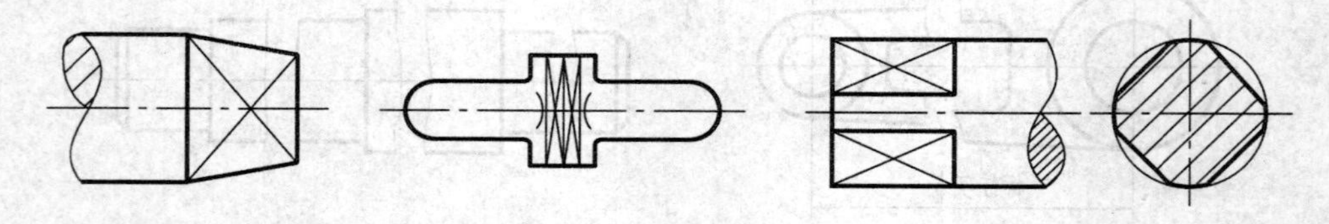

图 5.41　平面符号的画法

⑫剖切平面前的结构表示法。在需要表示剖切平面前的结构时，这些结构按假想投影的轮廓绘制，如图 5.42 所示。

本章小结

本章主要介绍了图样的多种表达方法。介绍了视图、剖视图、断面图、简化画法及规定形成过程、画法、标注及其注意事项。视图主要用来表达零件的外形，剖视图表达内部结构比较复杂的零件，针对零件结构特点还可采用断面图、规定画法和简化画法。主要知识点归

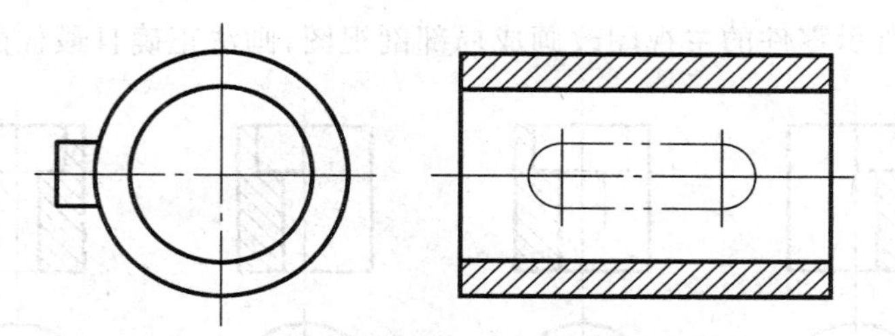

图 5.42　剖切平面前结构的表示法

纳如下：

①基本视图、向视图、局部视图、斜视图投影形成过程、表达方法；

②剖视图形成、剖面区域表示法、剖视图的种类与全剖、半剖、局部剖视图适用的情况以及画剖视图的注意事项；

③单一剖切面、两个以上剖切面剖切零件后视图的表达方法及注意事项；

④移出断面图、重合断面图的形成、标注及画图的注意事项；

⑤局部放大图、简化画法、规定画法。

思考与练习

1. 题 1 图是某形体的两视图及轴测图，它的 A 向斜视图有四个，正确的是________。

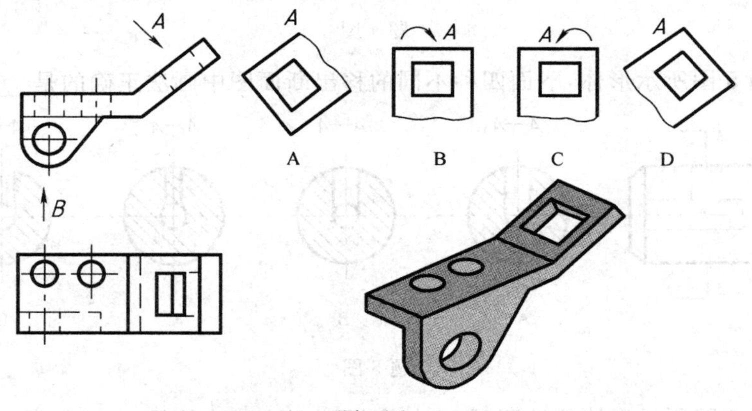

题 1 图

2. 将题 2 图中零件的主视图改画成全剖视图，画法正确且最佳的是________。

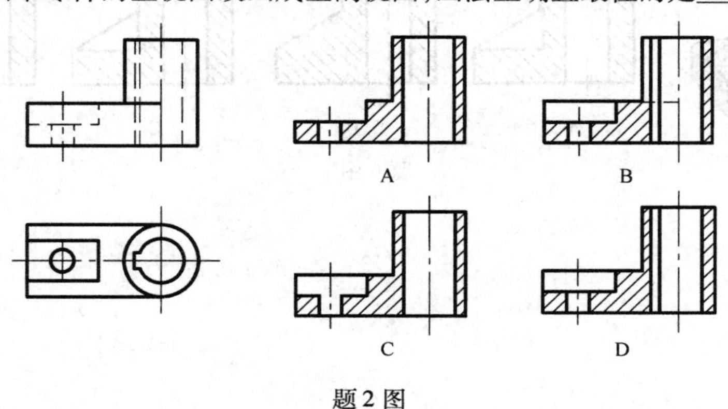

题 2 图

3. 将题 3 图所示零件的主视图改画成局部剖视图，画法正确且最佳的是 ________。

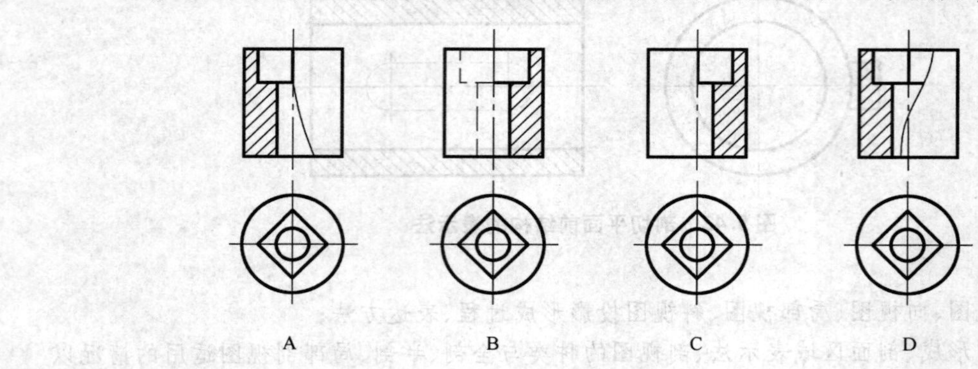

题 3 图

4. 关于题 4 图所示形体，下面四种不同的移出断面图中画法正确的是 ________。

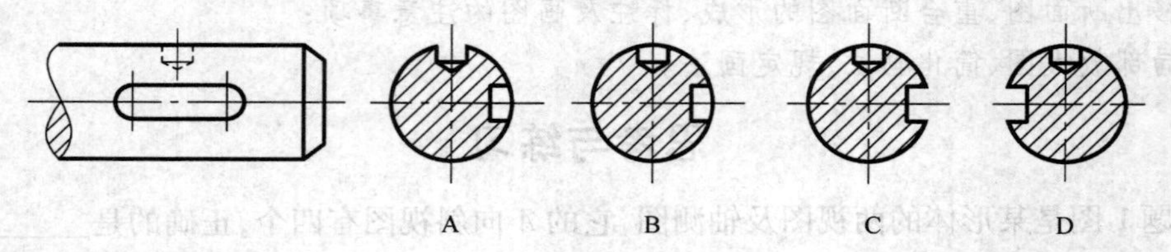

题 4 图

5. 关于题 5 图所示形体，下面四种不同的移出断面图中画法正确的是________。

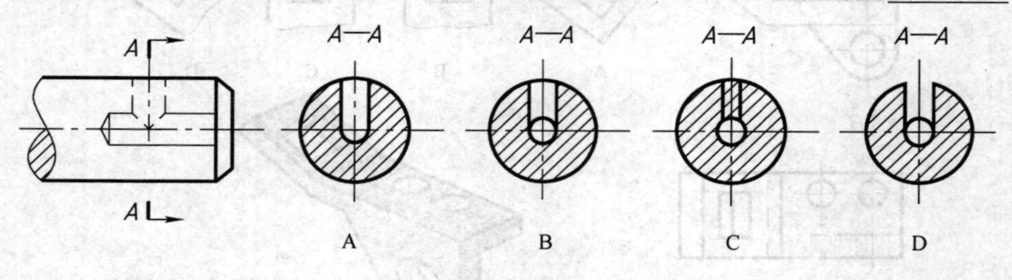

题 5 图

6. 分析题 6 图所示形体的轴测图，它的主视图画法正确的是 ________。

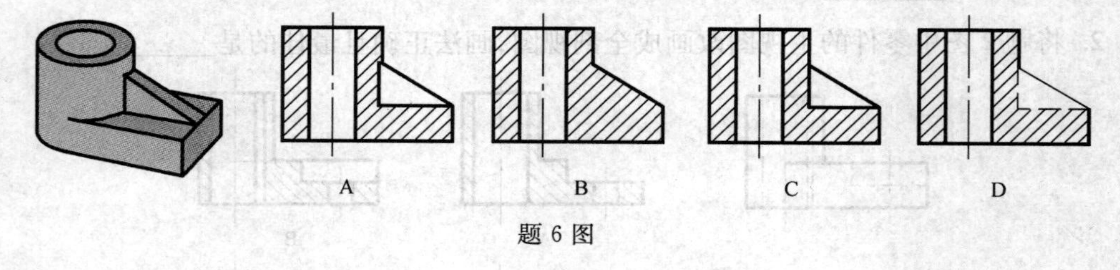

题 6 图

第6章　化工设备图

表示化工设备的形状、大小、结构、性能和制造安装等技术要求的图样，称为化工设备图。一般包括设备装配图、部件装配图和零件图。化工制图是按正投影法和国家标准《技术制图》与《机械制图》规定绘制的，但也有十分明显的专业特性。由于化工生产的特殊要求，化工设备的结构、形状具有自身的某些特点，因此，化工设备除采用机械装配图的表达方法外，还采用了一些特殊的、习惯的表达方法。本章着重讨论化工设备装配图，简称为化工设备图。通过本章学习，要达到以下学习要求：

①了解化工设备的结构特点和化工设备图表达特点；

②掌握化工设备常用标准零部件的表达方法，并能根据标准查阅相关的规定；

③掌握化工设备图的表达方法和简化画法；

④熟悉化工设备图尺寸标注的方法；

⑤能阅读化工设备图。

6.1　化工设备图的作用和内容

6.1.1　化工设备图的作用

化工设备的制造工艺主要是用钢板卷制、开孔及焊接等，通常可以直接依据化工设备图进行制造。因此，化工设备图的作用是指导设备的制造、装配、安装、检验、使用和维修等。由于化工设备的结构和表达要求的特殊性，化工设备图的内容和表达方法也就具有一些特殊性。

6.1.2　化工设备图基本内容

图6.1为储罐装配图，包括了化工设备图基本内容。

1. 一组视图

用以表达设备的形状、大小、结构及装配关系等。

2. 必要的尺寸

用以表达设备性能、规格、轮廓、装配和安装等数据。

3. 零件的编号及明细栏

对组成设备的每一种零部件必须依次编号，并在明细栏中填写零部件的名称、规格、材料、数量及有关图号或标准号等内容。

4. 技术特性表

用表格的形式列出设备的主要工艺特性(工作压力、工作温度、物料名称等)及其他特性等内容。

5. 技术要求

用文字说明设备在制造检验时应遵守的规范和规定，以及对材料表面处理、涂饰、润滑、

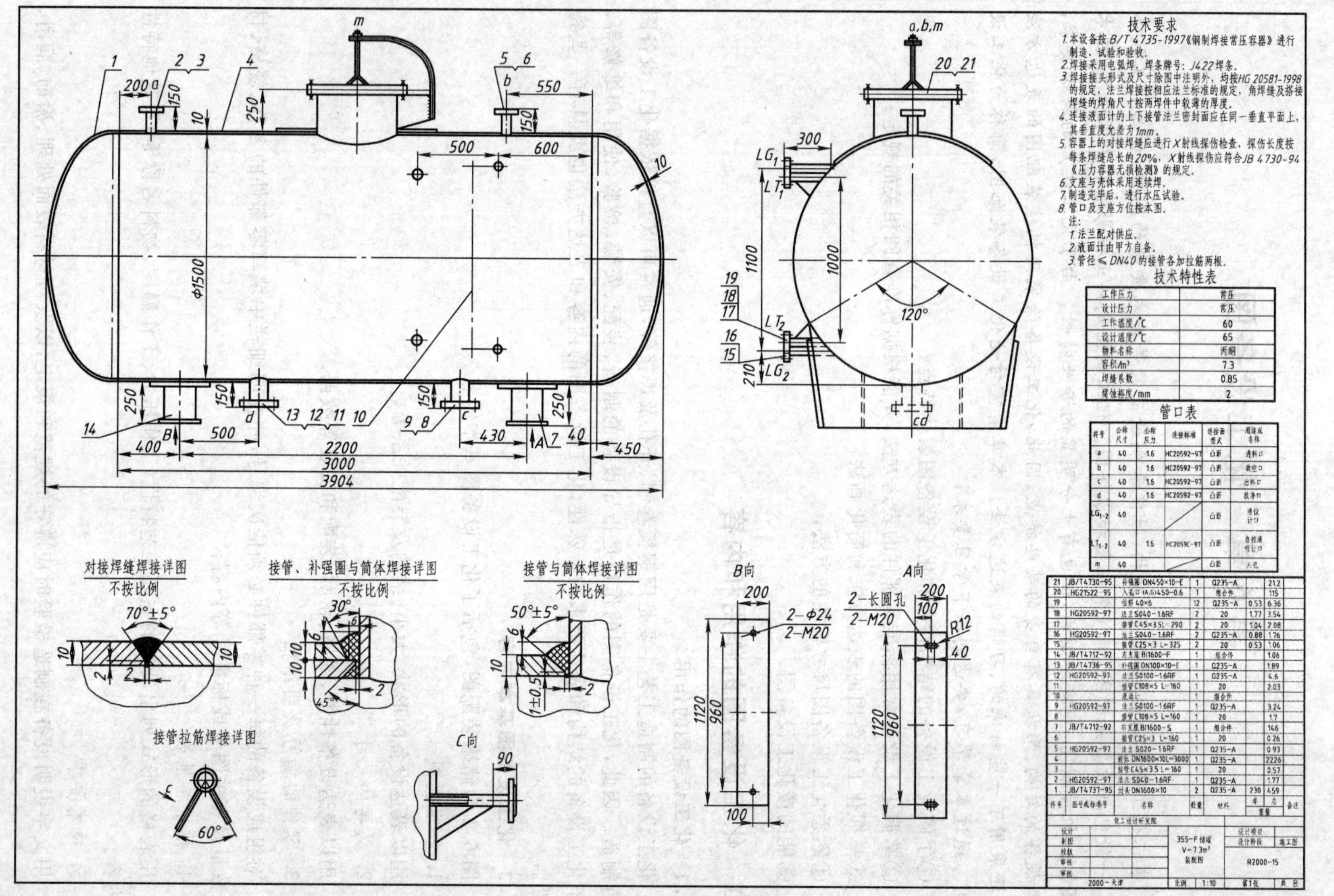

技术特性表

工作压力	常压
设计压力	常压
工作温度/℃	60
设计温度/℃	65
物料名称	丙酮
容积/m³	7.3
焊缝系数	0.85
腐蚀裕度/mm	2

管口表

符号	公称尺寸	公称压力	连接标准	连接面型式	用途或名称
a	40	1.6	HC20592-97	凸面	进料口
b	40	1.6	HC20592-97	凸面	放空口
c	40	1.6	HC20592-97	凸面	出料口
d	40	1.6	HC20592-97	凸面	放净口
LG_{1-2}	40			凸面	液位计口
LT_{1-2}	40	1.6	HC2059C-97	凸面	自控液位计口
m	40			凸面	人孔

件号	图号或标准号	名称	数量	材料	单重	总重	备注
21	JB/T4730-95	补强圈 DN450×10-E	1	Q235-A		21.2	
20	HG21522-95	入孔口 (A,G)450-0.6	1	组合件		115	
19		拉筋 40×6	12	Q235-A	0.53	6.36	
18	HG20592-97	法兰 S040-1.6RF	2	20	1.77	3.54	
17		接管 C45×3.5L=290	2	20	1.04	2.08	
16	HG20592-97	法兰 S040-1.6RF	2	Q235-A	0.88	1.76	
15		接管 C25×3 L=325	2	20	0.53	1.06	
14	JB/T4712-92	左支座 BI1600-F	1	组合件		1.06	
13	JB/T4736-95	补强圈 DN100×10-E	1	Q235-A		1.89	
12	HG20592-97	法兰 S0100-1.6RF	1	Q235-A		4.6	
11		接管 C108×5 L=160	1	20		2.03	
10		液面计	1	组合件			
9	HG20592-97	法兰 S0100-1.6RF	1	Q235-A		3.24	
8		接管 C108×5 L=160	1	20		1.7	
7	JB/T4712-92	右支座 BI1600-S	1	组合件		146	
6		接管 C25×3 L=160	1	20		0.26	
5	HG20592-97	法兰 S020-1.6RF	1	Q235-A		0.93	
4		筒体 DN1600×10L=3000	1	Q235-A		2226	
3		接管 C45×3.5 L=160	1	20		0.57	
2	HG20592-97	法兰 S040-1.6RF	1	Q235-A		1.77	
1	JB/T4737-95	封头 DN1600×10	2	Q235-A	230	459	

化工设计研究院				
设计		355-F 储罐 V=7.3m³ 装配图	设计项目	
制图			设计阶段	施工图
校核			R2000-15	
审核				
审核				
2000-天津		比例 1:10	第1张	共 张

图 6.1 储罐

包装、保管、运输等的特殊要求。

6. 管口表

设备上的所有管口均需注出符号。在管口表中列出各管口的有关数据和用途等内容。

7. 标题栏

用以填写设备的名称、主要规格、比例、设计单位、图样编号及设计、制图、审核人员签字等各项内容。

6.2 化工设备图的表达方法

6.2.1 化工设备结构特点

化工生产工艺过程中常用的化工设备为塔器、热交换器、反应器等,其典型的结构、形状都具有如下的特点。

1. 壳体以回转体为主

化工设备的壳体一般由钢板弯卷而成。设备的主体和零部件的结构形状大部分以薄壁回转体(柱、锥、球、环)为主。

2. 有较多的开孔和管口

根据化工工艺的需要,在设备壳体的轴向和周向位置上往往有较多的开孔和管口(如物料进出口、人孔、视镜孔、液面计孔等),用以安装零部件和连接管道,如图 6.1 所示,在设备上有人孔和六个其他管口。

3. 尺寸大小相差悬殊

设备上各部分零件之间、零部件的结构之间尺寸(如设备的直径、长度与壁厚之间的尺寸)相差悬殊。

4. 大量采用焊接结构

设备上采用焊接结构较多。如图 6.1 所示,筒体与封头、管口、支座、人孔的连接,多采用焊接方法。

5. 广泛采用标准化零部件

化工设备上一些常用零部件,大多已实现了标准化、系列化和通用化,如法兰、封头、支座、人孔、视镜、液面计、填料箱、搅拌器等。

6. 防泄漏结构要求高

在处理有毒、易燃、易爆的介质时,要求密封结构好,安全装置可靠,以免发生事故。

由于上述的结构特点,形成了化工设备在图示方面的一些特殊表达方法。

6.2.2 化工设备图的表达特点

1. 基本视图的选择和配置

①化工设备的主体结构较为简单,且以回转体居多,通常采用两个基本视图来表达。立式设备采用主、俯两个基本视图;卧式设备通常采用主视图和左视图。

主视图一般应按设备的工作位置选择,并采用剖视的表达方法,以使主视图能充分表达其工作原理、主要装配关系及主要零部件的结构形状。

②化工设备图的视图布置比较灵活,俯视图可画在图面任何地方。因为化工设备图的总高(或长)与直径的尺寸相比往往相差很大,通常画出主视图后,俯视图就无法安排在主视图下面,因而将俯视图画在其他位置,但需注出“俯视图”的字样。俯视图可画在第二张图纸上。因为图纸的局限使俯视图无法配置在同一张图纸上时,则可注明“俯视图在第二张图纸

上”，然后在俯视图上做相应的说明：“……的俯视图”。

③设备过于狭长时，其主视图可以分成两段（或若干段）画出，如图 6.2(a)所示。

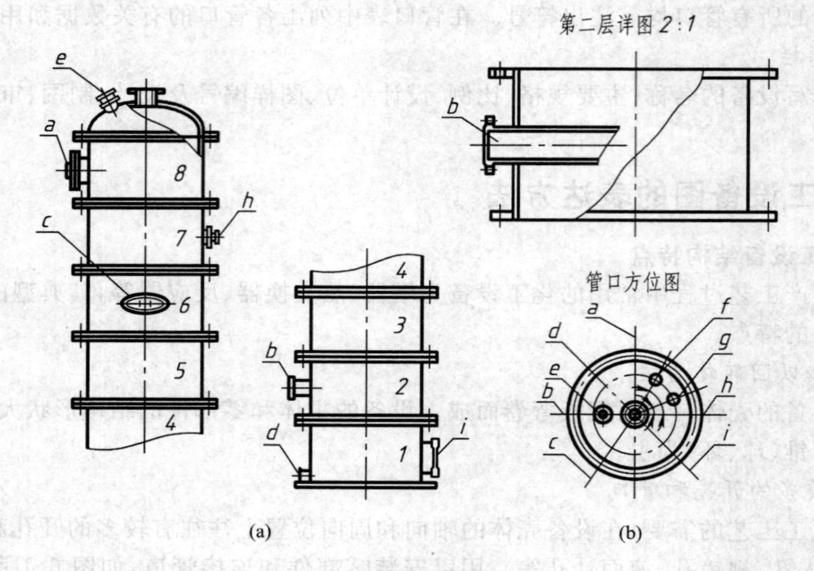

图 6.2 结构多次旋转画法

(a)结构分段和旋转画法 (b)管口方位图

2. 结构多次旋转的画法

根据化工设备多为回转体和设备上接管口开孔多的特点，为了减少视图及作图简便，主视图采用多次旋转画法。假想将设备上不同方位的接管口和零部件结构，分别旋转到与主视图所在的投影面平行的位置，然后进行投影，画出视图和剖视图，以表示它们的结构形状和各部位的高度。如图 6.2 所示，管口 a 逆时针旋转 90°、管口 c 顺时针旋转 30°后，在主视图上画出。

3. 管口方位图

接管口等部件在设备上的分布方位可用示意方位图表示，以代替俯视图。方位图中仅以中心线表明各接管口的位置，同一接管口，在主视图和方位图上都标明相同的字母 a、b、c 等，如图 6.2(b)所示。当俯视图必须画出时，管口方位能够表达清楚，可不必画出管口方位图。如果设备由几节或几层组成，接管口又较多，也可分段表明管口方位。为了合理使用图幅，通常将方位图或俯视图画在图纸的其他空白处，并加注“方位图”或“俯视图”等字样。

4. 零部件图的配置

当简单设备是由一、二个简单的非标准件组成时，零部件图允许与装配图画在同一张图纸上，并且可以不用分栏。如果在装配图上已经表示清楚，也可以不画零件图。

5. 局部放大图及夸大画法

对于设备上的某些细部结构（如法兰连接面、焊接结构等），按图样选定的比例无法表达清楚时，可采用局部放大画法，如图 6.1 所示。局部放大图又称节点放大图。对于过小的尺寸结构（如薄壁、片等）或零部件无法按实际尺寸画出时，可采用夸大画法，直至把它们表达清楚为止。

6. 分段(层)画法

有些设备(如塔类等)形体较长,在一定长度(或高度)方向上的形状结构相同,或按规律变化时可采用断开画法,以便于采用较大作图比例,合理地利用图纸,如图 6.2(a)所示。另外除将设备整体画出外,还可用较大的比例分段(层)表示结构和形状。如图 6.2 中用 2∶1 的比例表示第二层的结构。这些图可以画在与主视图同一张图纸上,也可画在另外的图纸上。

7. 简化规定及简化画法

化工设备上标准化零部件及结构形状简单的零部件较多,在不影响清晰表达物体的前提下,为简便作图,广泛采用下列简化规定和简化画法。

(1)零部件图的省略

①凡标准化的或工厂企业产品样本定型的零部件,在明细栏中注明其规格、材料、标准编号等即可。

②结构形状简单的零部件,如接管口、型钢、肋板等,能在装配图上表示清楚时,均可不画零件图。

③不能拆卸的部件、焊接构成的部件(如塔内栅板)可作为整体结构,只画部件图,注明各部分尺寸。

(2)示意画法

对于化工设备上结构已标准化的零部件,在装配图上可以只画简单外形或示意符号,如图 6.3 所示。

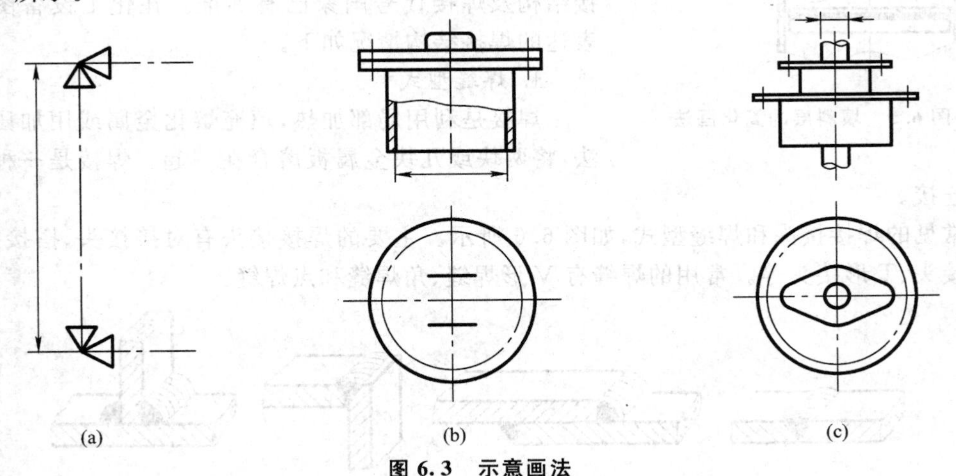

图 6.3　示意画法

(a)玻璃管液面计　(b)常压人孔　(c)填料箱

(3)简化画法

①设备上重复结构,可采用简化画法。例如,螺栓连接可以仅用中心线表示,而用序号分别注明规格和数量。

②零部件上相同的元素,如法兰上均布的螺孔、多孔板(隔板、筛板等)上均布的圆孔等,可只画几个代表,其余均以中心线表示孔的中心位置,注明孔的总数;对孔数要求不严的孔板,通常用细实线画出,并注明钻孔的范围及尺寸,再以局部放大图表示孔的尺寸及排列规则,如图 6.4 所示。

③填料塔内的填料层仅以网状的网线或两交叉的细斜线符号表示,另有文字注明填料

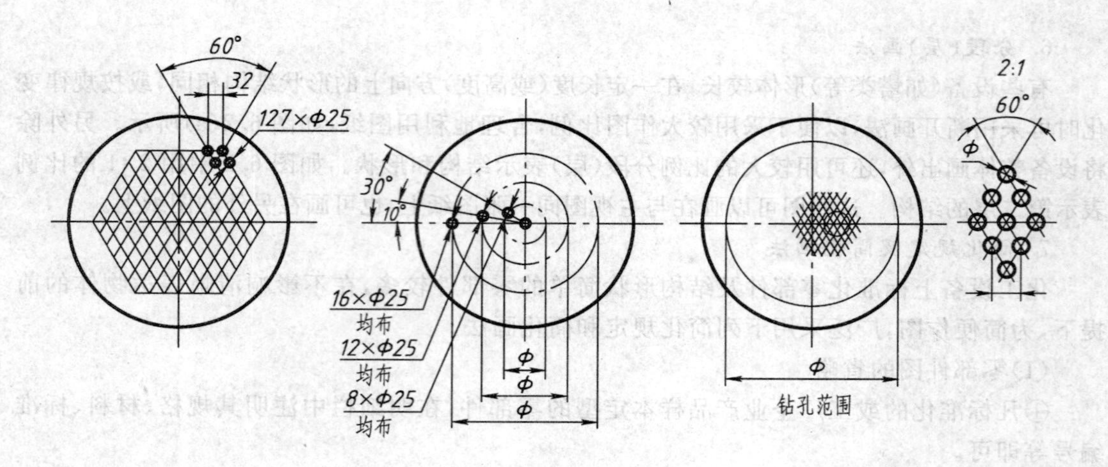

图 6.4　多孔板上孔的简化画法

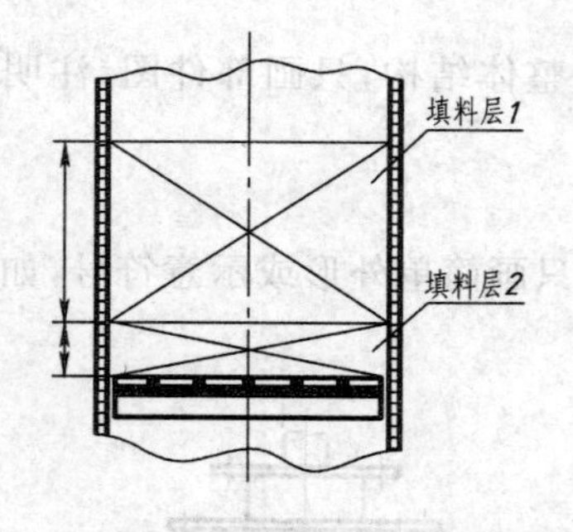

图 6.5　填料层的简化画法

的材料、规格、数量等，如图 6.5 所示。

④设备顶面上的圆形管接盘，当其倾斜不大时，在俯视图上允许按正圆画，如图 6.2(b)所示的 *e* 管口。

6.2.3　化工设备图中焊缝的表达方法

焊接在化工设备上应用十分广泛。对设备上的焊接结构及焊接代号国家已有标准。在化工设备图上应表达的焊接结构情况如下。

1. 焊缝型式

焊接是利用局部加热，填充熔化金属或用加压等方法，将两块或几块金属板熔合在一起。焊接是一种不可拆卸连接。

常见的焊接接头和焊缝型式，如图 6.6 所示。主要的焊接接头有对接接头、搭接接头、角形接头、T 形接头等。常用的焊缝有 V 形焊缝、角焊缝和点焊缝。

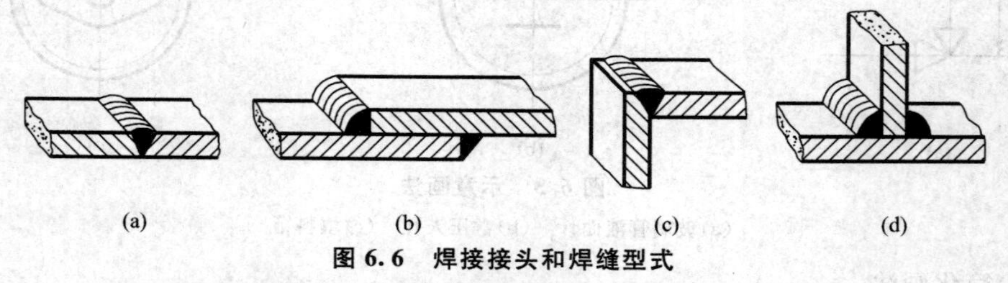

图 6.6　焊接接头和焊缝型式

(a)对接接头　(b)搭接接头　(c)角形接头　(d)T 形接头

2. 焊缝的规定画法及标注

(1)焊缝的规定画法

根据国家标准《焊缝符号表示法》(GB/T 324—2008)的规定，图样上的焊缝一般采用焊缝符号表示，也可以采用技术制图方法表示。在标注焊缝的同时，还在焊缝处用粗线表示可见焊缝，栅线表示不可见焊缝(栅线应与焊缝垂直)。在剖视图中，焊缝涂黑。焊缝的规定画法如图 6.7 所示。

在化工设备图中一般仅在剖视图和断面图中按焊接接头的形式画出焊缝断面。对于重

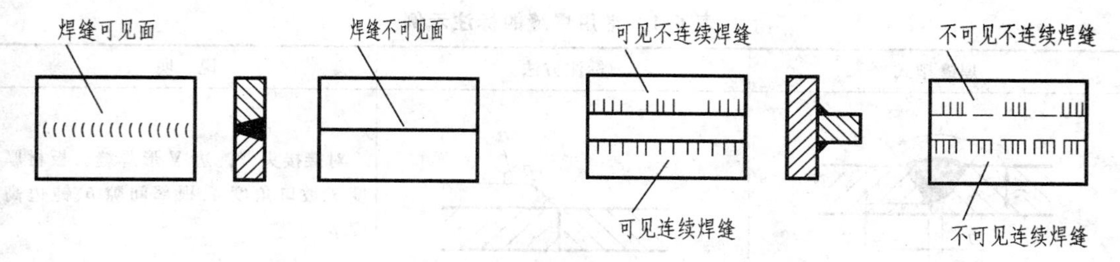

图 6.7　焊缝的规定画法

要焊缝需用局部放大详图表示焊缝的结构形状和有关尺寸，如图 6.8 所示。

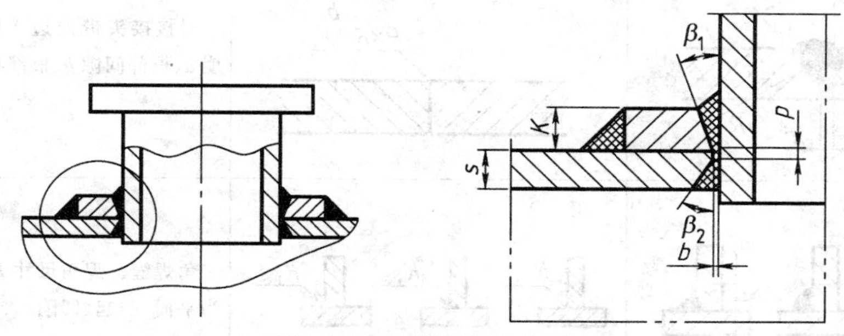

图 6.8　焊缝局部放大图

(2)焊缝的标注

常用焊缝的标注示例，见表 6.1。

当图样上全部或大部分焊缝所采用的焊接方法、焊接接头型式及尺寸、焊接要求相同时，可在图样的技术要求中用文字统一说明。

6.3　化工设备的常用零部件

各种化工设备虽然工艺要求不同，结构形状也各有差异，但是往往都有一些作用相同的零部件，如设备的支座、人孔、连接各种管口的法兰等。为了便于设计、制造和检修，把这些零部件的结构形状统一成若干种规格，使其能相互通用，成为通用零部件。经过多年的实践，有关内容经国家有关部、局批准后，作为相应各级的标准颁布。已经制定并颁布标准的零部件，称为标准化零部件。

化工设备上的通用零部件，大都已经标准化。例如图 6.1 所示的容器，它由筒体、封头、人孔、管法兰、支座、液面计、补强圈等零部件组成。这些零部件都已有相应的标准，并在各种化工设备上通用。标准分别规定了这些零部件在各种条件(如压力、大小、使用要求等)下的结构形状和尺寸。因此，熟悉这些零部件的基本结构特征以及有关标准，必将有助于提高阅读化工设备图样的能力。为此，下面将简要介绍几种通用的零部件，更深入了解可参阅相应的标准和专业书籍。

6.3.1　筒体与封头

1. 筒体

筒体是用来进行化学反应、处理或贮存物料的设备中最主要的部分。一般筒体用钢板卷焊而成，直径较小的(小于 500 mm)和高压设备的筒体一般采用无缝钢管。

2. 封头

根据标准《椭圆形封头》(GB/T 25198—2010)的规定，椭圆形封头有以内径为公称直径和以外径为公称直径的两种。

表 6.1 常用焊缝的标注示例

焊缝型式	标注方法	说 明
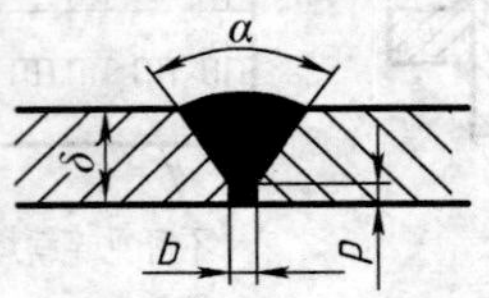	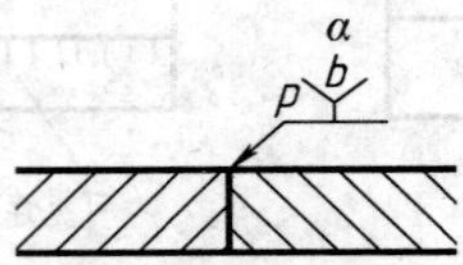	对接接头带钝边 V 形焊缝。板材厚度 δ、坡口角度 α、根部间隙 b、钝边高度 p
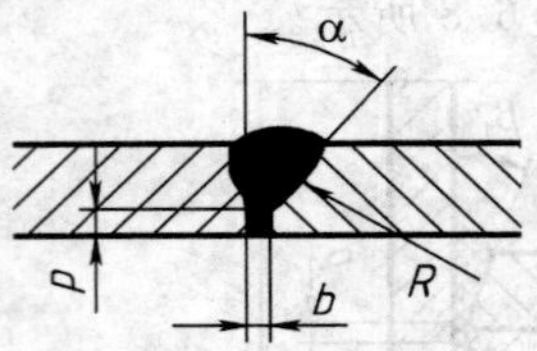	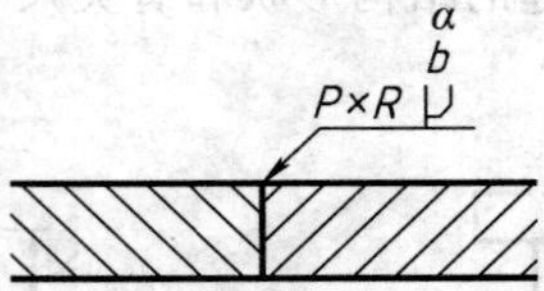	对接接头带钝边 J 形焊缝。坡口角度 α、根部间隙 b、根部半径 R、钝边高度 p
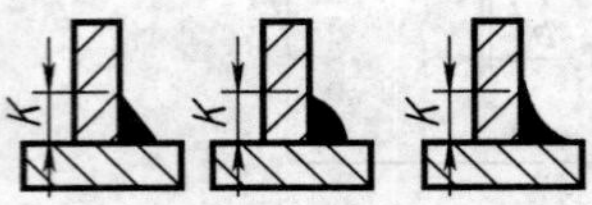		角焊缝。焊角尺寸 K，焊缝表面分别为平面、凸起、凹陷
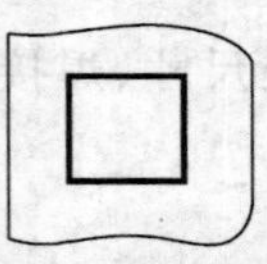	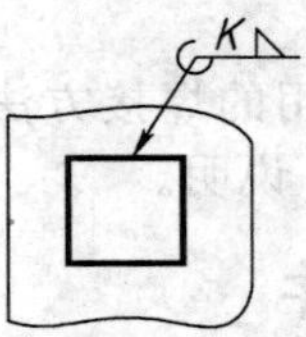	周围角焊缝，焊角尺寸 K
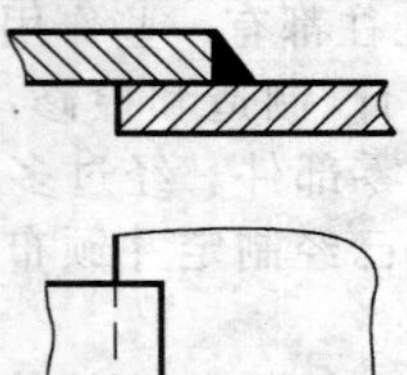	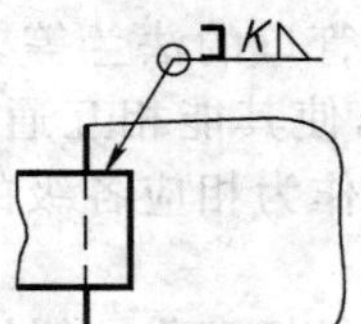	三面角焊缝，焊角尺寸 K

①当筒体由钢板卷制时，筒体及其所对应的封头公称直径等于内径，其结构与尺寸标注如图 6.9(a)所示。

【标记示例】 公称直径为 400 mm，厚度为 4 mm，材质为 16MnR 的椭圆形封头，其标记为：

椭圆封头 DN400×4－16MnR GB/T 25198－2010。

②当筒体由无缝钢管做筒体时，则以外径为筒体及其对应的封头的公称直径，其结构与尺寸标注如图 6.9(b)所示。

【标记示例】 公称直径为 219 mm，厚度为 4 mm 的椭圆形封头，其标记为：

椭圆形封头 DN219×4 GB/T 25198－2010。

标准椭圆形封头的规格和尺寸系列，参见附录 D 附表 7。

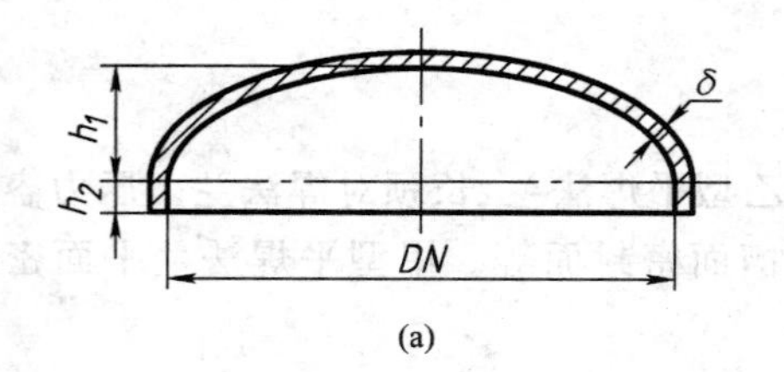

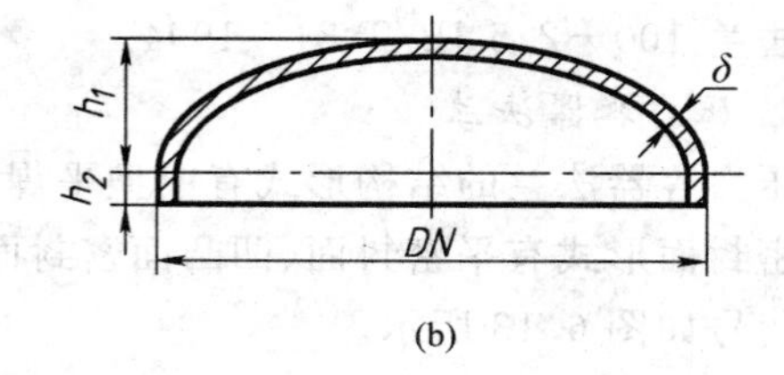

图 6.9　椭圆形封头

(a)内径为公称直径　(b)外径为公称直径

6.3.2　法兰

法兰连接是可拆连接的一种，在化工设备上应用得很普遍。为了保证连接的紧密性，常在两法兰的密封面之间放上易于变形的垫片，如橡胶垫片、石棉垫片等，如图 6.10 所示。

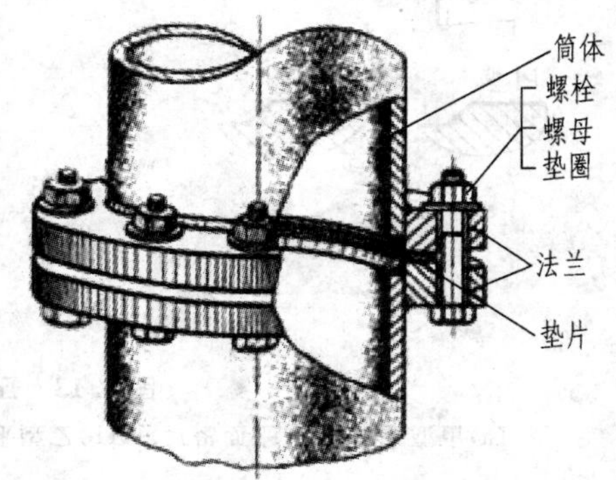

图 6.10　法兰连接

化工设备的标准法兰有两类：管法兰和压力容器法兰。前者用于管道连接，后者用于设备筒体(或封头)的连接。

1. 管法兰

管法兰常见结构形式有板式平焊法兰、对焊法兰、整体法兰、法兰盖等，如图 6.11 所示。法兰密封面的形式主要有凸面、凹凸面、榫槽面、全平面，如图 6.12 所示。

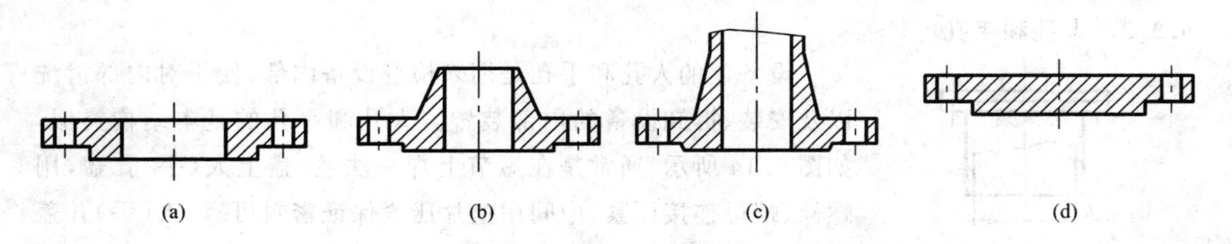

图 6.11　管法兰的结构形式

(a)板式平焊法兰　(b)对焊法兰　(c)整体法兰　(d)法兰盖

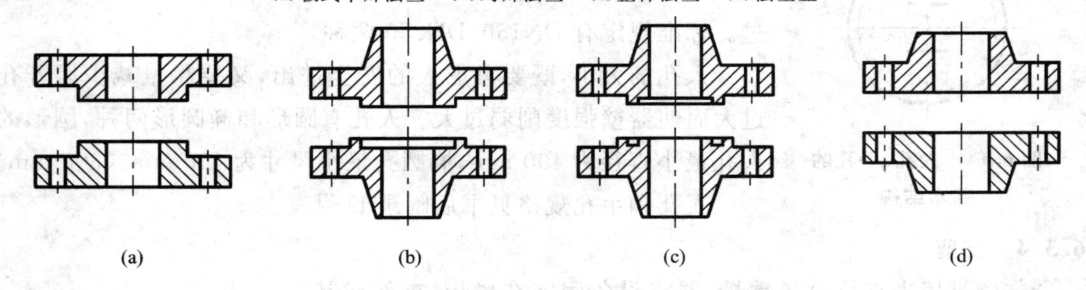

图 6.12　管法兰的密封面形式

(a)凸面　(b)凹凸面　(c)榫槽面　(d)全平面

【标记示例】　管法兰的公称直径为 100 mm，公称压力 2.5 MPa，尺寸系列 2 的凸面板式钢制管法兰，其标记为：

法兰 100－2.5 JB/T 81—1994。

2. 压力容器法兰

压力容器法兰的结构形式有甲型平焊法兰、乙型平焊法兰、长颈对焊法兰。压力容器法兰的密封面形式有平密封面、凹凸面密封面和榫槽面密封面等。甲型平焊法兰平面密封结构和代号如图 6.13 所示。

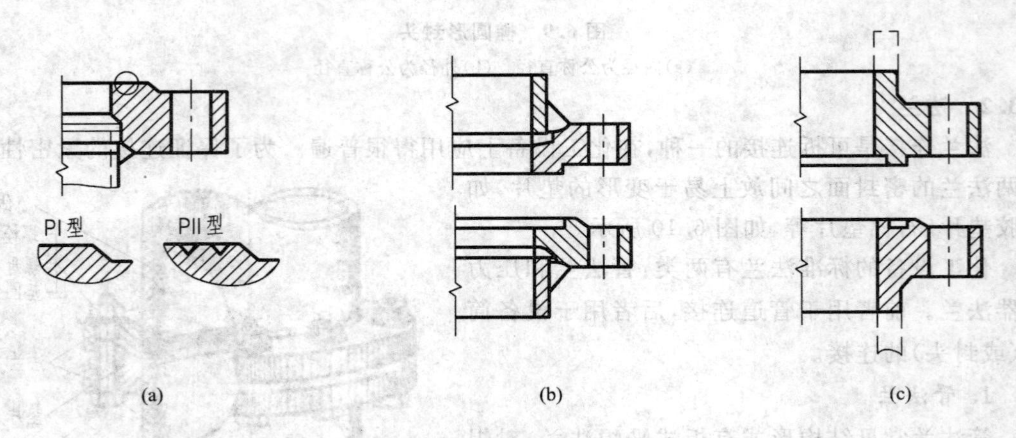

图 6.13 压力容器法兰结构和代号

(a)甲型平焊法兰(平面密封) (b)乙型平焊法兰(凹凸面密封) (c)长颈对焊法兰(榫槽面密封)

【标记示例】 压力容器法兰,公称直径 600 mm,公称压力 1.6 MPa,密封面为 PⅡ型平密封面的甲型平焊法兰,其标记为:法兰－ PⅡ 600－1.6 JB/T 4701—2000。

6.3.3 人孔和手孔

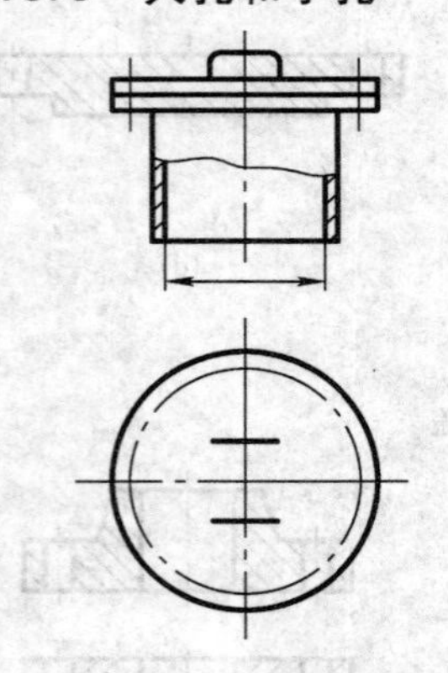

图 6.14 人孔、手孔的基本结构

设备上的人孔和手孔是用来检查设备内部,便于对内部清洗以及安装、拆卸设备的内部装置。人孔和手孔的基本结构类似,如图 6.14 所示,通常是在短节上焊一法兰,盖上人(手)孔盖,用螺栓、螺母连接压紧,中间用垫片压紧保证密封可靠,人(手)孔盖上带有手柄。

手孔的直径应使操作人员戴上手套并握有工具的手顺利通过。标准规定有 DN150、DN250 两种。

人孔的大小,既要考虑人的安全进出,又要尽量减少因开孔过大而使器壁强度削弱过大。人孔有圆形和椭圆形两种,圆形的人孔最小直径为 400 mm,椭圆孔最小尺寸为 400 mm×300 mm。

人孔和手孔规格见书后附录 D 附表 10。

6.3.4 支座

支座是用来支承设备重量,并将设备固定在楼板、支架或基础上的部件,通常是用钢板焊制成的。图 6.15 所示为耳式支座;图 6.16 所示为鞍式支座。

【标记示例】 公称直径为 325 mm,A 型,S 形鞍式支座,其标记为:

支座 A1200－S JB/T 4712.1—2007。

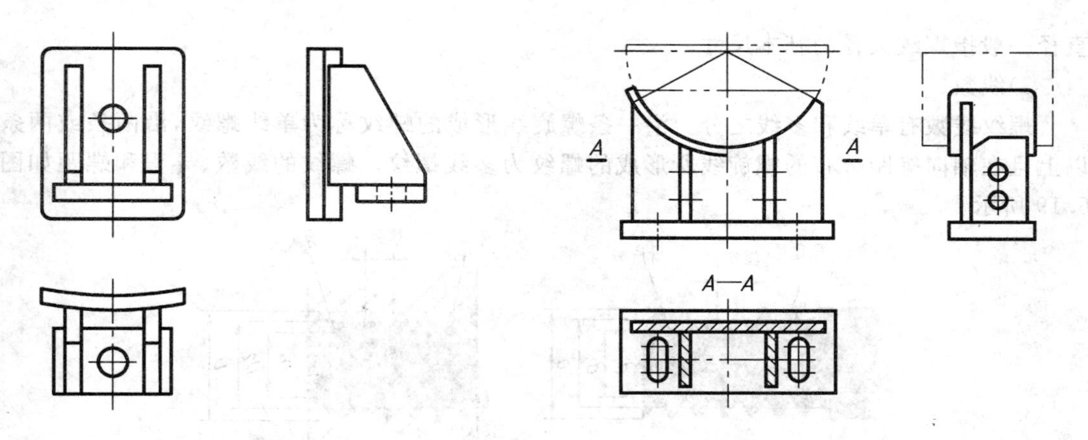

图 6.15　耳式支座　　　　图 6.16　鞍式支座

6.3.5　螺栓连接

各种设备中，除上述零部件外，经常还会用到螺栓连接。如图 6.10 所示，两筒体通过一对法兰，用螺栓、螺母和垫片连接在一起。这些零件的结构和尺寸已标准化，称为标准件。零件的标准化有利于大批量生产，降低生产成本，提高设计和生产效率。下面主要介绍螺栓连接标准件和标准结构的基本知识、规定画法、有关标准的查表方法。

1. 螺纹的基本知识

螺纹是圆柱（或圆锥）表面上沿着螺旋线形成的具有相同断面形状的连续凸起和沟槽。加工在外表面上的螺纹称为外螺纹，加工在圆孔内表面上的螺纹称为内螺纹。内、外螺纹成对旋合使用，用于连接。

图 6.17 所示为在车床上加工内、外螺纹的方法，夹在三爪卡上的工件做匀速旋转运动，车刀沿工件轴向做等速直线运动，其合成运动的轨迹是螺旋线，刀尖在工件表面上形成的沟槽就是螺纹。

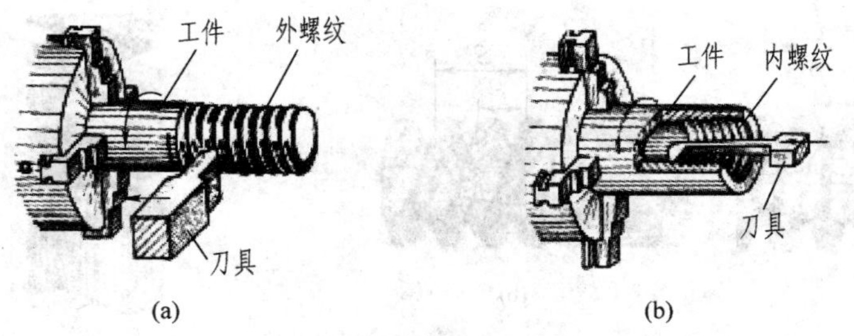

图 6.17　车床加工螺纹

(a)车削外螺纹　(b)车削内螺纹

(1)螺纹要素

螺纹的结构和尺寸是由牙型、直径、旋向、线数、螺距和导程等要素决定的。

1)牙型

在通过螺纹轴线的断面上，螺纹牙齿的轮廓形状称为牙型，常见的螺纹牙型有三角形、矩形、梯形和锯齿形等（见表 6.3）。牙型上向外凸起的尖端称为牙顶，向里凹进的槽底称为牙底，如图 6.18 所示。

2)直径

螺纹的直径有大径（d、D）、中径（d_2、D_2）和小径（d_1、D_1），如图 6.18 所示。螺纹的公称直径一般指螺纹大径的基本尺寸。

3)线数

螺纹线数有单线和多线之分。沿一条螺旋线形成的螺纹称为单线螺纹,沿两条或两条以上且在轴向等距分布的螺旋线所形成的螺纹为多线螺纹。螺纹的线数、导程和螺距如图6.19所示。

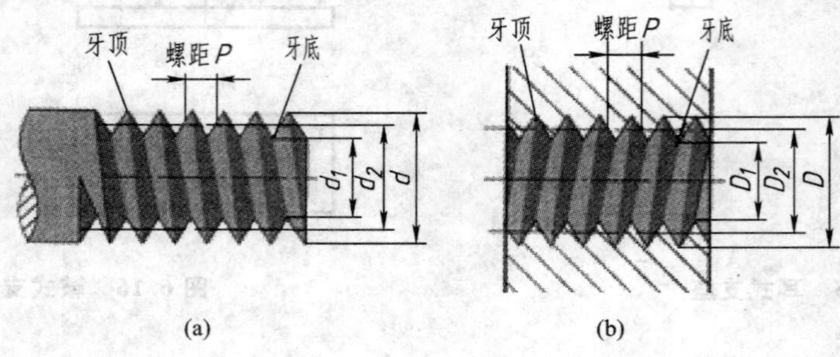

图6.18　螺纹的各部分名称

(a)外螺纹　(b)内螺纹

4)螺距与导程

同一条螺旋线上相邻两牙在中径线上对应两点间的轴向距离称为导程(S);相邻两牙在中径线上对应两点间的轴向距离称为螺距(P)。导程(S)和螺距(P)关系,对单线螺纹,$S=P$;对多线螺纹(线数为n),$S=nP$。如图6.19(b)所示为双线螺纹,导程是螺距的2倍。

5)旋向

螺纹的旋向分左旋和右旋。顺时针旋转时旋入的螺纹为右旋,逆时针旋转时旋入的螺纹为左旋。将外螺纹轴线垂直放置,右旋螺纹的可见螺旋线具有左低右高的特征,而左旋螺纹则有左高右低的特征,如图6.20所示。

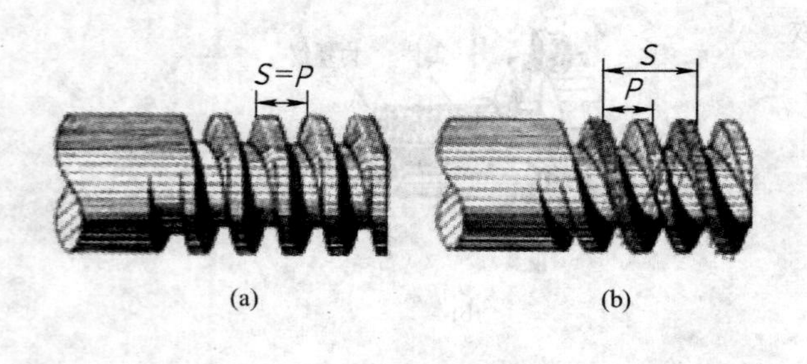

图6.19　螺纹的线数、导程及螺距

(a)单线螺纹　(b)双线螺纹

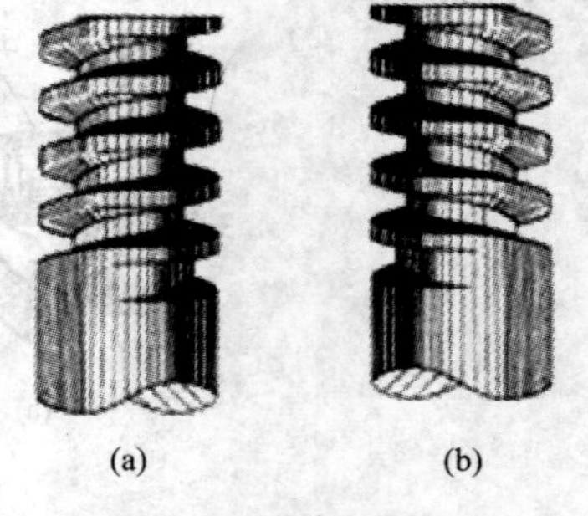

图6.20　螺纹的旋向

(a)右旋　(b)左旋

只有当外螺纹和内螺纹的上述五个结构要素完全相同时,内外螺纹才能旋合在一起。

(2)螺纹的规定画法

由于螺纹的形状较复杂,其真实投影不易画出。国家标准GB/T 4459.1—1995对螺纹的画法做了规定,见表6.2。

普通螺纹应用最为广泛,根据螺距的不同,它又分为粗牙普通螺纹和细牙普通螺纹。某一公称直径下,粗牙普通螺纹的螺距只规定了一种,细牙普通螺纹的螺距比粗牙小,且一般规定有多种(见附表3)。

表 6.2　螺纹的规定画法

分类		图　例	说　明
基本规定		①牙顶圆的投影用粗实线表示； ②牙底圆的投影用细实线表示，在垂直于螺纹轴线的投影面的视图中，表示牙底圆的细实线只画3/4圈； ③螺纹终止线用粗实线表示； ④在剖视图或断面图中，剖面线一律画到粗实线	
单个螺纹	外螺纹	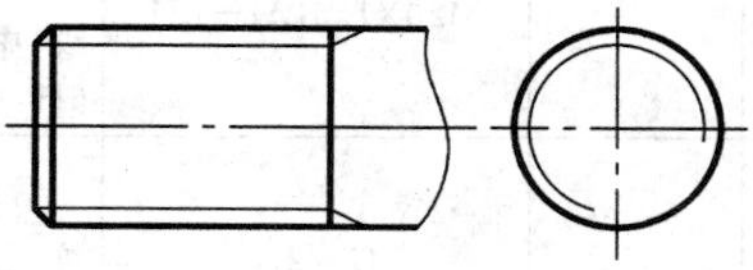	①外螺纹大径画粗实线，小径画细实线。 ②小径通常按大径的 0.85 倍绘制。 ③牙底线在倒角(圆角)部分也应画出；在垂直于螺纹轴线的投影面的视图中，倒角的投影省略不画。 ④螺尾部分一般不必画出，当需要表示螺尾时，该部分用与轴线成 30°的细实线画出
	内螺纹	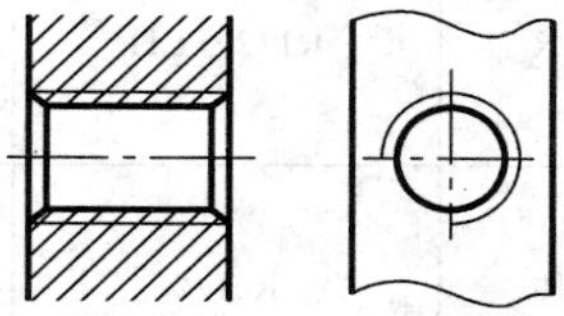	①可见螺纹的小径画粗实线，大径画细实线；在垂直于螺纹轴线的投影面的视图中，倒角的投影省略不画。 ②不可见螺纹的所有图线用虚线绘制
	不通螺孔	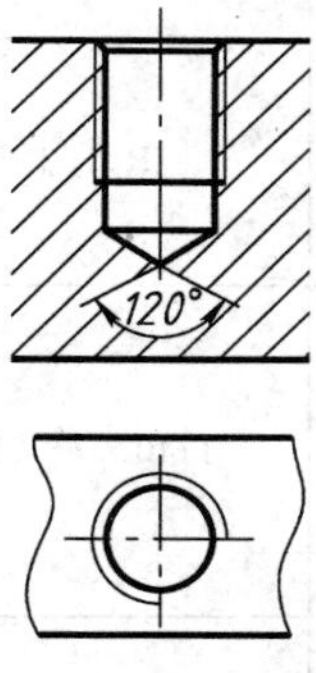 120°	不通螺孔是先钻孔后攻丝形成的，因此一般应将钻孔深度与螺纹部分的深度分别画出，底部的锥顶角应画成 120°
螺纹连接画法		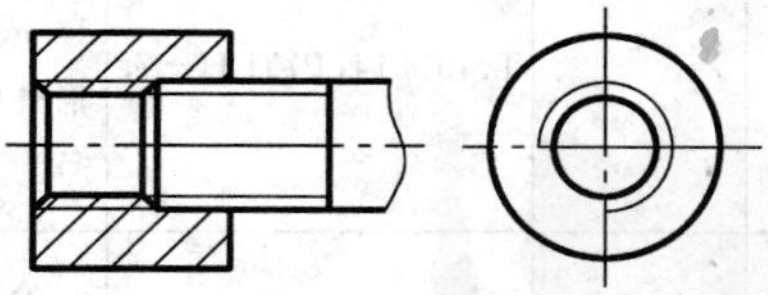	用剖视图表示内外螺纹连接时，其旋合部分应按外螺纹的画法绘制，其余部分按各自的画法绘制，表示内外螺纹牙底和牙顶的粗、细线必须对齐

(3)标准螺纹的规定标记

一个完整螺纹的标记由三部分组成：螺纹代号、螺纹公差带代号和旋合长度代号。其标记格式如下。

螺纹代号—公差带代号—旋合长度代号

1)螺纹代号

内容及格式为

特征代号　尺寸代号　旋向

Ⅰ. 特征代号

各种标准螺纹的特征代号见表 6.3。

表 6.3　常用标准螺纹的种类及标记

螺纹种类				牙型放大图	特征代号	标记示例	说明
连接螺纹	普通螺纹	粗牙		60°	M	M10－5g6g－S	公称直径为 10 mm 的粗牙普通外螺纹，右旋，中径、大径公差带代号分别为 5g、6g，短旋合长度
连接螺纹	普通螺纹	细牙		60°	M	M20X1.5LH－6H	公称直径为 20 mm，螺距为 1.5 mm的左旋细牙普通内螺纹，中径、小径公差带代号均为 6H，中等旋合长度
连接螺纹	管螺纹	非螺纹密封的管螺纹		55°	G	G1/2A	管螺纹，公称直径为 1/2″外螺纹，公差分 A、B 两级；内螺纹公差只有一种
连接螺纹	管螺纹	用螺纹密封的管螺纹	圆锥外螺纹	55°	R	R1/2－LH	用螺纹密封的圆锥外螺纹，尺寸代号为 1/2″，左旋
连接螺纹	管螺纹	用螺纹密封的管螺纹	圆锥内螺纹	55°	Rc	Rc1/2	用螺纹密封的圆锥内螺纹，尺寸代号为 1/2″，右旋
连接螺纹	管螺纹	用螺纹密封的管螺纹	圆柱内螺纹	55°	Rp	Rp1/2	用螺纹密封的圆柱内螺纹，尺寸代号为 1/2″，右旋
传动螺纹	梯形螺纹			30°	Tr	Tr40×7－7H	公称直径为 40 mm，螺距为 7 mm的单线梯形内螺纹，右旋，中径公差带代号为 7H，中等旋合长度
传动螺纹	梯形螺纹			30°	Tr	Tr40×14(P7)LH－7e	公称直径为 40 mm，导程为 14 mm，螺距为 7 mm 的双线梯形外螺纹，左旋，中径公差带代号为 7e，中等旋合长度
传动螺纹	锯齿形螺纹			3°　30°	B	B40×7－7A	公称直径为 40 mm，螺距为 7 mm的单线锯齿形内螺纹，右旋，中径公差带代号为 7A，中等旋合长度
传动螺纹	锯齿形螺纹			3°　30°	B	B40×14(P7)LH－8c－L	公称直径为 40 mm，螺距为 7 mm的双线锯齿形外螺纹，左旋，中径公差带代号为 8c，长旋合长度

Ⅱ. 尺寸代号

尺寸代号应反映出螺纹的公称直径、螺距、线数和导程。

单线螺纹的尺寸代号为公称直径×螺距，但粗牙普通螺纹和管螺纹不标注螺距，因为它们的螺距与公称直径是一一对应的。

多线螺纹的尺寸代号为公称直径×导程/线数(单线时为螺距)。

普通螺纹、梯形螺纹和锯齿形螺纹以螺纹大径为公称直径；而各种管螺纹的公称直径是管子的公称直径，并且以英寸(")为单位。

Ⅲ. 旋向

规定左旋螺纹用代号“LH”表示旋向，而应用最多的右旋螺纹不标注旋向。

2)螺纹公差带代号

由表示螺纹公差等级的数字和表示基本偏差的字母(外螺纹为小写字母，内螺纹为大写字母)表示，应分别注出中径和顶径的公差带代号，二者相同时则标注一次。

各种管螺纹仅有一种公差带，故不注公差带代号。

3)旋合长度代号

旋合长度分为长、中、短三种，分别用代号 L、N、S 表示，应用最多的中等旋合长度不标 N。

标准螺纹的标记示例见表 6.3。

(4)螺纹的标注方法

米制螺纹的标注如图 6.21 所示。对于普通螺纹、梯形螺纹和锯齿形螺纹，将螺纹的标记直接注在大径的尺寸线或其引出线上，如图 6.21(a)、(b)所示。对于不通螺孔，还需注出螺纹深度，钻孔深度仅在需要时注出，如图 6.21 (c)所示。也可采用旁注法引出标注，如图 6.21 (d)所示。

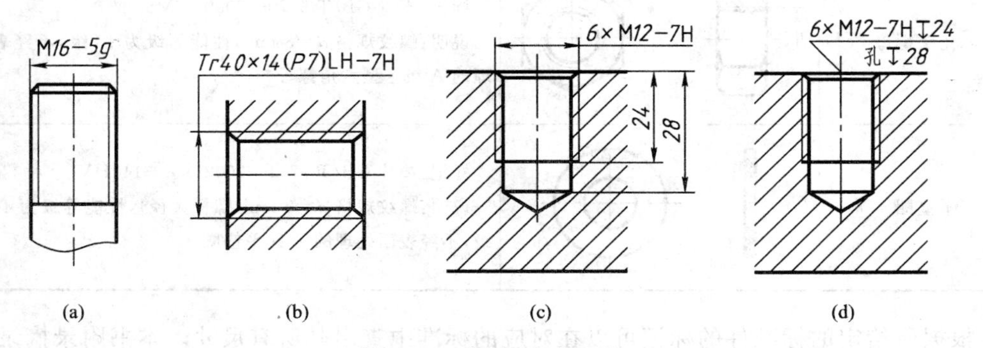

图 6.21　米制螺纹的标注

(a)普通外螺纹标注　(b)梯形内螺纹标注　(c)不通螺孔普通注法　(d)不通螺孔旁注法

对于管螺纹，其标注一律注在引出线上，引出线应由大径处引出或由对称中心线处引出，如图 6.22 所示。

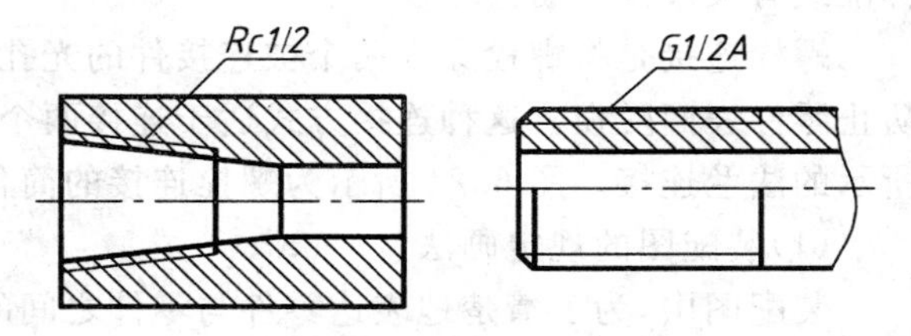

图 6.22　管螺纹的标注

(a)圆锥内螺纹　(b)非螺纹密封的管螺纹

2. 螺栓连接

螺纹连接是机器和设备中最常见的连接形式。常用的螺纹连接有螺栓连接、双头螺柱连接和螺钉连接。这里主要介绍化工设备中最常见的连接形式即螺栓连接。常用的螺栓连接件有螺栓、垫片、螺母等，见图 6.23。这些零件都属于标准件，它们的结构和尺寸可在有关的标准手册中查到。

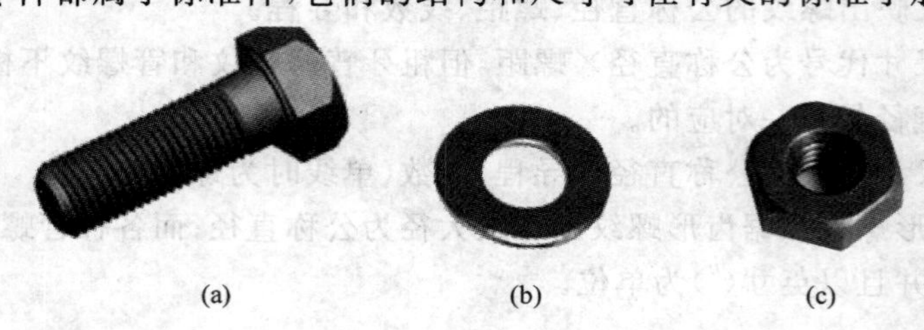

图 6.23　螺栓连接标准件

(a)螺栓　(b)垫片　(c)螺母

标准件的标记格式一般如下：

名称　标准号　规格

其中，规格由能够代表该标准件大小及型式的代号和尺寸组成。螺栓连接标准件及标记示例见表 6.4。

表 6.4　常用螺纹连接标准件及其标记

名称	图例	标记及说明
六角头螺栓	d l	标记：螺栓 GB/T 5782—2000　M10×40 说明：螺纹规格 d=10 mm，公称长度 L=40 mm，性能等级为 8.8 级，表面氧化的 A 级六角头螺栓
六角头螺母	d	标记：螺母 GB/T 6170—2000　M8 说明：螺纹规格 d=8 mm，性能等级为 10 级，不经表面处理的 A 级 Ⅰ 型六角螺母
平垫圈		标记：垫片 GB/T 97.1—2002　8—140HV 说明：螺纹规格 d=8 mm(螺杆大径)，性能等级为 140HV 级，不经表面处理的 A 级平垫圈

根据所给定的标准件的标记可以在对应的标准中查出其所有尺寸。本书附录摘录了常用的螺栓、螺母、垫圈标准件的国家标准，见附录 C 附表 4～6。其他标准件可直接查阅国家标准或有关设计手册。

螺栓连接是将螺栓穿入两个被连接件的光孔，套上垫圈，旋紧螺母。垫圈的作用是为了防止零件表面受损。这种连接方式适于连接两个不太厚并允许钻成通孔的零件，如图 6.10 所示的法兰连接。图 6.24 所示为螺栓连接的简化画法。

(1)装配图的规定画法

装配图中，为了清楚地表达零件与零件之间的相对关系，应遵循如下规定画法。

①两零件的接触面或配合面只画一条线。而非接触面、非配合面，即使间隙再小，也应画两条线。

②相邻零件剖面线的倾斜方向应相反或方向一致但间隔不等。而同一零件在不同部位或不同视图上取剖视时，剖面线的方向和间隔必须一致。

③对一些连接件（如螺栓、螺母、垫片等）及实心件（如轴、杆、球等），若剖切平面通过其轴线或对称平面，在剖视图中应按不剖绘制。

④在装配图中，零件的倒角、圆角、凹槽、凸台、沟槽、滚花及其他细节可省略不画。螺栓头、螺母的倒角曲线也可省略不画。

⑤在装配图中，对于若干相同的零件或零件组，如螺栓连接等，可仅详细地画出一处，其余只需用点画线表示出其位置。

(2)画螺栓装配图应注意事项

画螺栓连接图时，除要符合装配图一般规定画法，还要注意以下几点。

①对于螺栓、垫圈和螺母，由于剖切平面通过它们的基本轴线剖切，应按不剖绘制。

②被连接件光孔（见图 6.24 中的 d_0）与螺杆为非接触面，应画出空隙（可取 $d_0=1.1d$），并且注意在此空隙间应画出两被连接件接合面处的可见轮廓线（见图 6.24）。

③画图时还应注意螺栓末端应伸出螺母外一段长度，一般为(0.3～0.5)d。在确定螺栓长度(L)的数值时，需由被连接件的厚度(δ_1、δ_2)、螺母高度(m)、垫圈厚度(h)按下式计算并取标准值。

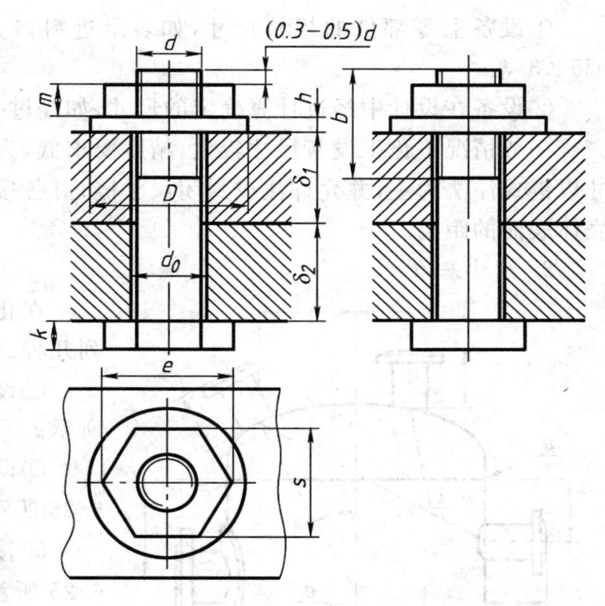

图 6.24 螺栓连接的简化画法

$$L=\delta_1+\delta_2+h+m+(0.3\sim0.5)d$$

除上述几种常用的标准化零部件外，还有接管、视镜、液面计、搅拌器、填料箱等，有关标准请查阅其他有关资料。

6.4 化工设备图的尺寸标注及其他

一张化工设备图，除了要表明它的结构及形状外，还要说明设备的大小、规格及技术要求等。

6.4.1 尺寸标注

化工设备装配图与机械设备的装配图相似，标注时一般有以下几类尺寸（见图 6.1）。

1. 特性尺寸

它表示设备的主要特性、规格和生产能力等数据，如罐体内径 ϕ1 500，容积为 7.3 m^3。

2. 外形尺寸

它表示设备的总体尺寸，是安装、包装、运输及厂房设计时所必需的数据，如贮罐的总长 3 904 mm，总宽为筒体外径。

3. 装配尺寸

它表示设备上各个零部件的相对位置，是制造设备时必要的数据。如贮罐中尺寸

250 mm表示罐体与支座的相对装配高度，尺寸 400 mm 表示支座与罐体轴向装配位置，尺寸 550 mm 表示放空管与罐体轴向装配位置。还有一些表示接管及零部件的相对位置尺寸等。

4. 安装尺寸

它表示设备在安装时的有关尺寸。根据这些尺寸数据和设备的质量，可以设计安装该设备所需要的基础大小。如支座的底面大小 200 mm×1 120 mm，两支座间的距离 2 200 mm 以及表示八个地脚螺栓孔的直径和相对位置的尺寸等。

5. 其他尺寸

①设备上零部件的规格尺寸，如表示进料口大小的尺寸 $\phi45\times3.5$、液面计接管尺寸 $\phi25\times3$ 等。

②设备在设计中经过计算确定的尺寸，如经过强度校核的壁厚尺寸 10 mm。

一般情况下化工设备尺寸较大，精度要求低，为了便于制造、安装和检验，设备图上的尺寸以链式注法为主，并允许注成封闭尺寸链；对各接管口的定位尺寸，一般只标注从管口至壳体表面的距离。

6. 尺寸基准

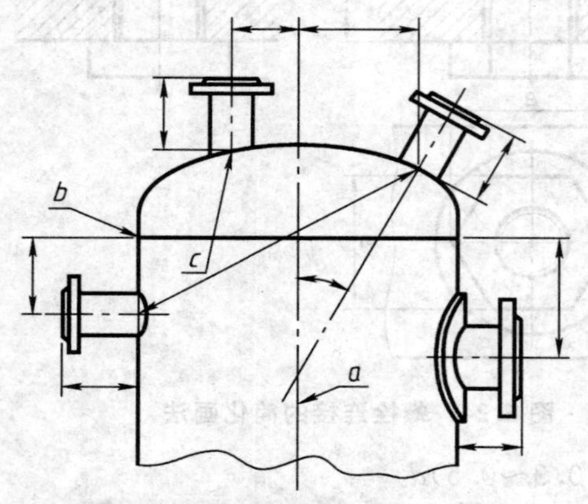

图 6.25 化工设备上的尺寸基准

在化工设备图上选取的尺寸基准，通常有下列几种。

①设备筒体和封头间的轴线 a，如图 6.25 所示。

②设备筒体和封头间的环向焊接缝 b，如图 6.25 所示。

③接管的轴线和壳体表面的交点 c，如图 6.25 所示。

④设备法兰的加工表面，如图 6.1 中的 450。

⑤设备支座的底面，如图 6.1 所示鞍式支座的底面等。

6.4.2 管口表

1. 管口表的内容及格式

由于化工设备图的接管口较多，为了便于施工及备料，常将接管口另行编号，按其名称、规格、用途等列成一表，其格式如图 6.26 所示。

2. 填写管口表时应注意的问题

①管口表的序号应和视图中各接管口序号相同，以小写汉语拼音字母 a、b、c、d……依次按顺序填写。

②序号一般应由上往下填写，当几个接管的规格、标准号和用途完全相同时，可合并成一项填写，如图 6.26 管口表中的 b_{1-2} 所示。

③分别在“公称尺寸”、“公称压力”栏内，填写各接管的标准零部件的公称尺寸和公称压力。

④用螺纹连接的管口，在“连接标准”栏内填写连接螺纹的规格；在“连接面型式”栏内填写“螺纹”字样。

符号	公称尺寸	公称压力	连接标准	连接面型式	用途或名称
a					
b_{1-2}					
c					
d					

(行高：15, 7, 7, 7, 7；列宽：10, 20, 20, 30, 20, 30)

图 6.26 管口表格式

⑤在“用途或名称”栏内，填写在设备工作时各接管的作用。

6.4.3 技术说明

1. 技术特性表

技术特性表用来表示设备的基本性能。内容包括工作压力、工作温度、容积、物料名称、传热面积、填料名称、搅拌轴转速、电动机型号及功率以及其他有关表示该设备的主要性能的资料。

上述内容应根据每台设备的实际情况填写，格式如图 6.27 所示。

序号	名 称	指 标	
		管内	管间
1	工作压力/MPa		
2	操作温度/℃		
3	容积/m^3		
4	物料名称		

(行高：15, 7, 7, 7, 7；列宽：10, 50, 20, 20；总宽 100)

图 6.27 技术特性表

2. 技术要求

技术要求作为设备制造、装配、检验等过程中的技术依据，是化工设备图上不可缺少的一项内容，而且趋于规范化。技术要求通常包括以下几个方面的内容。

(1)通用技术条件

通用技术条件是同类化工设备在制造、装配、检验等诸方面的技术规范，已形成标准，在技术要求中直接引用。

(2)焊接要求

焊接是化工设备的主要工艺，是决定设备质量的一个重要方面，因而是检验设备的一项重要内容。在技术要求中，通常对焊接方法、焊条、焊剂等提出要求。

(3)设备的检验要求

化工设备的质量不但影响设备的使用性能，甚至还直接关系到人身安全。因此，化工设备必须进行严格的检验。一般需对主体设备进行水压和气密性试验，对焊缝进行探伤等。

技术要求中应对检验的项目、方法、指标做出明确要求。

(4)其他要求

说明在图中不能(或没有)表示出来的设备制造、装配、安装要求以及在设备的防腐、保温、包装、运输等方面的特殊要求。

6.4.4 零部件序号

①为了便于读图和生产管理,装配图中所有零部件必须编号。相同的零部件用一个序号,一般只标一次。

②序号用指引线引出到视图之外,一般画一水平线(或圆),序号数字比尺寸数字大一号或两号,指引线、水平线(或圆)均用细实线绘制。同一装配图编注序号方式应一致。

③指引线从被注零件的可见轮廓内引出并画一小圆点,当不便画小圆点时(如零件很薄或为涂黑的剖面),可画成箭头指向该零件的轮廓,如图 6.28(a)所示。

④为避免误解,指引线不得相互交叉,当通过有剖面线的区域时,不要与剖面线重合或平行。

⑤一组紧固件以及装配关系清楚的零件组,可以采用公共指引线,如图 6.28(b)所示。另可见图 6.1 中的零件 2、3 和零件 11、12、13 的编注。

⑥序号应水平或垂直排列整齐,并按顺时针或逆时针方向依次编写。如图 6.1 储罐装配图所示,序号按顺时针方向依次编写。

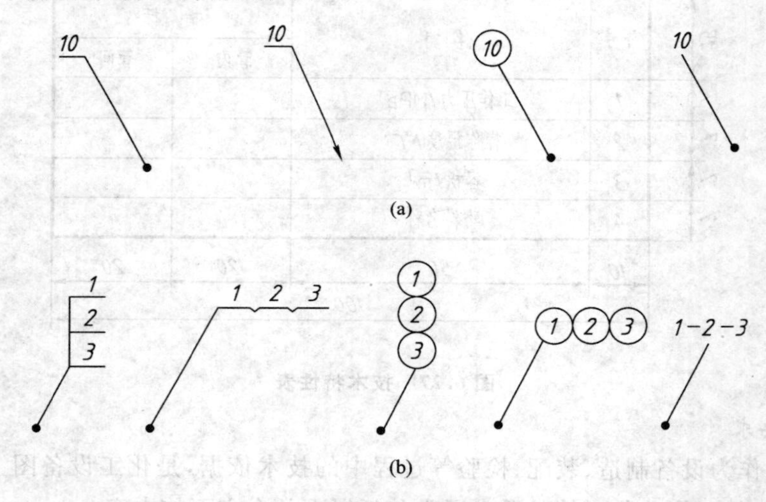

图 6.28 装配图中零件序号的书写

6.4.5 明细栏

装配图上应画出明细栏,用来说明各零件的序号、代号、名称、数量、材料、重量和备注等。明细栏中的序号必须与图中所编写的序号一致。对于标准件,在代号一栏要注明标准号,并在名称一栏注出规格尺寸,标准件的材料可不填写,如图 6.1 储罐装配图所示。

明细栏一般绘制在标题栏上方,按由下而上的顺序填写。其格数应根据需要而定。当由下而上延伸位置不够时,可紧靠在标题栏的左边自下而上延续。

6.5 化工设备图的阅读

对于化工设备图,前面已经介绍了它的表达特点、尺寸标注、常用标准化零部件的结构型式等内容。这对于掌握化工设备图的规律、绘制和阅读化工设备图是有很大帮助的。

6.5.1 阅读化工设备图的基本要求

在化工设备的设计、制造、使用和维修过程中，都要阅读化工设备图，在阅读时应达到如下要求：

①了解设备的名称、用途、性能和主要技术特性；

②了解各零部件的材料、结构形状、尺寸以及零部件间的装配关系；

③了解设备整体的结构和工作原理；

④了解设备上的管口数量和方位；

⑤了解设备在设计、制造、检验和安装等方面的技术要求。

阅读化工设备图应注意其独特的内容和图示特点。

6.5.2 阅读化工设备图的一般方法和步骤

阅读化工设备图，一般可按下列方法步骤进行。

1. 概括了解

首先看标题栏，了解设备名称、规格、绘图比例等内容；看明细栏，了解零部件的数量及主要零部件的选型和规格等；粗看视图并概括了解设备的管口表、技术特性表及技术要求中的基本内容。

2. 详细分析

(1)视图分析

了解设备图上共有多少个视图，哪些是基本视图，各视图采用了哪些表达方法，并分析各视图之间的关系和作用等。

(2)零部件分析

以主视图为中心，结合其他视图，将某一零部件从视图中分离出来，并通过序号和明细栏联系起来进行分析。零部件分析的内容包括如下几项：

①结构分析，搞清该零部件的型式和结构特征，想象出其形状；

②尺寸分析，包括规格尺寸、定位尺寸及注出的定形尺寸和各种代(符)号；

③功能分析，搞清它在设备中所起的作用；

④装配关系分析，即它在设备上的位置与主体或其他零部件的连接装配关系。

对标准化零部件，还可根据其标准号和规格查阅相关的标准进行进一步的分析。

分析接管时，应根据管口符号把主视图和其他视图结合起来，分别找出其轴向和径向位置，并从管口表中了解其用途。管口分析实际上是设备的工作原理分析的主要方面。

化工设备的零部件一般较多，一定要分清主次，对于主要的、较复杂的零部件及其装配关系要重点分析。此外，零部件分析最好按一定的顺序有条不紊地进行，一般按先大后小、先主后次、先易后难的步骤，也可按序号顺序进行分析。

(3)工作原理分析

结合管口表，分析每一管口的用途及其在设备的轴向和径向位置，从而搞清各种物料在设备内的进口流向，即化工设备的主要工作原理。

(4)技术特性和技术要求分析

通过技术特性表和技术要求，明确该设备的性能、主要技术指标和在制造、检验、安装等过程中的技术要求。

3. 归纳总结

在零部件分析的基础上，将各零部件的形状以及在设备中的位置和装配关系，加以综合，并分析设备的整体结构特征，从而想象出设备的整体形象。同时还需对设备的用途、技术特性、主要零部件的作用、各种物料的进出流向及设备的工作原理和工作过程等进行归纳和总结，最后对该设备获得一个全面的、清晰的认识。

6.5.3 读图实例

下面以图 6.29 所示的换热器为例，说明化工设备的读图方法和步骤。

1. 概括了解

图 6.29 中的设备名称是换热器，其用途是使两种不同温度的物料进行热交换，绘图比例 1∶10，换热器由 25 种零部件组成，其中有 14 种标准件。

换热器管程内的介质是水，工作压力为 0.4 MPa，工作温度为 32～37 ℃；壳程内介质是物料丙烯、丙烷，工作压力为 1.6 MPa，工作温度为 40～44 ℃，换热器共有 5 个接管，其用途、尺寸见管口表。

该设备用了 1 个主视图、2 个剖视图、2 个局部放大图以及 1 个设备整体示意图。

2. 详细分析

(1)视图分析

图 6.29 中主视图采用全剖视图表达换热器的主要结构、各个管口和零部件在轴线方向上的位置和装配情况；主视图还采用了断开画法，省略了中间重复结构，简化了作图；换热器管束采用了简化画法，仅画一根，其余用中心线表示。

A—*A* 剖视图表示了各管口的周向方位和换热管的排列方式。*B*—*B* 剖视图补充表达了鞍座的结构形状和安装等有关尺寸。

局部放大图Ⅰ、Ⅱ表达管板与有关零件之间的装配连接情况。示意图用来表达折流板在设备轴线方向的排列情况。

(2)零部件分析

该设备筒体(件 14)和管板(件 6)，封头(件 1)和容器法兰(件 4)的连接都采用焊接，具体结构见局部放大图Ⅱ；各接管与壳体的连接，补强圈与筒体、封头的连接也都采用焊接。封头与管板用法兰连接，法兰与管板间由垫片(件 5)形成密封，防止泄漏，换热管(件 15)与管板的连接采用胀接，见局部放大图Ⅰ。

拉杆(件 12)左端螺纹旋入管板，拉杆上套上定距管用以确定折流板之间的距离，见局部放大图Ⅰ。折流板间装配位置的尺寸见折流板排列示意图。管口的轴向位置与周向方位可由主视图和 *A*—*A* 剖视图读出。

零部件结构形状的分析与阅读一般和机械装配图一样，应结合明细栏的序号逐个将零部件的投影从视图中分离出来，再弄清其结构形状和大小。

对标准化零部件，应查阅相关标准，弄清它们的结构形状及尺寸。

(3)工作原理分析(管口分析)

从管口表可知设备工作时，冷却水自接管 a 进入换热管，由接管 d 流出；温度高的物料从接管 b 进入壳体，经折流板转折流动，与管程内的冷却水进行热量交换后，由接管 e 流出。

(4)技术特性分析和技术要求

从图中可知该设备按《钢制管壳式换热器技术条件》等进行制造、试验和验收，并对焊接方法、焊接形式、质量检验提出了要求，制造完成后除进行水压试验外，还需进行气密性试验。

3. 归纳总结

由前面的分析可知，该换热器的主体结构由圆柱形筒体和椭圆形封头通过法兰连接构成，其内部有 360 根换热管，并有 14 个折流板。

设备工作时，冷却水走管程，自接管 a 进入换热管，由接管 d 流出；高温物料走壳程，从接管 b 进入壳体，由接管 e 流出。物料与管程内的冷却水逆向流动，并通过折流板增加接触时间，从而实现热量交换。

本章小结

本章首先介绍了化工设备图的作用、内容，化工设备结构特点及化工设备图的表达特点。讲解了筒体与封头、法兰、人孔和手孔、支座、螺栓、螺母、垫圈及其连接零部件图样的表达方法，然后详细讲解了化工设备图中的尺寸标注、管口表、技术说明、零部件序号、明细栏、标题栏格式和要求，最后介绍了阅读化工设备图的基本要求、一般方法和步骤，并重点结合实例，详细阅读了换热器图样。

主要知识点归纳如下：

①化工设备图的作用和内容，化工设备的类型、结构特点和表达特点；

②筒体与封头、法兰、人孔和手孔、支座、螺栓、螺母、垫圈及螺栓连接；

③化工设备图中尺寸标注、管口表、技术说明、零部件序号、明细栏、标题栏；

④阅读化工设备图的基本要求、一般方法和步骤，阅读换热器装配图。

思考与练习

一、填空题

1. 用来表示化工设备的________、________、________和________等技术要求的图样，称为化工设备图。

2. 化工设备广泛采用标准化零部件，常见的标准化零部件有(写出四种以上)________、________、________、________。

3. 化工设备的壳体形状多为________，制造工艺上大量采用________，设备上有较多的________用以安装零部件和连接管道。

4. 化工设备图的内容除视图、尺寸、零部件编号及明细栏、标题栏外，还包括________、________和技术要求。

5. 化工设备图通常采用________个基本视图，立式设备采用________和________，卧式设备采用________和________。

6. 管口方位图一般仅画出________，用________线表示管口位置，用________线示意性地画出设备管口。

二、单项选择题

1. 在管口方位图中，用________标注与主视图相同的管口符号。

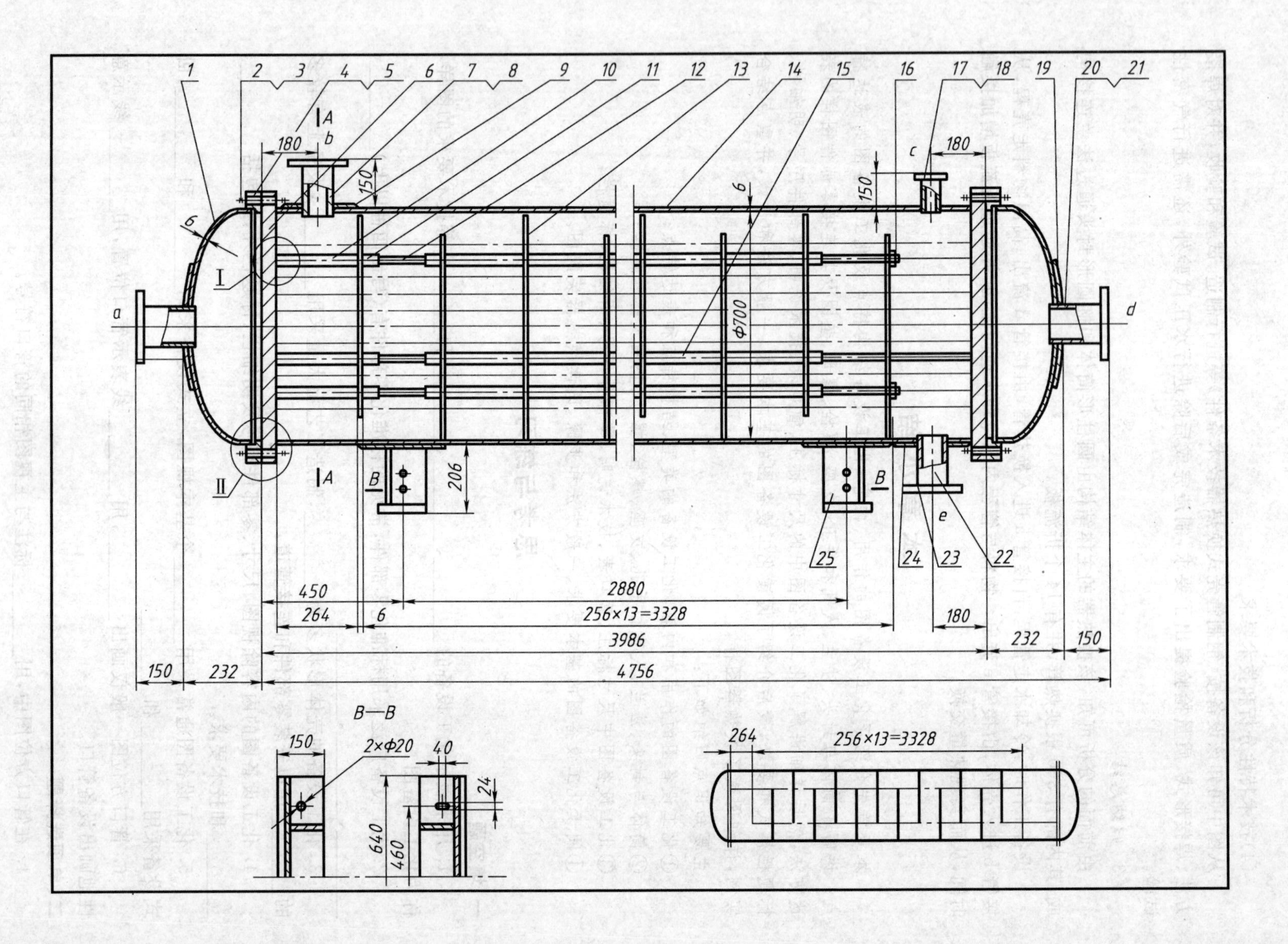

1
2
3
4
5
6
7
8
9
10
11
12
13
14
15
16
17
18
19
20
21
22
23
24
25
a
b
c
d
e
A
B
B—B
I
II
150
232
180
256×13=3328
264
2880
3986
4756
450
6
Φ700
206
24
40
460
640
2×Φ20

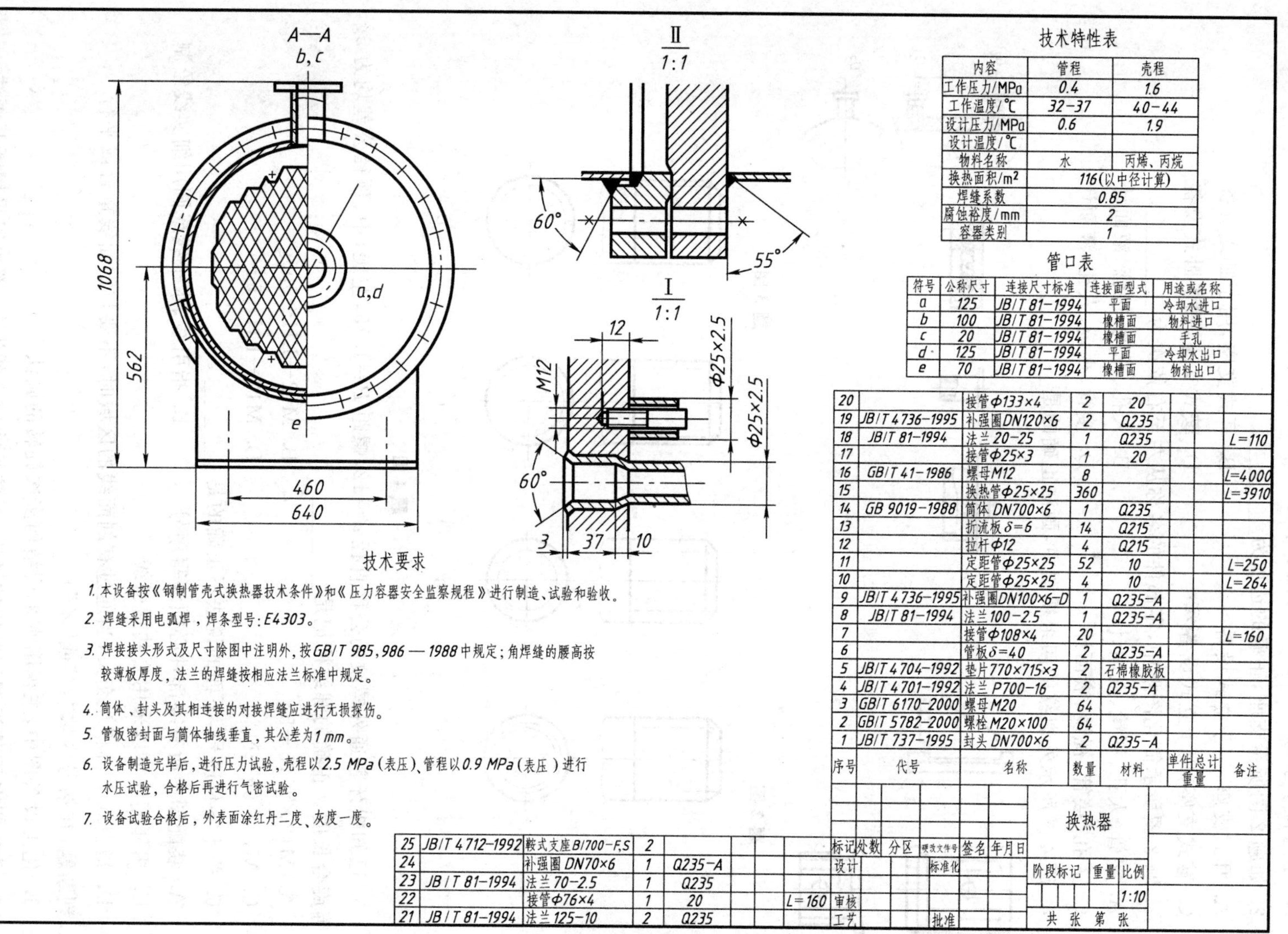
A—A
b,c
a,d
e
1068
562
460
640
Ⅱ
1:1
60°
55°
Ⅰ
1:1
12
M12
Φ25×2.5
Φ25×2.5
60°
3
37
10
技术特性表
内容 | 管程 | 壳程
工作压力/MPa | 0.4 | 1.6
工作温度/℃ | 32-37 | 40-44
设计压力/MPa | 0.6 | 1.9
设计温度/℃
物料名称 | 水 | 丙烯、丙烷
换热面积/m² | 116(以中径计算)
焊缝系数 | 0.85
腐蚀裕度/mm | 2
容器类别 | 1
管口表
符号 | 公称尺寸 | 连接尺寸标准 | 连接面型式 | 用途或名称
a | 125 | JB/T 81-1994 | 平面 | 冷却水进口
b | 100 | JB/T 81-1994 | 榫槽面 | 物料进口
c | 20 | JB/T 81-1994 | 榫槽面 | 手孔
d | 125 | JB/T 81-1994 | 平面 | 冷却水出口
e | 70 | JB/T 81-1994 | 榫槽面 | 物料出口
25 | JB/T 4712-1992 | 鞍式支座B/700-F,S | 2
24 | 补强圈DN70×6 | 1 | Q235-A
23 | JB/T 81-1994 | 法兰70-2.5 | 1 | Q235
22 | 接管Φ76×4 | 1 | 20 | L=160
21 | JB/T 81-1994 | 法兰125-10 | 2 | Q235
20 | 接管Φ133×4 | 2 | 20
19 | JB/T 4736-1995 | 补强圈DN120×6 | 2 | Q235
18 | JB/T 81-1994 | 法兰20-25 | 1 | Q235 | L=110
17 | 接管Φ25×3 | 1 | 20
16 | GB/T 41-1986 | 螺母M12 | 8 | L=4000
15 | 换热管Φ25×25 | 360 | L=3910
14 | GB 9019-1988 | 筒体DN700×6 | 1 | Q235
13 | 折流板δ=6 | 14 | Q215
12 | 拉杆Φ12 | 4 | Q215
11 | 定距管Φ25×25 | 52 | 10 | L=250
10 | 定距管Φ25×25 | 4 | 10 | L=264
9 | JB/T 4736-1995 | 补强圈DN100×6-D | 1 | Q235-A
8 | JB/T 81-1994 | 法兰100-2.5 | 1 | Q235-A
7 | 接管Φ108×4 | 20 | L=160
6 | 管板δ=40 | 2 | Q235-A
5 | JB/T 4704-1992 | 垫片770×715×3 | 2 | 石棉橡胶板
4 | JB/T 4701-1992 | 法兰P700-16 | 2 | Q235-A
3 | GB/T 6170-2000 | 螺母M20 | 64
2 | GB/T 5782-2000 | 螺栓M20×100 | 64
1 | JB/T 737-1995 | 封头DN700×6 | 2 | Q235-A
序号 | 代号 | 名称 | 数量 | 材料 | 单件 总计 重量 | 备注
换热器
标记 处数 分区 更改文件号 签名 年月日
设计 标准化 阶段标记 重量 比例
1:10
审核
工艺 批准
共 张 第 张
技术要求
1. 本设备按《钢制管壳式换热器技术条件》和《压力容器安全监察规程》进行制造、试验和验收。
2. 焊缝采用电弧焊，焊条型号：E4303。
3. 焊接接头形式及尺寸除图中注明外，按GB/T 985,986—1988中规定；角焊缝的腰高按较薄板厚度，法兰的焊缝按相应法兰标准中规定。
4. 筒体、封头及其相连接的对接焊缝应进行无损探伤。
5. 管板密封面与筒体轴线垂直，其公差为1 mm。
6. 设备制造完毕后，进行压力试验，壳程以2.5 MPa（表压）、管程以0.9 MPa（表压）进行水压试验，合格后再进行气密试验。
7. 设备试验合格后，外表面涂红丹二度、灰度一度。

图 6.29 换热器

A. 小写拉丁字母　　B. 大写拉丁字母　　C. 罗马数字　　D. 阿拉伯数字

2. 如题 2 图所示支座，正确的选项为________。

A. 耳式支座，用于立式设备　　B. 耳式支座，用于卧式设备

C. 鞍式支座，用于立式设备　　D. 鞍式支座，用于卧式设备

3. 题 3 图所示简化图形中，零部件的名称从左至右依次为________。

A. 接管、人孔、视镜、液面计　　B. 人孔、视镜、接管、液面计

C. 人孔、接管、视镜、液面计　　D. 接管、视镜、人孔、液面计

4. 题 4 图所示外螺纹的四组视图中，画法正确的是________。

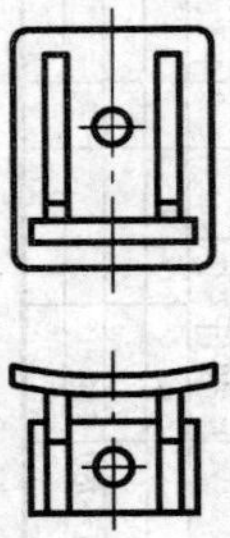

a_1

a_2

a_3

题 2 图 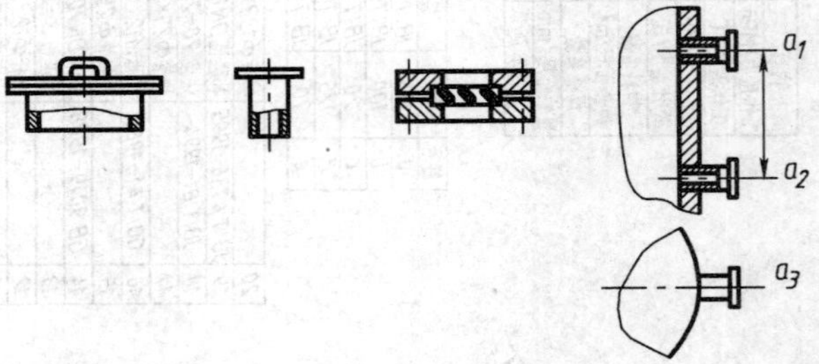　　**题 3 图**

A　　B　　C　　D

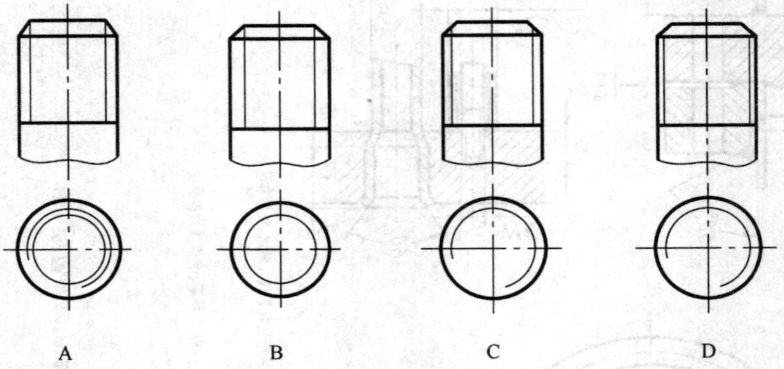

题 4 图

5. 已知粗牙普通外螺纹的公称直径 $d=12$，螺距 $P=1.75$，左旋，中、顶径公差均为 5g，中等旋合长度。正确的螺纹标记是________。

A. M12×1.75－5g　　B. M12－LH－5g5g

C. M12－5g－N　　D. M12－LH－5g

6. 关于零件序号，下面的说法不正确的是________。

A. 装配图中所有零部件必须编写序号　　B. 指引线、水平线或圆用细实线绘制

C. 相邻零件可以采用公共指引线

D. 指引线不得相互交叉，当通过有剖面线的区域时，不要与剖面线重合或平行

三、判断题（在括号内填"√"或"×"）

1. 化工设备图中，主视图常采用结构多次旋转的画法。　（　　）

2. 化工设备图的视图配置比较灵活，对较长或较高的设备，都可以采用断开画法。

（　　）

3. 化工设备图应标注的几类尺寸与机械装配图的尺寸要求是一样的。 (　　)

4. 螺纹在剖视图或断面图中,剖面线一律画到粗实线。 (　　)

5. 螺纹的公称直径一律指螺纹大径。 (　　)

6. 筒体由钢板卷焊时,其公称直径是指筒体的内径,筒体所对应的封头公称直径等于封头的内径。 (　　)

四、实训题

阅读图 6.1 所示储罐化工设备图并回答下列问题。

1. 该设备名称为________,共有零部件________种,其中标准件________个,接管口________个。筒体内径为________ mm,壁厚为________ mm。工作压力________ MPa,工作温度________℃ 。

2. 图样上采用了____个基本视图、____个局部放大图。局部放大图表达了________。

3. 筒体与封头采用________连接,各接管与上封头采用________连接。

第7章　化工工艺图

表达化工生产过程与联系的图样称为化工工艺图。它是化工工艺人员进行工艺设计的主要内容，也是化工厂进行工艺安装和指导生产的重要技术文件。化工工艺图主要包括工艺流程图、设备布置图和管道布置图。通过本章学习，要达到以下学习要求：

①了解工艺流程图、设备布置图和管道布置图内容；

②理解化工工艺图概念；

③能阅读工艺流程图、设备布置图和管道布置图；

④掌握绘制典型的化工管道布置图和化工工艺流程图方法。

7.1　工艺流程图

7.1.1　工艺流程图概述

化工工艺流程图是一种表示化工生产过程的示意性图样，即按照工艺流程的顺序，将生产中采用的设备和管道从左至右展开画在同一平面上，并附以必要的标注和说明。它主要表示化工生产中由原料转变为成品或半成品的来龙去脉及采用的设备。根据表达内容的详略，化工工艺流程图分为方案流程图和施工流程图。

1. 方案流程图

方案流程图一般仅画出主要设备和主要物料的流程线，用于粗略地表示生产流程。图7.1为某化工厂空压站岗位的工艺方案流程图。由图中可以看出，空气经空压机加压进入冷却器降温，通过气液分离器排去气体中的冷凝杂液，再进入干燥器和除尘器进一步除去液固杂质，最后送入储气罐，以供应仪表和装置使用。

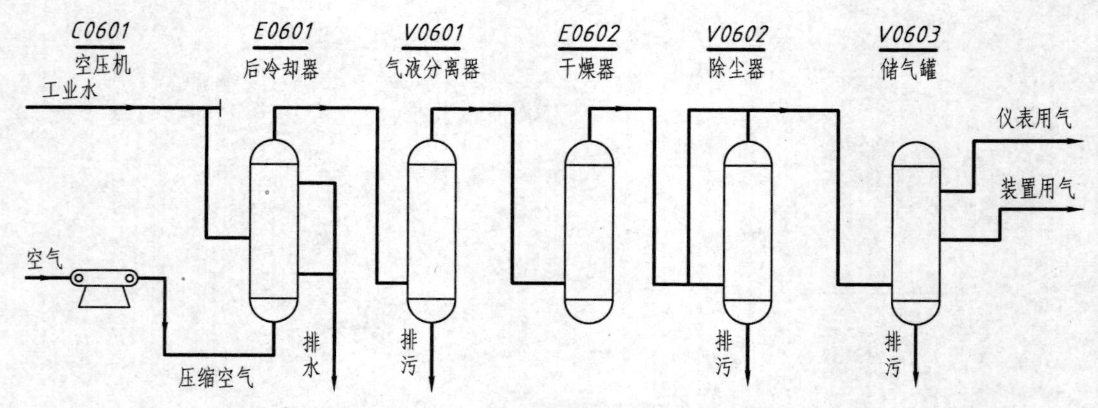

图7.1　空压站岗位的工艺方案流程图

2. 施工流程图

施工流程图通常又称为带控制点工艺流程图或工艺管道及仪表流程图，是在方案流程图的基础上绘制的内容较为详细的一种工艺流程图。它是设备布置和管道布置设计的依据，并可供施工安装和生产操作时参考。图7.2所示为空压站岗位的带控制点工艺流程图。

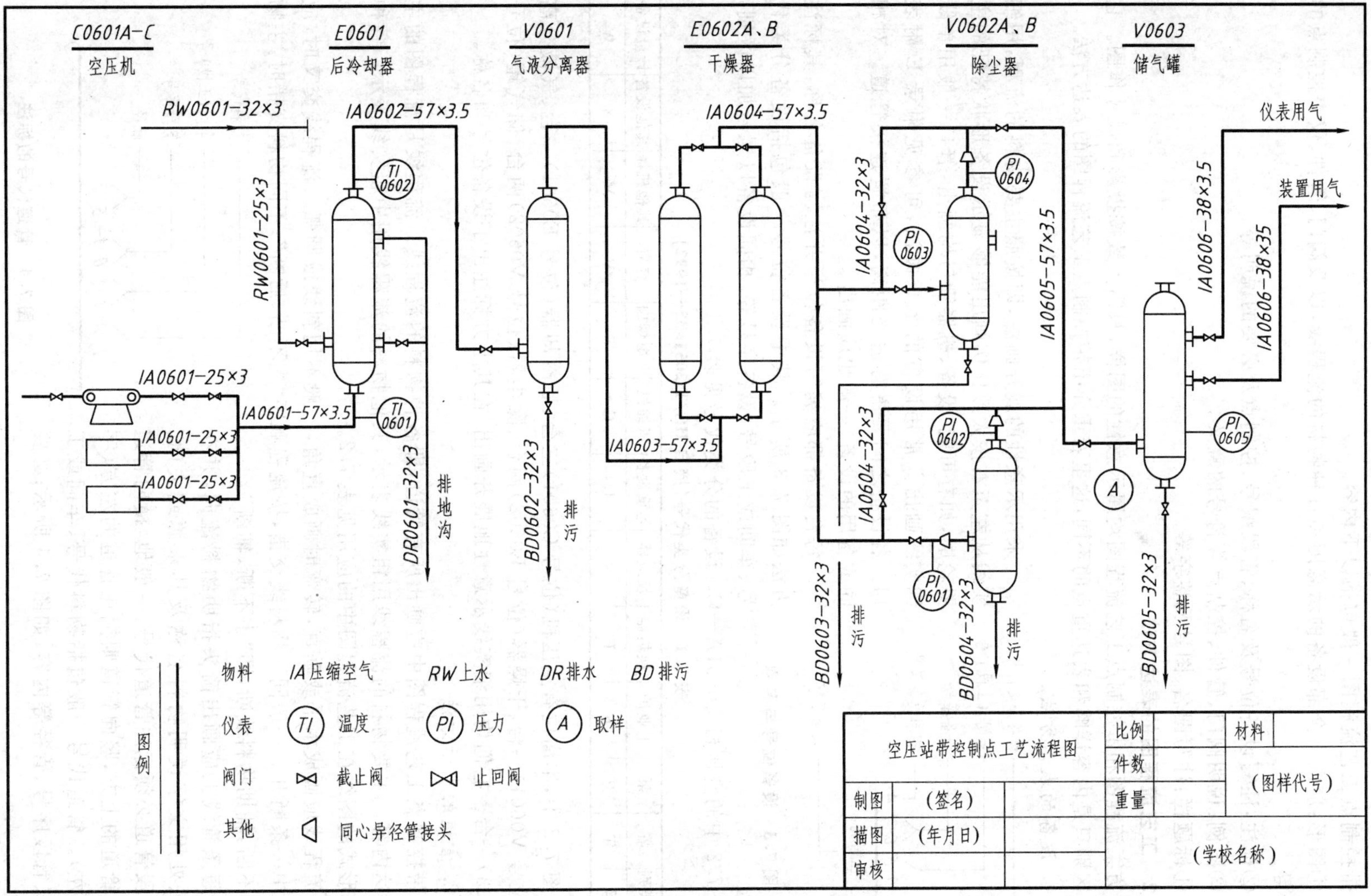

图 7.2　空压站带控制点工艺流程图

带控制点工艺流程图一般包括以下内容。

①图形：应画出全部设备的示意图和各种物料的流程线，以及阀门、管件、仪表控制点的符号等。

②标注：注写设备位号及名称、管段编号、控制点及必要的说明等。

③图例：说明阀门、管件、控制点等符号的意义。

④标题栏：注写图名、图号及签字等。

7.1.2 工艺流程图的表达方法

方案流程图和带控制点工艺流程图均属示意性的图样，只需大致按投影和尺寸作图。它们的区别只是内容详略和表达重点的不同，这里着重介绍带控制点工艺流程图的表达方法。

1. 设备的表示方法

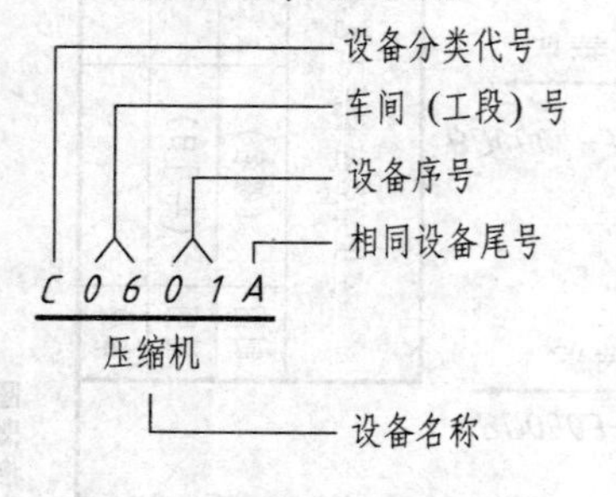

图 7.3 设备位号与名称

采用示意性的展开画法，即按照主要物料的流程，用细实线从左至右按大致比例画出能够显示设备形状特征的主要轮廓，如有可能，设备、机器管口均画出，管口一般用单线细实线画出。常用设备的示意画法，可参见附录 E 附表 14。各设备之间要留有适当距离，以布置连接管道。对相同或备用的设备，一般也应画出。

每台设备都应编写设备位号并注写设备名称，其标注方法如图 7.3 所示。其中设备位号一般包括设备分类代号、车间或工段号、设备序号等，相同设备以尾号加以区别，如图 7.2 中的空压机 C0601A—C。设备的分类代号见表 7.1。

表 7.1 设备分类代号(摘自 HG/T 2051.35—1992)

设备类别	塔	泵	工业炉	换热器	反应器	起重设备	压缩机	火炬烟囱	容器	其他机械	其他设备	计量设备
代号	T	P	F	E	R	L	C	S	V	M	X	W

图 7.2 中，本岗位有空压机（位号 C0601）三台、后冷却器（位号 E0601）一台、气液分离器（位号 V0601）一台、干燥器（位号 E0602）两台、除尘器（位号 V0602）两台、储气罐（位号 V0603）一台。它们均用细实线示意性地展开画出，在其上方标注出了设备位号和名称。

2. 管道的表示方法

带控制点工艺流程图中应画出所有管道，即各种物料的流程线。流程线是流程图的主要表达内容。主要物料的流程线用粗实线表示，其他物料的流程线用中粗实线表示。各种不同形式的图线在工艺流程图中的应用见表 7.2。

流程线应画成水平或垂直，转弯时画成直角，一般不用斜线或圆弧。流程线交叉时，应将其中一条断开。一般同一物料线交错，按流程顺序“先不断、后断”；不同物料交错时，主物料线不断，辅助物料线断，即“主不断、辅断”。

每条管线上应画出箭头指明物料流向，并在来、去处用文字说明物料名称及其来源或去向。对每段管道必须标注管道代号，一般地，横向管道标在管道的上方，竖向管道则标在管道的左方（字头朝左）。管道代号一般包括物料代号、车间或工段号、管段序号、管径等内容，如图 7.4 所示；必要

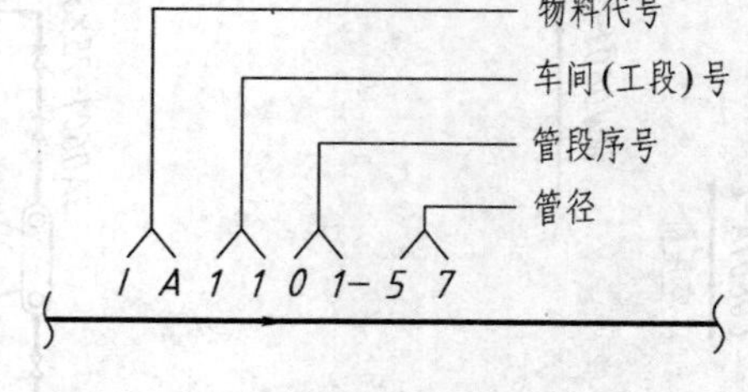

图 7.4 管道代号的标注

时，还可注明壁厚、管道压力等级、管道材料、隔热或隔声等代号。

图 7.2 中，用粗实线画出了主要物料（压缩空气）的工艺流程，而用中粗实线画出上水、排水、排污等辅助物料流程线。每一条管线均标注了流向箭头和管道代号。

3. 阀门及管件的表示法

化工生产中要大量使用各种阀门，以实现对管道内的流体进行开、关及流量控制、止回、安全保护等功能。在流程图上，阀门及管件用细实线按规定的符号在相应处画出。由于功能和结构的不同，阀门的种类很多，常用阀门及管件的图形符号见表 7.2。

物料代号以大写的英文词头来表示，如表 7.3 所示。

表 7.2　工艺流程图上管道、管件、阀门的图例

管道		管件		阀门	
名称	图例	名称	图例	名称	图例
主要物料管道		同心异径管		截止阀	
辅助物料管道		偏心异径管	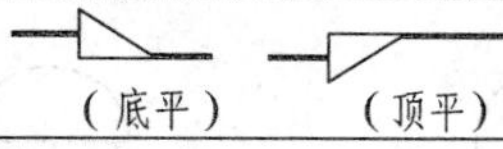 （底平）　（顶平）	闸阀	
原有管道		管端盲管		节流阀	
仪表管道		管端法兰		球阀	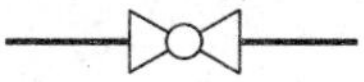
蒸汽伴热管道		放空管	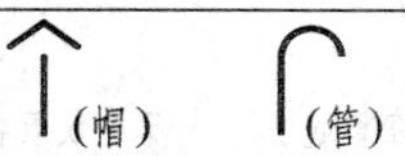 （帽）　（管）	旋塞阀	
电伴热管道		漏斗	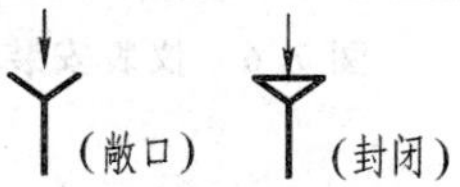 （敞口）　（封闭）	蝶阀	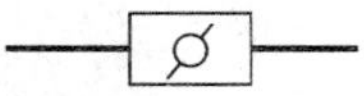
夹套管	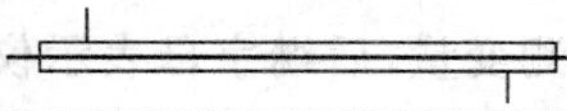	视镜		止回阀	
可拆短管		圆形盲管	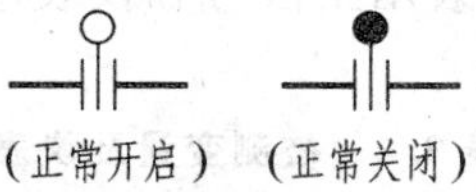 （正常开启）　（正常关闭）	角式截止阀	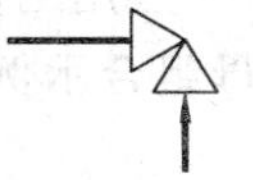
柔性管		管帽		三通截止阀	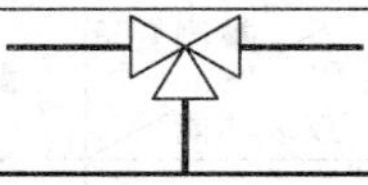

表 7.3　物料代号

代号	物料名称	代号	物料名称	代号	物料名称	代号	物料名称
A	空气	F	火炬排放气	LO	润滑油	R	冷冻剂
AM	氨	FG	燃料气	LS	低压蒸汽	RO	原料油
BD	排污	FO	燃料油	MS	中压蒸汽	RW	原水
BF	锅炉给水	FS	熔盐	NG	天然气	SC	蒸汽冷凝水
BR	盐水	GO	填料油	N	氮	SL	泥浆
CS	化学污水	H	氢	O	氧	SO	密封油
CW	循环冷却上水	HM	载热体	PA	工艺空气	SW	软水
DM	脱盐水	HS	高压蒸汽	PG	工艺气体	TS	伴热蒸汽
DR	排液、排水	HW	循环冷却回水	PL	工艺液体	VE	真空排放气
DW	饮用水	IA	仪表空气	PW	工艺水	VT	放空气

4. 仪表控制点的表示方法

化工生产过程中，需对管道或设备内不同位置、不同时间流经的物料的压力、温度、流量等参数进行测量、显示，或进行取样分析。在带控制点工艺流程图中，仪表控制点用符号表示，并从其安装位置引出。符号包括图形符号和仪表位号，它们组合起来表达仪表功能、被测变量和检测方法等。

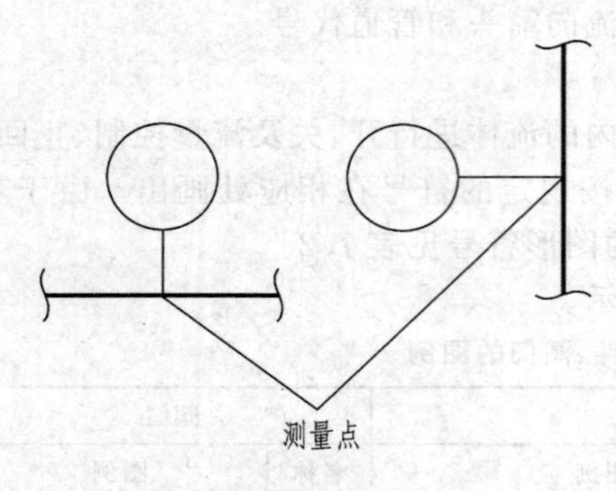

图 7.5　仪表的图形符号

(1)图形符号

控制点的图形符号用一个细实线的圆(直径约10 mm)表示，并用细实线连向设备或管道上的测量点，仪表的图形符号如图 7.5 所示。图形符号上还可表示仪表不同的安装位置，如图 7.6 所示。

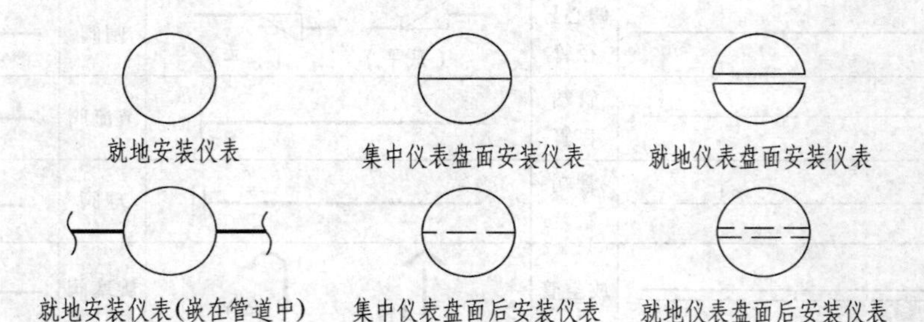

图 7.6　仪表安装位置的图形符号

(2)仪表位号

仪表位号由字母与阿拉伯数字组成：第一位字母表示被测变量，后继字母表示仪表的功能，一般用三位或四位数字表示工段号和仪表序号，如图 7.7 所示。被测变量及仪表功能的字母组合示例，见表 7.4。

表 7.4　被测变量及仪表功能的字母组合示例

被测变量 仪表功能	温度	温差	压力或真空	压差	流量	流量比率	分析	密度	黏度
指示	TI	TdI	PI	PdI	FI	FfI	AI	DI	VI
指示、控制	TIC	TdIC	PIC	PdIC	FIC	FfIC	AIC	DIC	VIC
指示、报警	TIA	TdIA	PIA	PdIA	FIA	FfIA	AIA	DIA	VIA
指示、开关	TIS	TdIS	PIS	PdIS	FIS	FfIS	AIS	DIS	VIS
记录	TR	TdR	PR	PdR	FR	FfR	AR	DR	VR
记录、控制	TRC	TdRC	PRC	PdRC	FRC	FfRC	ARC	DRC	VRC
记录、报警	TRA	TdRA	PRA	PdRA	FRA	FfRA	ARA	DRA	VRA
记录、开关	TRS	TdRS	PRS	PdRS	FRS	FfRS	ARS	DRS	VRS
控制	TC	TdC	PC	PdC	FC	FfC	AC	DC	VC
控制、变速	TCT	TdCT	PCT	PdCT	FCT	—	ACT	DCT	VCT

在图形符号中，字母填写在圆圈内的上部，数字填写在下部，仪表位号的标注方法如图 7.8 所示。

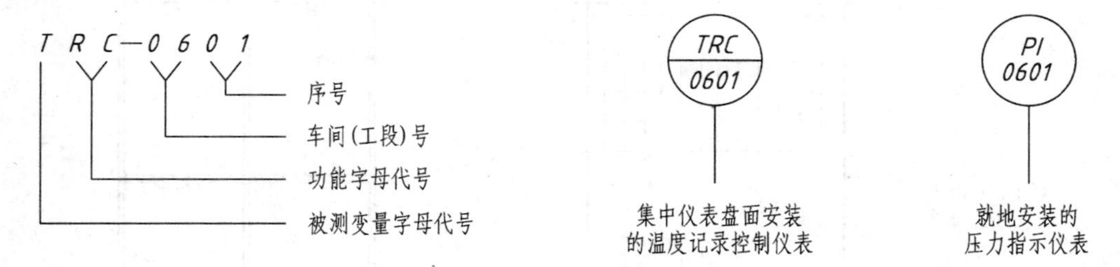

图 7.7　仪表位号的组成　　**图 7.8　仪表位号的标注方法**

7.1.3　带控制点的工艺流程图的阅读

通过阅读带控制点工艺流程图，了解和掌握物料的工艺流程，设备的种类、数量、名称和位号，管道的编号和规格，阀门、控制点的功能、类型和控制部位等，以便在管道安装和工艺操作过程中做到心中有数。下面以图 7.2 为例，介绍阅读带控制点工艺流程图的方法和步骤。

1. 分析设备的数量、名称和位号

图 7.2 所示的空压站岗位，从图形上方的设备标注中可知共十台设备，有三台空压机(位号 C0601A～C)、一台后冷却器(位号 E0601)、一台气液分离器(位号 V0601)、两台干燥器(位号 E0602A、B)、两台除尘器(位号 V0602A、B)和一台储气罐(位号 V0603)。

2. 分析主要物料的工艺流程

从空压机出来的压缩空气，经测温点 TI0601 进入后冷却器。冷却后的压缩空气经测温点 TI0602 进入气液分离器，除去油和水的压缩空气分两路进入两干燥器进行干燥，然后分两路经测压点 PI0601、PI0603 进入两台除尘器。除尘后的压缩空气经取样点进入储气罐后，送去外管道使用。

3. 分析其他物料的工艺流程

冷却水沿管道 RW0601 - 32×3 经截止阀进入后冷却器，与温度较高的压缩空气进行热量交换，经管道 DR0601 - 32×3 排入地沟。

4. 分析阀门、仪表控制情况

可以看出，图中主要有五个止回阀，分别安装在空压机和干燥器出口处，其他皆是截止阀。仪表控制点有温度显示仪表两个，压力显示仪表五个。这些仪表都是就地安装的。

7.2　设备布置图

工艺流程设计所确定的全部设备，必须根据生产工艺的要求，在厂房建筑的内外合理布置安装。表达设备在厂房内外安装位置的图样，称为设备布置图，用于指导设备的安装施工，并且作为管道布置设计、绘制管道布置图的重要依据。

设备布置图是在厂房建筑图的基础上绘制的，因此首先介绍建筑图的基本知识。

7.2.1　建筑图样的基本知识

建筑图是用以表达建筑设计意图和指导施工的图样。它将建筑物的内外形状、大小及各部分的结构、装饰、设备等，按技术制图国家标准和国家工程建设标准(GBJ)规定，用正投影法准确而详细地表达出来，如图 7.9 所示。

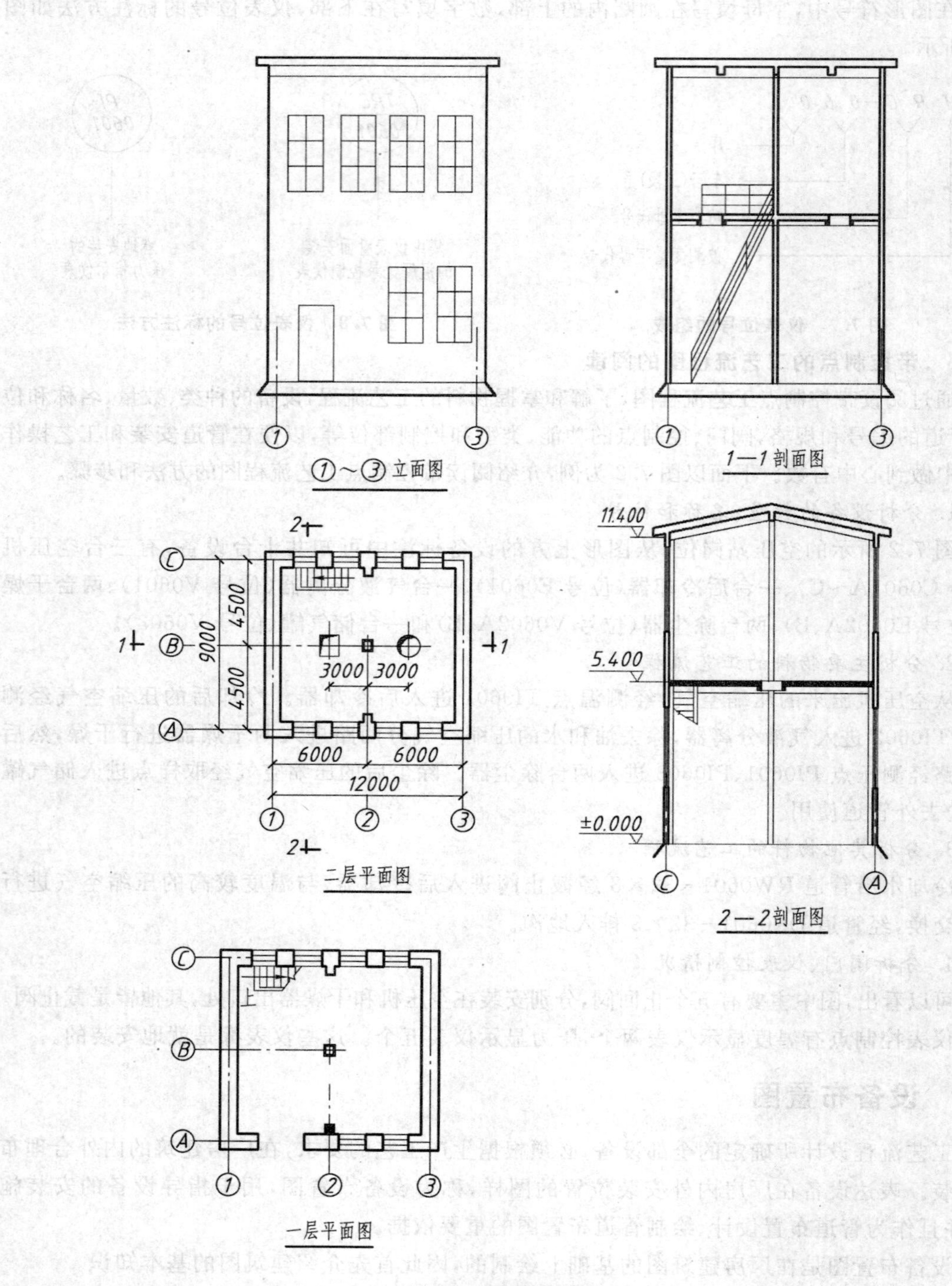

图 7.9 房屋建筑图

1. 视图

建筑图样的一组视图，主要包括平面图、立面图和剖面图。

平面图是假想用水平面沿略高于窗台的位置剖切建筑物而绘制的俯视图，用于反映建筑物的平面格局、房间大小和墙、柱、门、窗等，是建筑图样一组视图中主要的视图。对于楼房，各层平面结构不同，需分别绘制出每一层的平面图，如图 7.9 中分别画出了一层平面图和二层平面图。平面图不需要标注剖切位置。

建筑制图中将建筑物的正面、背面和侧面投影图称为立面图，用于表达建筑物的外形和墙面装饰，如图 7.9 所示的①～③立面图表达了该建筑物的正面外形及门窗布局。剖面图是假想使用正平面或侧平面剖切建筑物，将观察者和剖切平面之间部分移去，把其余部分向投影面投影所得的视图，用以表达建筑物内部在高度方向的结构、形状和尺寸，如图 7.9 所示的 1—1 剖面图和 2—2 剖面图。剖面图须在平面图上标注出剖切符号。建筑图中，剖面符号常常省略或以涂色代替。建筑图样的每一视图一般在图形正下方标注出视图名称（在视图名称下画一条线）。

2. 定位轴线

建筑图中对建筑物的墙、柱位置用细点画线画出，并加以编号，编号注写在圆圈内（圆圈直径 8 mm，细实线绘制）。长度方向由左往右用阿拉伯数字依次注写，宽度方向由前而后用大写拉丁字母依次注写，如图 7.9 所示。

3. 尺寸

厂房建筑应标注建筑定位轴线间尺寸和各楼层地面的高度。建筑物的高度尺寸采用标高符号标注在剖面图上，如图 7.9 所示的 2—2 剖面图。一般以底层室内地面为基准标高，标记为“±0.000”，高于基准时标高为正，低于基准时标高为负，标高数值以 m 为单位，小数点后取三位，单位省略不注。

其他尺寸以 mm 为单位，其尺寸线终端通常采用 45°斜线形式，并往往注成封闭的尺寸链，如图 7.9 中的二层平面图。

由于建筑构件、配件和材料种类较多，且许多内容没必要或不可能以真实尺寸严格按投影作图。为作图简便起见，国家工程建设标准规定了一系列的图形符号（即图例），来表示建筑构件、配件、卫生设备和建筑材料，见表 7.5。

表 7.5　建筑图常见图例

建筑材料		建筑构造及配件			
名称	图例	名称	图例	名称	图例
自然土壤		楼梯		单扇门	
夯实土壤					
普通砖		空洞			
混凝土				单层外开平开窗	
钢筋混凝土		坑槽			
金属					

7.2.2 设备布置图的内容

设备布置图实际上是在简化了的厂房建筑图的基础上增加了设备布置的内容。如图7.10为空压站岗位的设备布置图。由于设备布置图的表达重点是设备的布置情况，所以用粗实线表示设备，而厂房建筑的所有内容均用细实线表示。

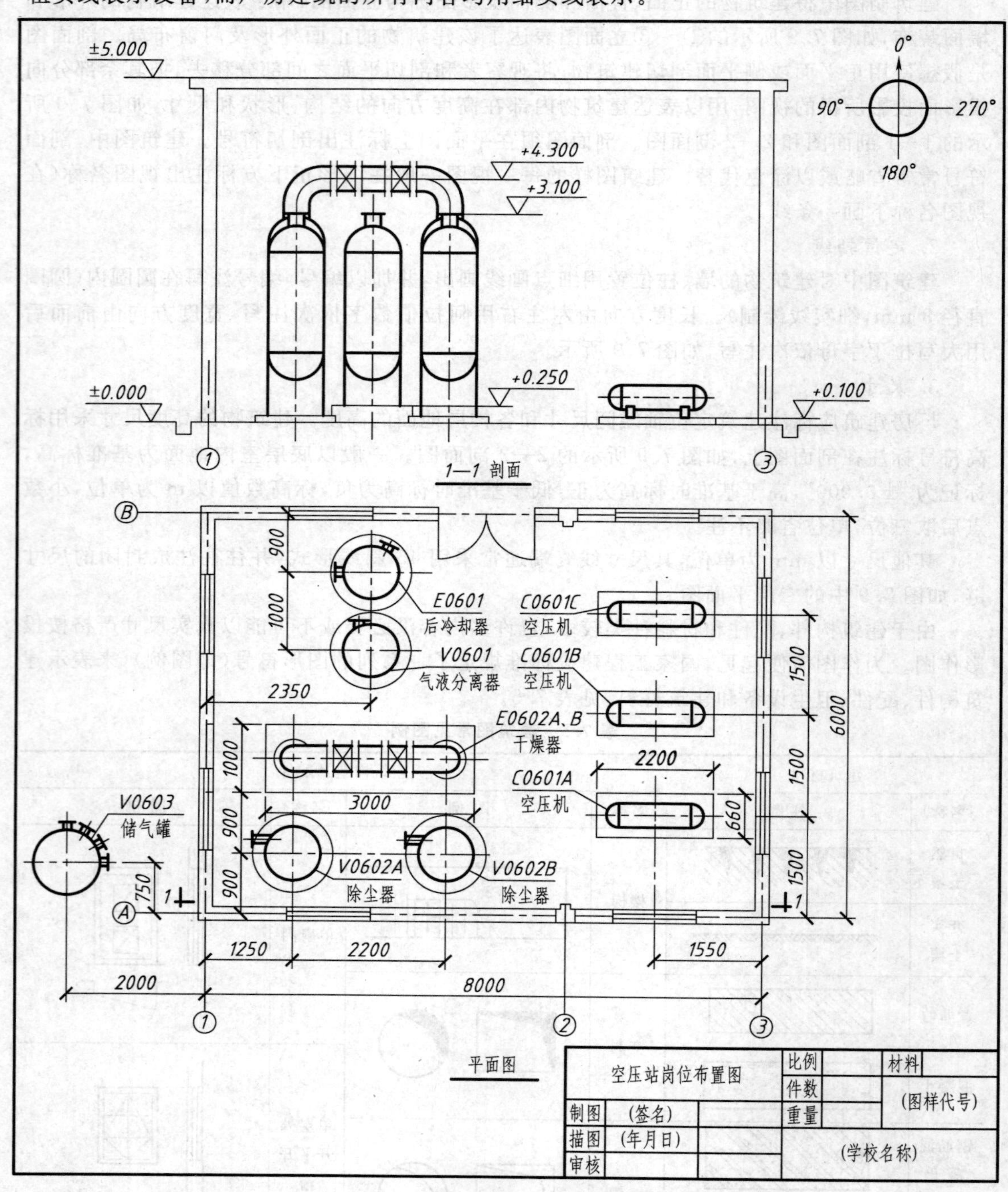

图 7.10 空压站岗位设备布置图

1. 设备布置图的内容

从图 7.10 中可以看出，设备布置图包括以下内容。

(1)一组视图

一组视图主要包括设备布置平面图和剖面图，表示厂房建筑的基本结构和设备在厂房内外的布置情况。必要时还应画出设备的管口方位图。

(2)必要的标注

设备布置图中应标注出建筑物的主要尺寸，建筑物与设备之间、设备与设备之间的定位尺寸，厂房建筑定位轴线的编号、设备的名称和位号，以及注写必要的说明等。

(3)安装方位标

安装方位标也叫设计北向标记，是确定设备安装方位的基准，一般将其画在图样的右上方或平面图的右上方，如图 7.10 所示。

(4)标题栏

注写图名、图号、比例及签字等。

2. 设备布置平面图

设备布置平面图用来表示设备在水平面内的布置情况。当厂房为多层建筑时，应按楼层分别绘制平面图。设备布置平面图通常要表达出如下内容：

①厂房建筑构筑物的具体方位、占地大小、内部分隔情况以及与设备安装定位有关的厂房建筑结构形状和相对位置尺寸；

②厂房建筑的定位轴线编号和尺寸；

③所有设备的水平投影或示意图，反映设备在厂房建筑内外的布置位置，并标注出位号和名称；

④各设备定位尺寸以及设备基础的定形和定位尺寸。

3. 设备布置剖面图

设备布置剖面图是在厂房建筑的适当位置纵向剖切绘出的剖视图，用来表达设备沿高度方向的布置安装情况。剖面图一般应反映如下的内容：

①厂房建筑高度方向上的结构，如楼层分隔情况、楼板的厚度及开孔等以及设备基础的立面形状，注出定位轴线尺寸和标高；

②有关设备的立面投影或示意图，反映其高度方向上的安装情况；

③厂房建筑各楼层、设备和设备基础的标高。

7.2.3 设备布置图的阅读

通过对设备布置图的阅读，主要了解设备与建筑物、设备与设备之间的相对位置。

图 7.10 所示为空压站岗位的设备布置图，包括设备布置平面图和 1—1 剖面图。从设备布置平面图可知，本系统的三台压缩机 C0601A、C0601B、C0601C 布置在距③轴 1 550 mm，距 *A* 轴分别为 1 500 mm、3 000 mm、4 500 mm 的位置处；一台后冷却器 E0601 布置在距 *B* 轴 900 mm，距①轴 2 350 mm 的位置处；一台气液分离器 V0601 布置在距 *B* 轴 1 900 mm，距①轴 2 350 mm 的位置处；两台干燥器 E0602A、E0602B 布置在距 *A* 轴

1 800 mm,距①轴分别为 1 250 mm、3 450 mm 的位置处;两台除尘器 V0602A、V0602B 布置在距 *A* 轴 900 mm,距①轴分别为 1 250 mm、3 450 mm 的位置处;一台储气罐 V0603 布置在室外,距 *A* 轴为 750 mm,距①轴为 2 000 mm 的位置处。在 1—1 剖面图中,反映了设备的立面布置情况,如后冷却器 E0601、气液分离器 V0601 布置在标高为+0.250 m 的基础平面上;压缩机 C0601、干燥器 E0602 及除尘器 V0602 布置在标高+0.100 m 的平面上。

7.3 管道布置图

7.3.1 管道布置图作用和内容

管道布置图是在设备布置图的基础上画出管道、阀门及控制点,表示厂房建筑内外各设备之间管道的连接走向和位置以及阀门、仪表控制点的安装位置的图样。管道布置图又称为管道安装图或配管图,用于指导管道的安装施工。

图 7.11 为空压站岗位(除尘器部分)的管道布置图,从中看出,管道布置图一般包括以下内容。

1. 一组视图

表达整个车间(装置)的设备、建筑物的简单轮廓以及管道、管件、阀门、仪表控制点等的布置安装情况。与设备布置图类似,管道布置图的一组视图主要包括管道布置平面图和剖面图。

2. 标注

包括建筑物定位轴线编号,设备位号,管道代号,控制点代号,建筑物和设备的主要尺寸,管道、阀门、控制点的平面位置尺寸和标高以及必要的说明等。

3. 方位标

表示管道安装的方位基准。

4. 标题栏

注写图名、图号、比例及签字等。

本教材只介绍管道布置图的画法和阅读。

7.3.2 管道的图示方法

1. 管道的画法规定

管道布置图中,管道是图样表达的主要内容,因此用粗实线(或中粗实线)表示。为了画图简便,通常将管道画成单线(粗实线),如图 7.12(a)所示。对于大直径($DN \geqslant 250$ mm)或重要管道($DN \geqslant 50$ mm,受压在 12 MPa 以上的高压管),则将管道画成双线(中粗实线),如图 7.12(b)所示。在管道的断开处应画出断裂符号,单线及双线管道的断裂符号参见图 7.12。

管道交叉时,一般将下方(或后方)的管道断开,也可将上面(或前面)的管道画上断裂符号断开,如图 7.13 所示 。管道的投影重叠而又需表示出不可见的管段时,可采用断开显露法将上面(或前面)管道的投影断开,并画上断裂符号。当多根管道的投影重叠时,最上一根管道画双重断裂符号,并可在管道断开处注上 a、b 等字母,以方便辨认,如图 7.14 所示。

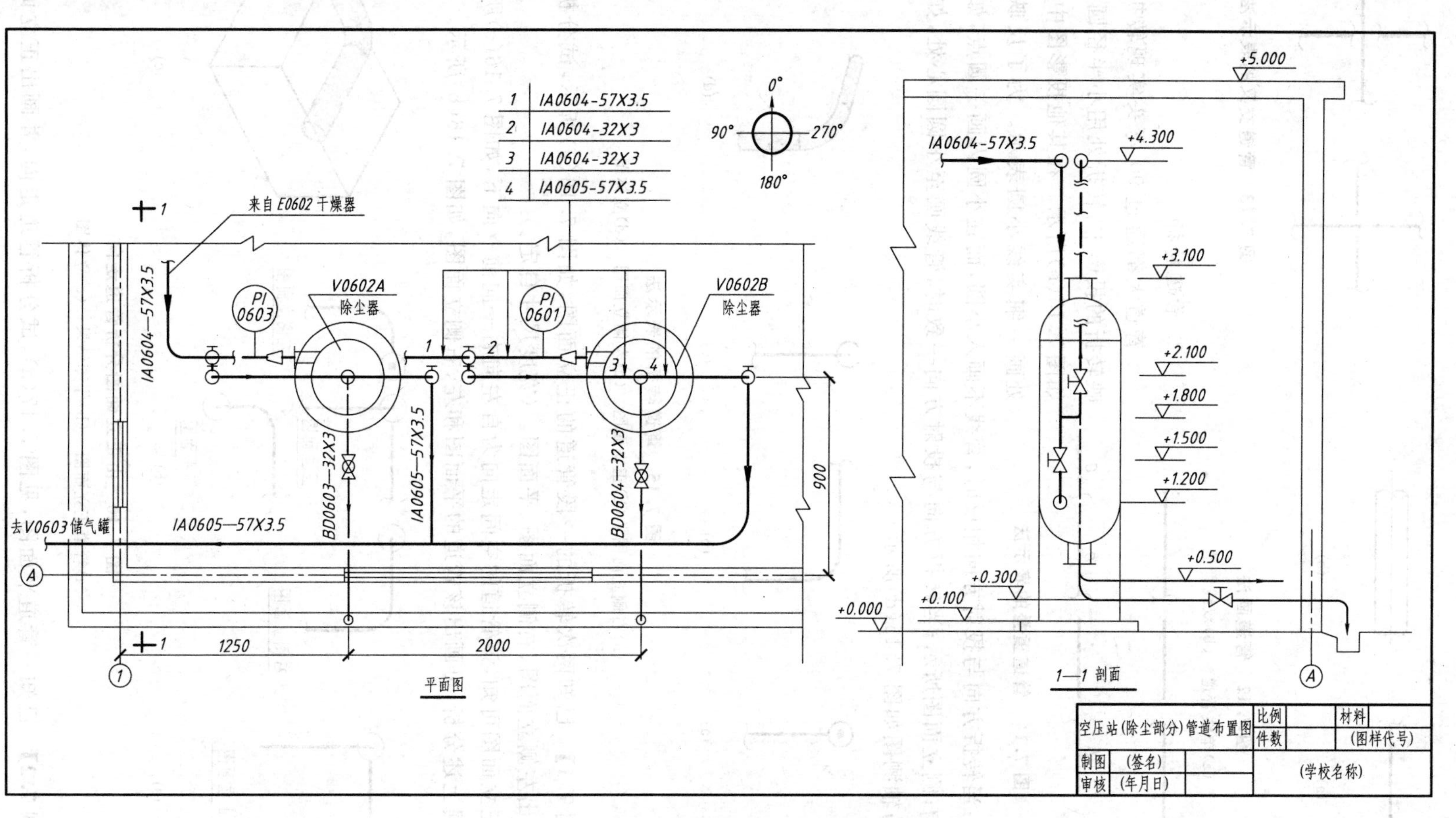

图 7.11 空压站岗位(除尘部分)管道布置图

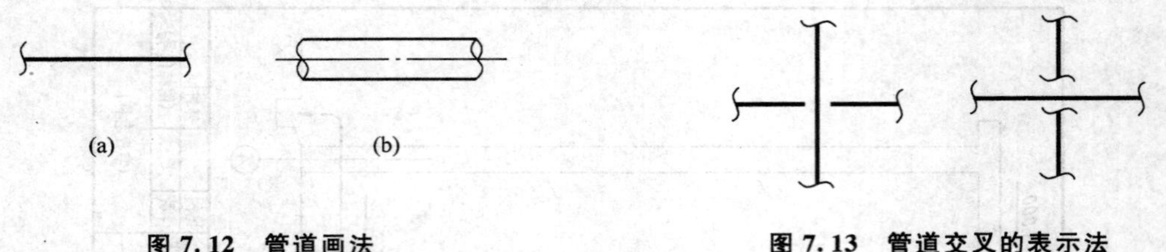

图 7.12　管道画法

(a)单线管道　(b)双线管道

图 7.13　管道交叉的表示法

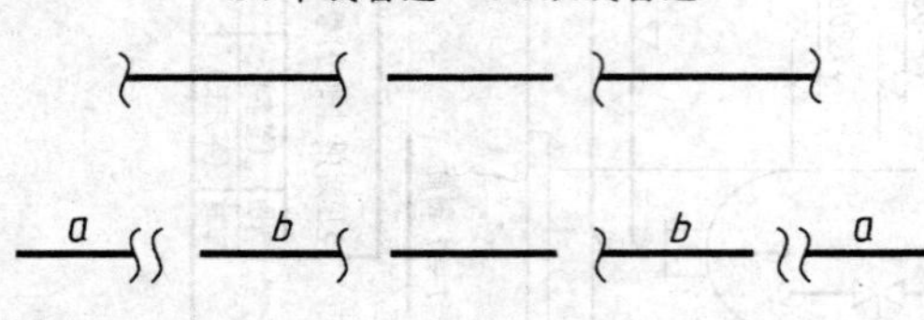

图 7.14　管道重叠的表示法

2. 管道转折

管道大都通过 90°弯头实现转折。在反映转折的投影中,转折处用小半径圆弧表示,如图 7.15(b)所示。在其他投影图中,在转折处画一细实线小圆表示。为了反映转折方向,规定:当转折方向与投射方向相反时,管线不画入小圆,而在小圆内画一圆点,如图 7.15(a)中的右侧立面图所示;当转折方向与投射方向一致时,管线画至小圆圆心处,如图 7.15(c)所示;轴测图如图 7.15(d)所示。

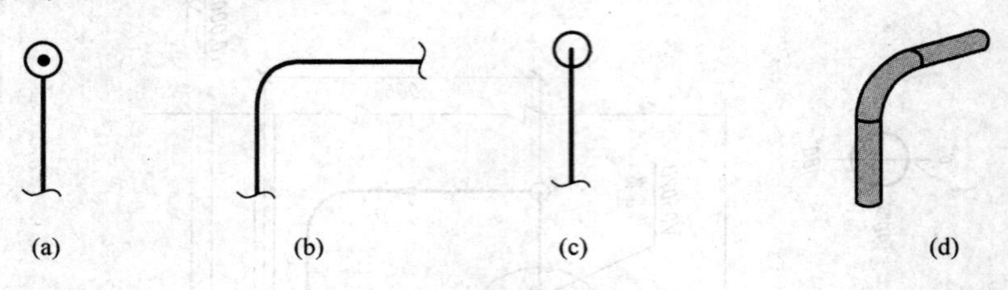

图 7.15　管道转折的表示法

(a)右侧立面图　(b)正立面图　(c)左侧立面图　(d)立体图

【例 7.1】　已知两次转折的一段管道的正立面图,如图 7.16(a)所示,试分析管道走向,并画出左侧立面图、右侧立面图、平面图。(宽度尺寸自定。)

由正立面图可知,该管道的空间走向为自左向右→向前→向下,如图 7.16(c)所示。

根据上述分析,可画出该管道的平面图和左、右侧立面图,如图 7.16(b)所示。

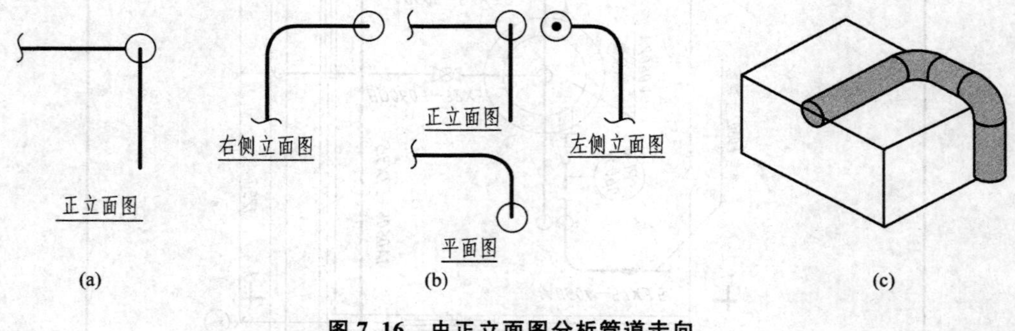

图 7.16　由正立面图分析管道走向

(a)管道正立面图　(b)作图结果　(c)立体图

【例 7.2】　已知一管道平面图,见图 7.17(a),试分析管道走向,并画出正立面图和左侧立面图。(高度尺寸自定。)

由平面图可知,该管道的空间走向为自左向右→向上→向前→向上→向右,如图 7.17(c)所示。根据上述分析,可画出该管道的正立面图和左侧立面图,如图 7.17(b)。

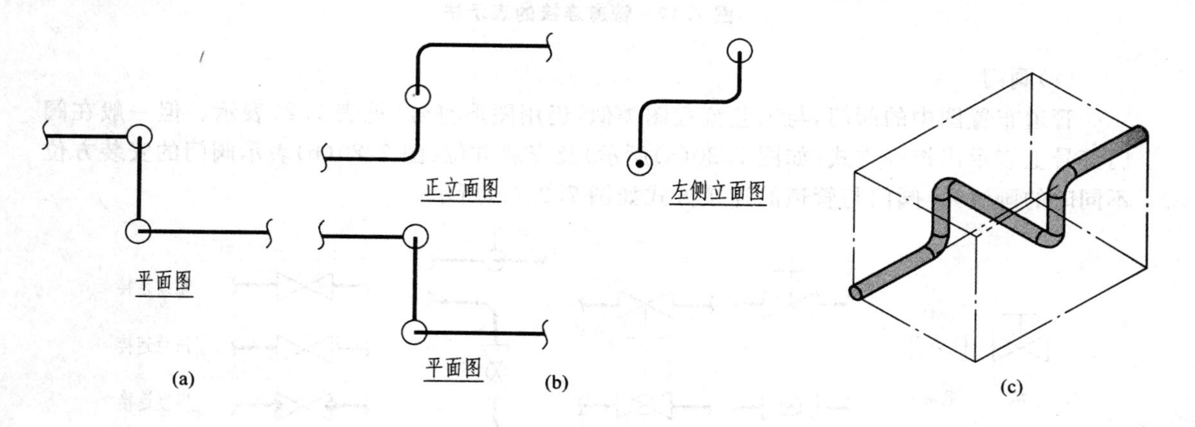

图 7.17 由平面图补画两视图

(a)管道平面图 (b)作图结果 (c)立体图

【例 7.3】 已知一管道的平面图和正立面图,如图 7.18(a)所示,试画出左侧立面图。

由平面图和正立面图可知,该管道的空间走向为从左至右→向下→向后→向上→向右,如图 7.18(c)所示。

根据以上分析,可画出该管道的左侧立面图,如图 7.18(b)所示。

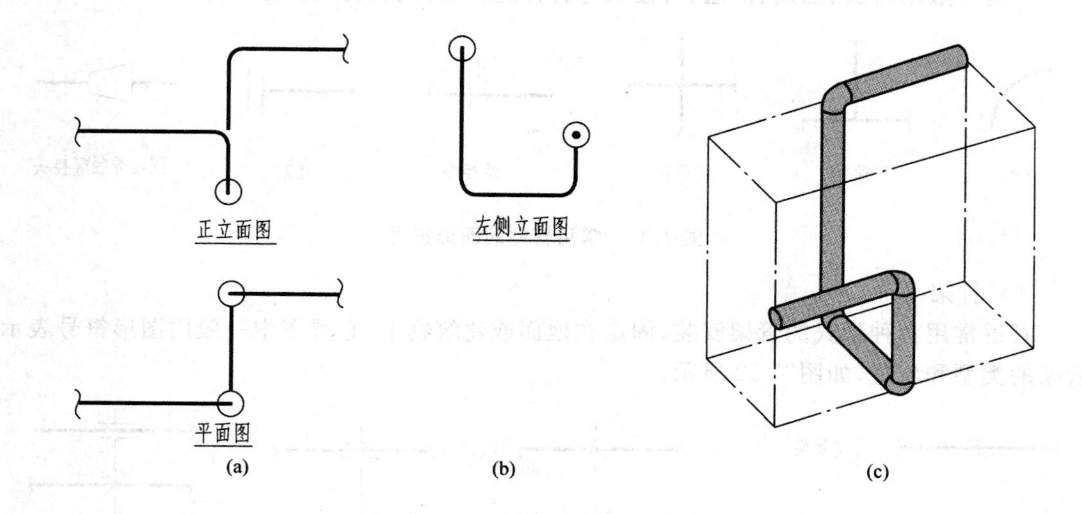

图 7.18 由二视图补画第三视图

(a)管道平面图和正立面图 (b)管道左侧立面图 (c)立体图

3. 管道连接与管道附件

(1)管道连接

两段直管相连接通常有法兰连接、承插连接、螺纹连接和焊接连接四种形式,其连接表示法如图 7.19 所示。

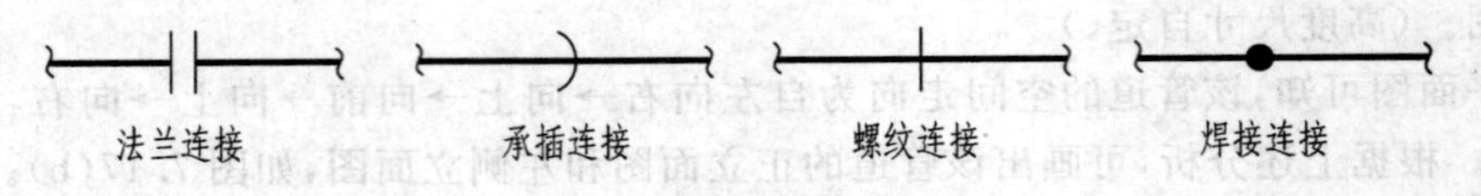

图 7.19　管道连接的表示法

(2)阀门

管道布置图中的阀门，与工艺流程图类似，仍用图形符号(见表 7.2)表示。但一般在阀门符号上表示出控制方式(如图 7.20(a)所示)及安装方位(图 7.20(b)表示阀门的安装方位不同时的画法)。阀门与管道的连接方式如图 7.20(c)所示。

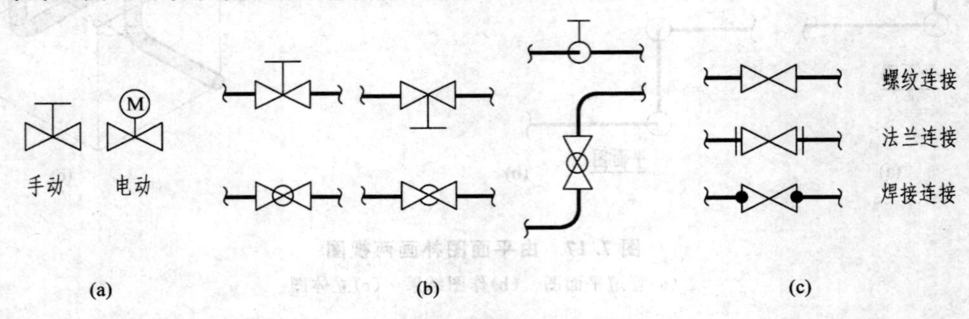

图 7.20　阀门在管道中的画法

(a)阀门控制方式　(b)阀门安装方位　(c)阀门与管道连接方式

(3)管件

管道一般用弯头、三通、四通、管接头等管件连接，常用管件的图形符号如图 7.21 所示。

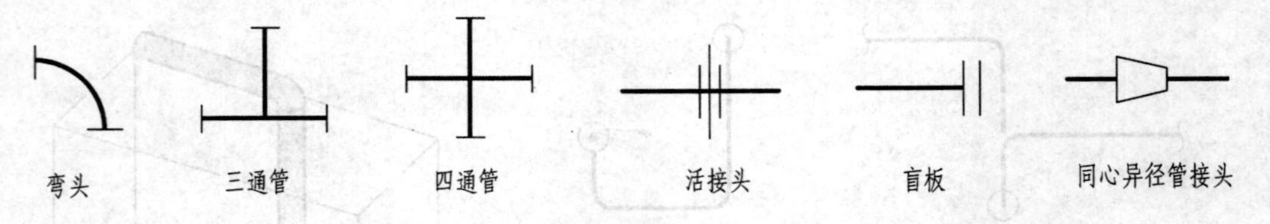

图 7.21　常用管件的图形符号

(4)管架

管道常用各种形式的管架安装、固定在地面或建筑物上，布置图中一般用图形符号表示管架的类型和位置，如图 7.22 所示。

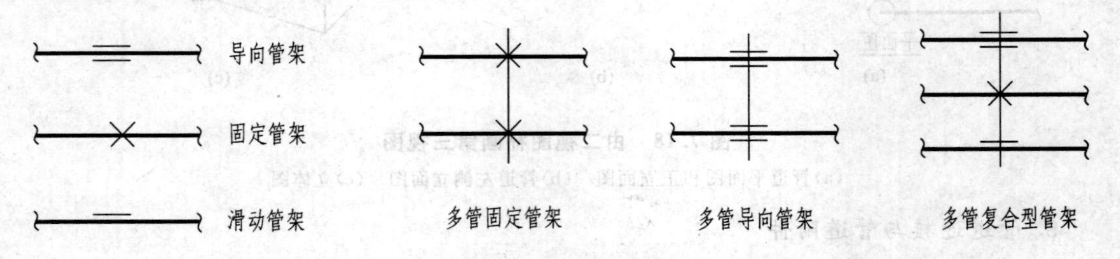

图 7.22　管架的表示法

【例 7.4】　已知一段管道(装有阀门)的轴测图，如图 7.23(a)所示，试画出其平面图和正立面图。

该段管道由两部分组成，其中一段的走向为自下向上→向后→向左→向上→向后。管道上有三个截止阀，其中上部截止阀的手轮朝上，中间一个阀的手轮朝左，下部一个阀的手轮朝前，三个阀门与管道都为螺纹连接。另一段是向右的支管。

管道的平面图和正立面图如图 7.23(b)所示。

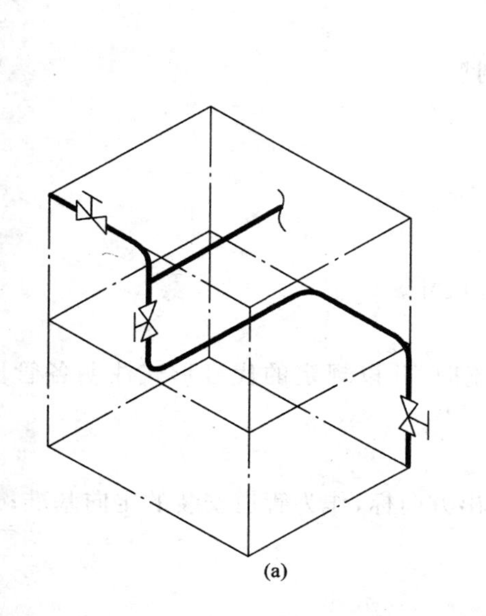

(a)

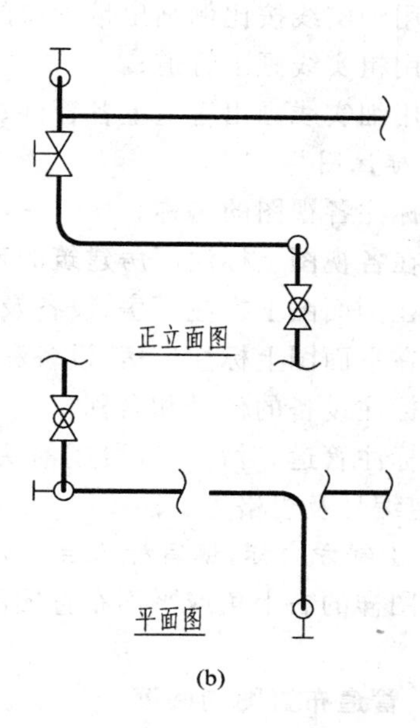

(b)

图 7.23 根据轴测图画平面图和立面图

(a)立体图 (b)投影图

7.3.3 管道布置图的画法

管道布置图应表示出厂房建筑的主要轮廓和设备的布置情况，即在设备布置图基础上再清楚地表示出管道、阀门及管件、仪表控制点等。

管道布置图表达的重点是管道，因此图中的管道用粗实线表示(双线管道用中粗实线表示)，而厂房建筑、设备轮廓一律用细实线表示，管道上的阀门、管件、控制点等符号用细实线表示。

管道布置图的一组视图以管道布置平面图为主。平面图的配置，一般应与设备布置图中的平面图一致，即按建筑标高平面分层绘制。各层管道布置平面图将厂房建筑分开，将楼板(或屋顶)以下的设备、管道等全部画出，不受剖切位置的影响。

在平面图的基础上，选择恰当的剖切位置画出剖面图，以表达管道的立面布置情况和标高。必要时还可选择立面图、向视图或局部视图对管道布置情况进一步补充表达。

下面结合图 7.11 说明管道布置图的绘制步骤。

1. 确定表达方案

应以带控制点工艺流程图和设备布置图为依据，确定管道布置图的表达方法。图 7.11 中画出平面布置图，在此基础上选 1—1 剖面图表达管道的立面布置情况。

2. 确定比例，选择图幅，合理布图

表达方案确定以后，根据尺寸大小及管道布置复杂程度，选择恰当比例和图幅，合理布置视图。

3. 绘制视图

画管道布置平面图和剖面图时的步骤如下：

①用细实线按比例画出厂房建筑的主要轮廓线；

②用细实线按比例画出带管口的设备示意图；

③用粗实线画出管道；

④用细实线画出管道上各管件、阀门和控制点。

4. 标注图样

①标注各视图的名称。

②在各视图上标注厂房建筑的定位轴线。

③在剖面图上标注厂房、设备及管道的标高。

④在平面图上标注厂房、设备和管道的定位尺寸。

⑤标注设备的位号和名称。

⑥标注管道，对每一管段用箭头指明介质流向，并以规定的代号形式注明各管段的名称、管道编号及规格等。

5. 绘制方向标，填写标题栏

在图样的右上角或平面布置图的右上角画出方向标，作为管道安装的定向基准；最后填写标题栏。

7.3.4 管道布置图的阅读

由于管道布置图是根据带控制点工艺流程图、设备布置图绘制的，因此阅读管道布置图之前应先读懂相应的带控制点工艺流程图、设备布置图。管道布置图的阅读，主要是要读懂管道布置平面图和剖面图。

1. 管道布置平面图

通过对管道布置平面图的阅读，应了解和掌握如下内容：

①所表达的厂房建筑各层楼面或平台的平面布置及定位尺寸；

②设备的平面布置、定位尺寸及设备的编号和名称；

③管道的平面布置、定位尺寸、编号、规格和介质流向等；

④管件、管架、阀门及仪表控制点的种类及平面位置。

2. 管道布置剖面图

通过对管道布置剖面图的阅读，应了解和掌握如下内容：

①所表达的厂房建筑各层楼面或平台的立面结构及标高；

②设备的立面布置情况、标高及设备的编号和名称；

③管道的立面布置情况、标高以及编号、规格、介质流向等；

④管件、阀门以及仪表控制点的立面布置和高度位置。

由于管道布置图是根据带控制点工艺流程图、设备布置图设计绘制的，因此，阅读管道布置图之前应首先读懂相应的带控制点工艺流程图和设备布置图。对于空压站岗位，前面已阅读过了带控制点工艺流程图、设备布置图，下面介绍管道布置图（除尘器部分，见图7.11）的阅读方法和步骤。

【例7.5】 阅读空压站岗位管道布置图。

对于空压站岗位，前面已阅读过了带控制点工艺流程图和设备布置图，下面介绍其管道布置图（图 7.11）的读图方法和步骤。

1. 概括了解

先了解图中平面图、剖面图的配置情况。从图 7.11 可知，该管道布置图包括平面图和 1—1 剖面图两个视图，仅表示出了与除尘器有关的管道布置情况。

2. 详细分析

按流程顺序（参见带控制点工艺流程图）、管段号，对照管道布置平、立面图的投影关系，联系起来进行分析，搞清图中各路管道规格、走向及管件、阀门等情况。

①了解厂房建筑、设备布置情况，定位尺寸，管口方位等。由图 7.24 和设备布置图可知，两台除尘器距南墙 900 mm，距西墙分别为 1 250 mm、3 250 mm。

②由图 7.11 平面图与 1—1 剖面图可知，来自 E0602 干燥器的管道 IA0604－57×3.5 到达除尘器 V0602A 左侧时分成两路：一路向右去另一台除尘器 V0602B；另一路向下至标高 1.500 m 处，经过截止阀，至标高 1.200 m 处向右拐弯，经异径接头后与除尘器 V0602A 的管口相接。此外，这一路在标高 1.800 m 处分出另一支管向前、向上，经过截止阀到达标高 3.100 m 时，向右拐，至除尘器 V0602A 顶端与除尘器接管口相连，并继续向右、向下、向前与来自 V0602B 的管道 IA0605－57×3.5 相连。该管道最后向后、向左穿过墙去储气罐 V0603。

③除尘器底部的排污管至标高 0.300 m 时拐弯向前，经过截止阀再穿过南墙后排入地沟。

3. 归纳总结

所有管道分析完毕后，进行综合归纳，从而建立起一个完整的空间概念。图 7.24 所示为空压站岗位（除尘器部分）的管道布置轴测图。

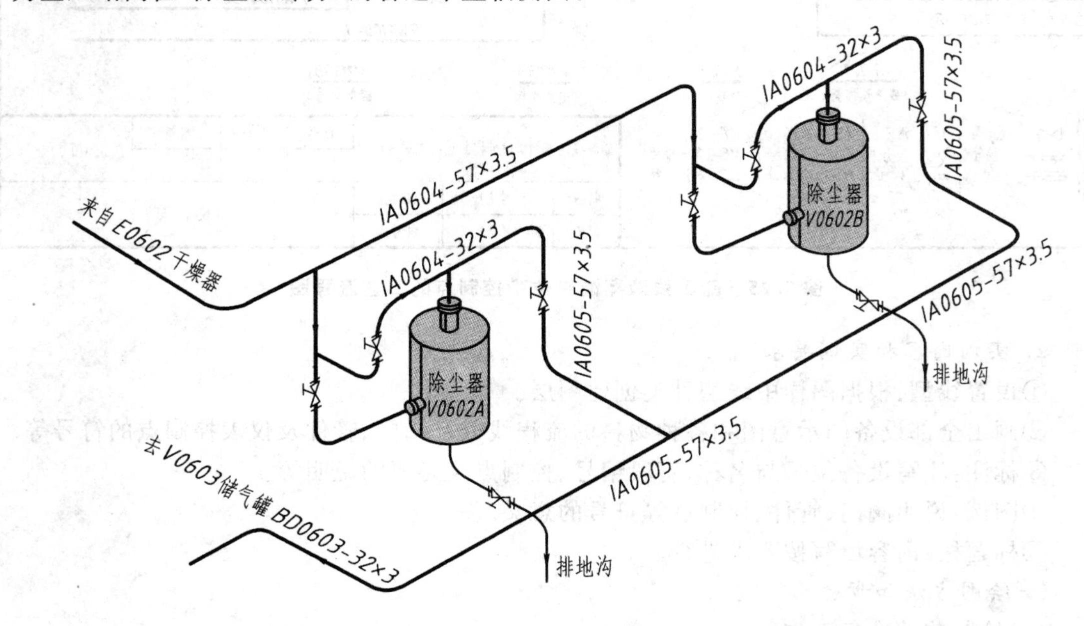

图 7.24　空压站岗位（除尘器部分）的管道布置轴测图

7.4 实训项目

7.4.1 使用 AutoCAD 软件完成图 7.25 所示的醋酐残液蒸馏岗位带控制点工艺流程图

1. 实训目的

①练习绘图工具与绘图环境设置、图层设置的操作方法。

②正确使用图形显示命令、对象捕捉命令、绘图命令和图形编辑命令。

③学会设置标注样式与文字样式,正确标注尺寸与书写文字。

④学会在不同的图层上绘制不同的线型。

⑤学会确定比例、选择图幅、合理布图,掌握流程线线型选择的原则。

⑥掌握每条管线的画法。

⑦掌握工艺流程图绘制方法和步骤。

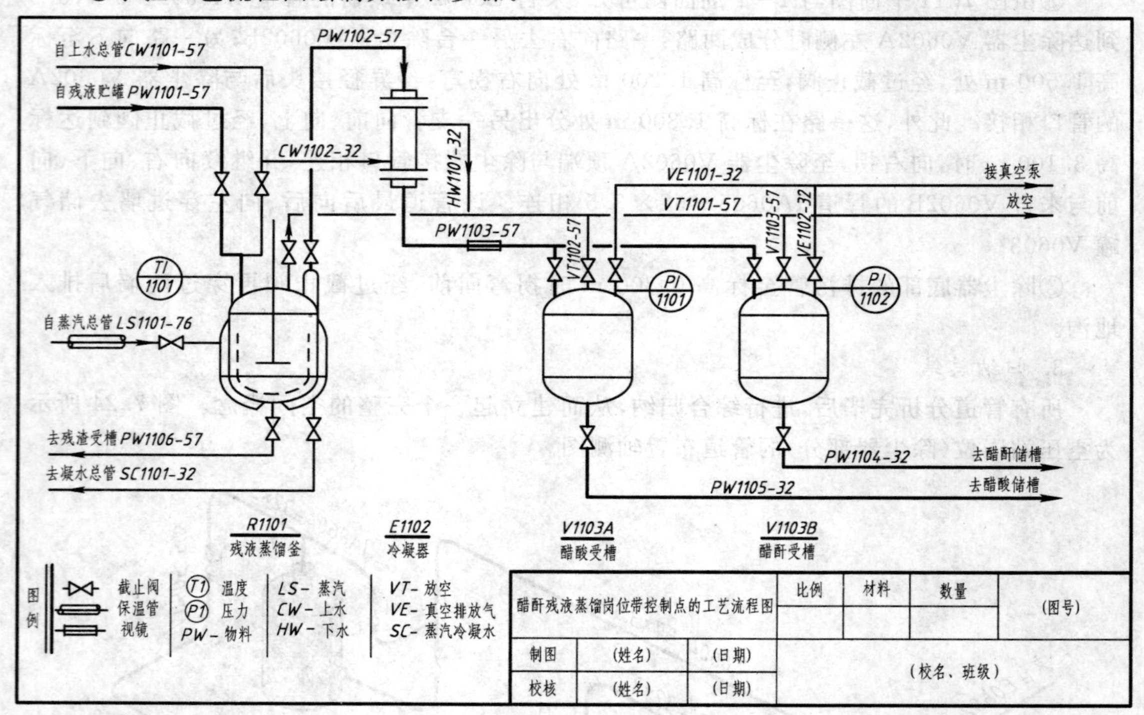

图 7.25 醋酐残液蒸馏岗位带控制点的工艺流程图

2. 实训内容和实训要求

①设置线型:根据图样中线型种类创建图层。

②画出全部设备的示意图和各种物料的流程线以及阀门、管件及仪表控制点的符号等。

③标注:注写设备位号与名称、管段编号、控制点及必要的说明等。

④图例:说明阀门、管件、控制点等符号的意义。

⑤标题栏:内容填写按要求进行。

3. 绘图方法和步骤

(1)绘制前的准备工作

绘图前应先确定工艺流程图中各种设备、管道、阀门、仪表及标注等相关内容。

(2)设置图幅、图层、图框

1)设置幅面大小

打开“格式”下拉菜单，拾取图形界限命令，命令行提示“输入绘图区域的左下角点＜0.0000，0.0000＞：”，回车后，“输入右上角点＜420.0000，297.00000＞：”，再回车。

2)设置图层

打开“格式”下拉菜单，拾取图层命令，弹出“图层特性管理器”对话框，在该对话框中可新建所需的图层。本例中需设置7个图层，“0”层是AutoCAD默认图层，不能删除或重命名。根据需要还要建立6个图层。

①主要物料管道：线型为粗实线，线宽为0.6 mm，颜色自定。

②辅助物料管道：线型为中粗实线，线宽为0.4 mm，颜色自定。

③设备及附件：线型为细实线，线宽为0.2 mm，颜色自定。

④图表：线型为细实线，线宽为0.2 mm，颜色自定。

⑤文字说明：线型为细实线，线宽为0.2 mm，颜色自定。

⑥中心线层：线型为Center，线宽为0.2 mm，颜色自定。

3)绘制图框

用直线命令或矩形命令画出图框。

(3)绘制附件

绘制止回阀、截止阀、同心异径管接头、仪表等符号。

(4)绘制与编辑图形

①将中心线层设置为当前层，绘制设备定位线。确定各设备的位置，布置要合理。

②将设备及附件层设置为当前层，依次绘制设备示意图。

③将主要物料管道层设置为当前层，绘制主要物料管道流程线，箭头用多段线命令绘制，可复制多个。

④将辅助物料管道层设置为当前层，绘制辅助物料流程线。

⑤将设备及附件层设置为当前层，利用复制、粘贴命令插入止回阀、截止阀、同心异径管接头、仪表等符号。多余线段用修剪命令和打断命令进行修改。

(5)标注文字及绘制标题栏

用文字命令注写设备名称、位号及说明。用“绘图”菜单下的表格命令绘制标题栏，并填写相关内容。

7.4.2 使用AutoCAD软件完成如图7.11所示空压站(除尘部分)管道布置图

1. 实训目的

①练习绘图工具与绘图环境设置、图层设置的操作方法。

②正确使用图形显示命令、对象捕捉命令、绘图命令和图形编辑命令。

③学会设置标注样式与文字样式，正确标注尺寸与书写文字。

④学会在不同的图层上绘制不同的线型。

⑤学会确定比例、选择图幅、合理布图。

⑥能按规定绘制管道线型(管线上应画出必要的箭头，指明物料流向)，掌握管道交叉、管道重叠的画法。

⑦掌握管道布置图绘制方法和步骤。

2. 实训内容与要求

①设置线型:根据图样中线型种类创建图层。

②一组视图:表达整个车间的设备、建筑物的简单轮廓以及管道、阀门、管件及仪表控制点等的布置安装情况。

③标注:包括建筑物定位轴线编号、设备位号、管道代号、控制点代号,建筑物和设备的主要尺寸,管道、阀门、控制点的平面位置尺寸和标高以及必要的说明。

④方位标:表示管道安装的方位基准。

⑤标题栏:注明图名、图号、比例及签字等。

3. 绘图方法和步骤

(1)确定表达方案

绘图前应先确定工艺流程图中各种设备、管道、阀门、仪表及标注等相关内容。应以施工流程图和设备布置图为依据,确定管道布置图的表达方法。

(2)确定比例,选择图幅,设置图层,合理布图

表达方案确定之后,根据尺寸大小及管道布置的复杂程度,选择恰当的比例和图幅,设置图层,绘制图框,合理布置视图。

(3)绘制视图,画管道布置平面图和剖面图

①用细实线按比例画出厂房建筑的主要轮廓;

②用细实线按比例画出带管口的设备示意图;

③用粗实线画出管道;

④用细实线画出管道上各管件、阀门和控制点。

(4)图样的标注

①标注各视图的名称;

②在各视图上标注厂房建筑的定位轴线;

③在剖面图上标注厂房、设备及管道的标高;

④在平面图上标注厂房、设备和管道的定位尺寸;

⑤标注设备的位号和名称;

⑥标注管道,对每一管段用箭头指明介质流向,并以规定的代号形式注明各管段的物料名称、管道编号及规格等。

(5)绘制方向标,填写标题栏

在图样的右上角或平面布置图的右上角画出方向标,作为管道安装的定向基准;用绘图菜单下的表格命令绘制标题栏,并填写相关内容。

本章小结

本章包括工艺流程图、设备布置图、管道布置图三部分内容。在工艺流程图部分介绍了方案流程图与带控制点工艺流程图的区别,详细讲解了带控制点工艺流程图中设备、管道的画法与标注,且介绍了管件、阀门、仪表控制点、物料的表达方法,详细分析了空压站岗位施工流程图;在设备布置图、管道布置图两部分介绍了建筑图样的基本知识,设备布置图、管道

布置图的内容及其图样的阅读方法和步骤，详细分析了空压站岗位设备布置图、管道布置图（除尘部分）。讲解了使用CAD软件绘制化工工艺流程图、管道布置图的方法与步骤。主要知识点归纳如下：

①工艺流程图的阅读，设备、管道、阀门、管件的表示方法，仪表图形符号、位号的表示方法；

②建筑图样中的基本知识（包括视图、尺寸、标高等）；

③管道、管道转折、管道重叠、管道交叉、管件、阀门的表达方法；

④工艺流程图、设备布置图、管道布置图的内容及图样的阅读；

⑤使用CAD软件绘制化工工艺流程图、管道布置图的方法与步骤。

思考与练习

1. 题1图所示为三段管道的平面图，试分析这三段管道在空间的走向，并补画出正立面图和左侧立面图。（高度自定）

2. 阅读题2图所示蒸汽工段工艺管道及仪表流程图并回答问题。

(1)说出流程图中设备的种类、数量、名称和位号。

(2)分析主要物料的工艺过程。

(3)分析其他物料的工艺过程。

(4)分析阀门的数量、仪表数量、功能及其控制部位。

3. 结合图7.25所示流程图，阅读题3图所示醋酐残液蒸馏岗位设备布置图。

(1)了解图中平面图、剖面图的配置情况、视图数量。

(2)了解厂房建筑、设备布置情况、定位尺寸、管口方位。

(3)分析管道走向、编号、规格及配件的安装高度。

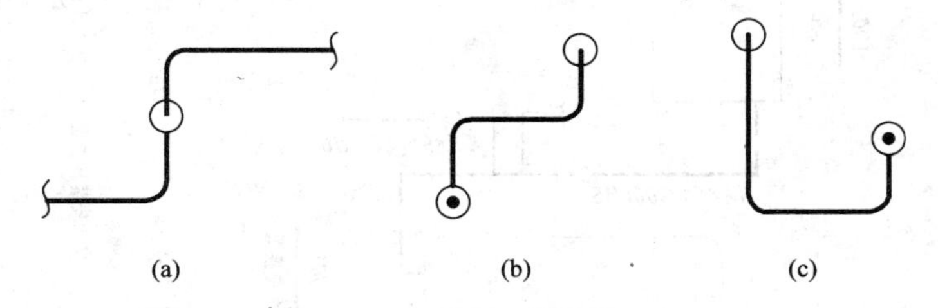

题1图　已知管道平面图，补画正立面图和左侧立面图

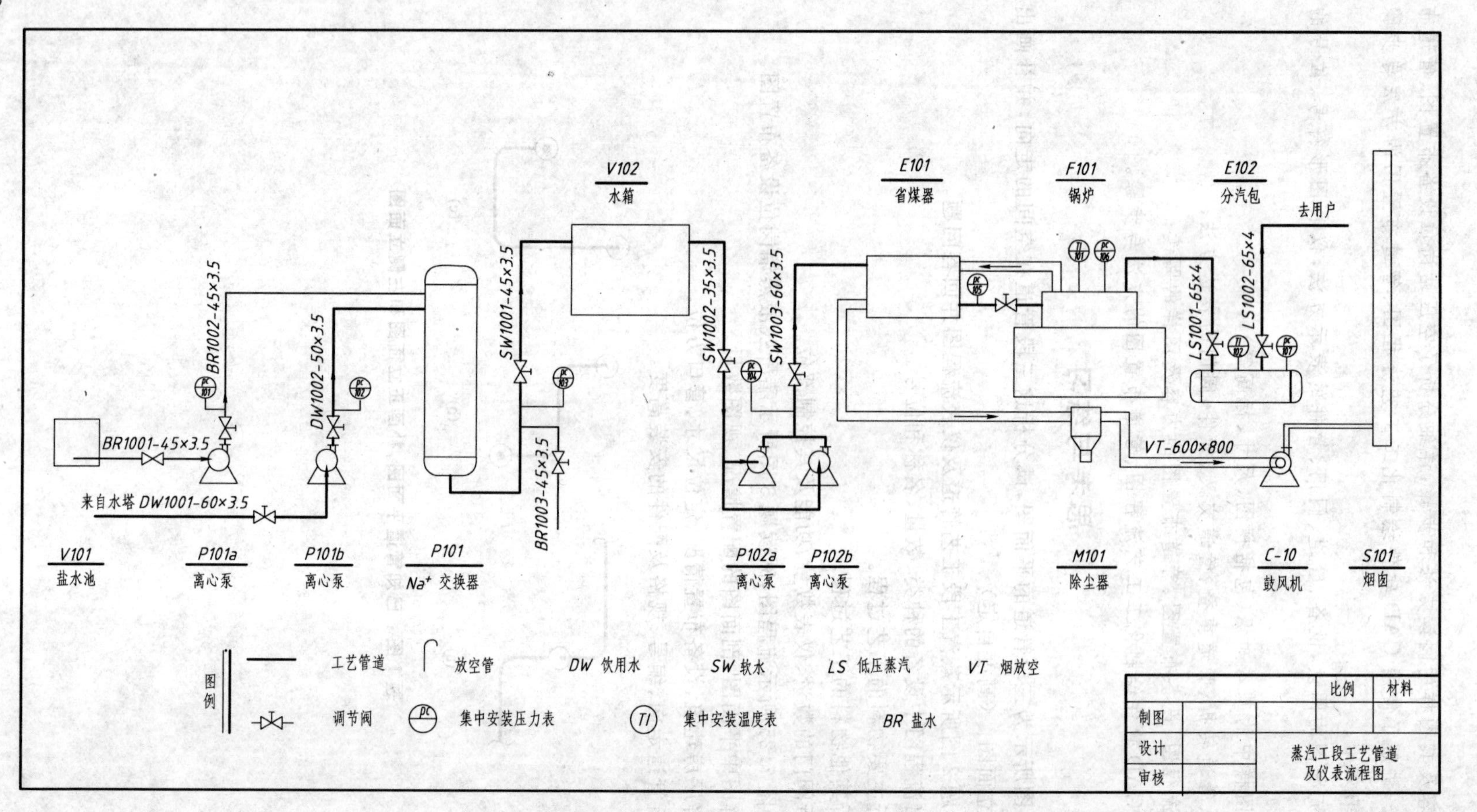

题 2 图　蒸汽工段工艺管道及仪表流程图

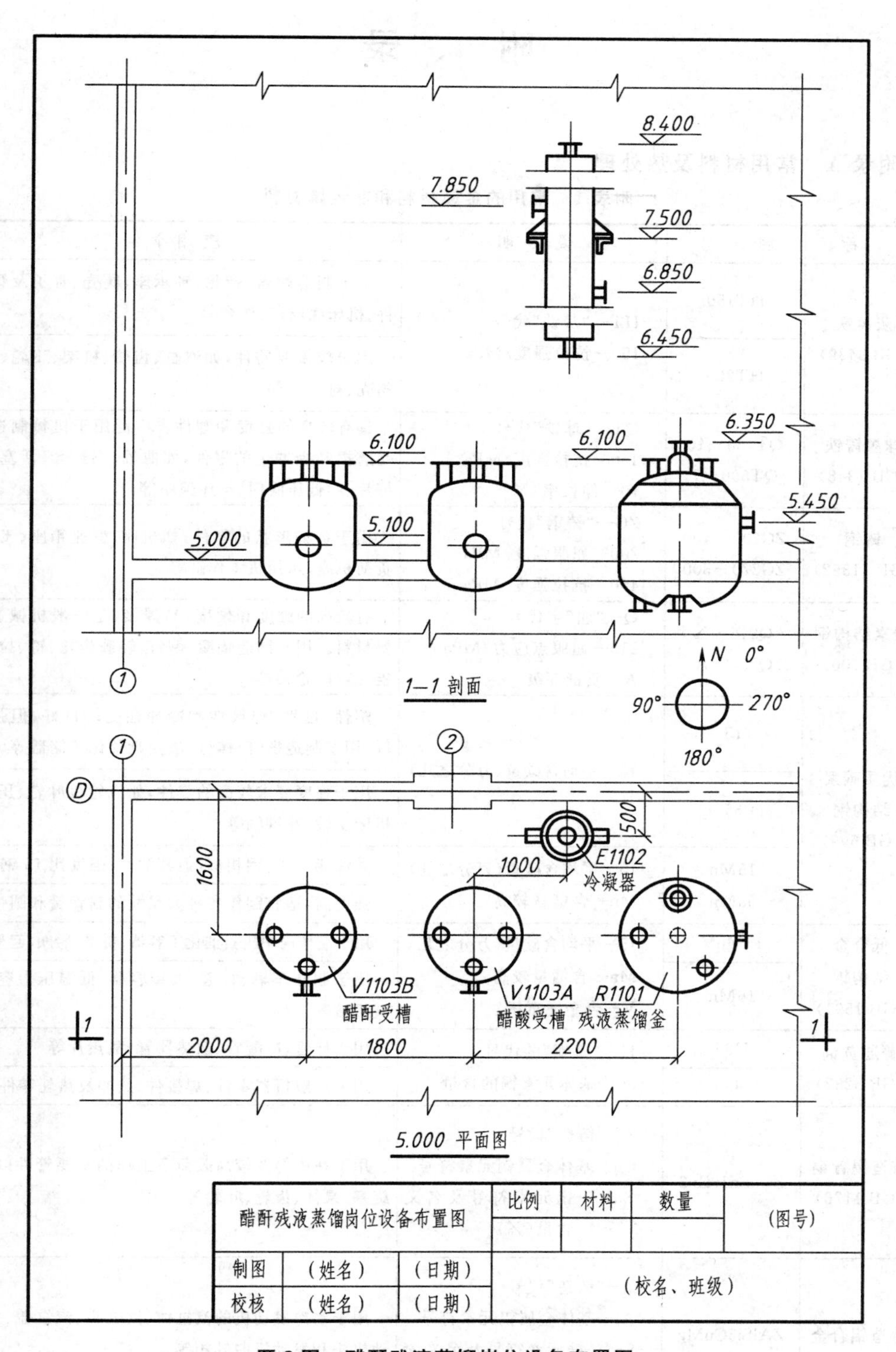

题 3 图　醋酐残液蒸馏岗位设备布置图

附　　录

附录 A　常用材料及热处理

附表 1　常用的金属材料和非金属材料

名　称		牌　号	说　明	应用举例
黑色金属	灰铸铁 (GB 9439)	HT150	HT—"灰铁"代号 150—抗拉强度/MPa	用于制造端盖、带轮、轴承座、阀壳、管子及管子附件、机床底座、工作台等
		HT200		用于较重要铸件，如汽缸、齿轮、机架、飞轮、床身、阀壳、衬筒等
	球墨铸铁 (GB 1348)	QT450－10 QT500－7	QT—"球铁"代号 450—抗拉强度/MPa 10—伸长率/%	具有较高的强度和塑性。广泛用于机械制造业中受磨损和受冲击的零件，如曲轴、汽缸套、活塞环、摩擦片、中低压阀门、千斤顶座等
	铸钢 (GB 11352)	ZG200－400 ZG270－500	ZG—"铸钢"代号 200—屈服强度/MPa 400—抗拉强度/MPa	用于各种形状的零件，如机座、变速箱座、飞轮、重负荷机座、水压机工作缸等
	碳素结构钢 (GB 700)	Q215－A Q235－A	Q—"屈"字代号 215—屈服点应力/MPa A—质量等级	有较高的强度和硬度，易焊接，是一般机械上的主要材料。用于制造垫圈、铆钉、轻载齿轮、键、拉杆、螺栓、螺母、轮轴等
	优质碳素结构钢 (GB 699)	15	15—平均含碳量(万分之几)	塑性、韧性、焊接性和冷冲性能均良好，但强度较低，用于制造螺钉、螺母、法兰盘及化工储器等
		35		用于强度要求较高的零件，如汽轮机叶轮、压缩机、机床主轴、花键轴等
		15Mn	15—平均含碳量(万分之几) Mn—含锰量较高	其性能与 15 钢相似，但其塑性、强度比 15 钢高
		65Mn		强度高，适宜制作各种大尺寸的扁弹簧和圆弹簧
	低合金结构钢 (GB 1591)	15MnV	15—平均含碳量(万分之几) Mn—含锰量较高 V—合金元素钒	用于制作高中压石油化工容器、桥梁、船舶、起重机等
		16Mn		用于制作车辆、管道、大型容器、低温压力容器、重型机械等
有色金属	普通黄铜 (GB 5232)	H96	H—"黄铜"的代号 96—基体元素铜的含量	用于导管、冷凝管、散热器管、散热片等
		H59		用于一般机器零件、焊接件、热冲及热轧零件等
	铸造锡青铜 (GB 1176)	ZCuSn10Zn2	Z—"铸造"代号 Cu—基体金属铜元素符号 Sn10—锡元素符号及名义含量(%)	用于在中等及较高载荷下工作的重要管件以及阀、旋塞、泵体、齿轮、叶轮等
	铸造铝合金	ZAlSi5CuMg	Z—"铸造"代号 Al—基体金属铝元素符号 Sn5—硅元素符号及名义含量(%)	用于水冷发动机的汽缸体、汽缸头、汽缸盖、空冷发动机头和发动机曲轴箱等

续表

名称		牌号	说明	应用举例
非金属	耐油橡胶板 (GB 5574)	3707 3807	37、38—顺序号 07—扯断强度/kPa	硬度较高,可在温度为－30～100 ℃的机油、变压器油、汽油等介质中工作,适于冲制各种形状的垫圈
	耐热橡胶板 (GB 5574)	4708 4808	47、48—顺序号 08—扯断强度/kPa	较高硬度,具有耐热性能,可在温度为－30～100 ℃且压力不大的条件下于蒸汽、热空气等介质中工作,用于冲制多种垫圈和垫板
	油浸石棉盘根 (JC68)	YS350 YS250	YS—"油石"代号 350—适用的最高温度	用于回转轴、活塞或阀门杆上做密封材料,介质为蒸汽、空气、工业用水、重质石油等
	橡胶石棉盘根 (JC67)	XS550 XS350	XS—"橡石"代号 550—适用的最高温度	用于蒸汽机、往复泵的活塞和阀门杆上做密封材料
	聚四氟乙烯 (PTFE)			主要用于耐腐蚀、耐高温的密封元件,如填料、衬垫、涨圈、阀座,也用做输送腐蚀介质的高温管道、耐腐蚀衬里、容器的密封圈等

附表 2 常用热处理及表面处理

名称	代号	说明	应用
退火	Th	将钢件加热到临界温度以上,保温一段时间,然后缓慢地冷却下来(一般用炉冷)	用来消除铸、锻件的内应力和组织不均匀及晶粒粗大等现象,消除冷轧坯件的冷硬现象和内应力,降低硬度,以便切削
正火	Z	将钢件加热到临界温度以上 30～50 ℃,保温一段时间,然后在空气中冷却下来,冷却速度比退火快	用来处理低碳和中碳结构钢件和渗碳机件,使其组织细化,增加强度与韧性,减少内应力,改善切削性能
淬火	C	将钢件加热到临界温度以上,保温一段时间,然后在水、盐水或油中急速冷却下来(个别材料在空气中),使其得到高硬度	用来提高钢的硬度和强度极限,但淬火时会引起内应力并使钢变脆,所以淬火后必须回火
回火		将淬硬的钢件加热到临界温度以下的某一温度,保温一段时间,然后在空气中或油中冷却下来	用来消除淬火后产生的脆性和内应力,提高钢的韧性和强度
调质	T	淬火后在 450～650 ℃进行高温回火	用来使钢获得高的韧性和足够的强度,很多重要零件都需要经过调质处理
表面淬火	H	用火焰或高频电流将零件表面迅速加热至临界温度以上,急速冷却	使零件表层得到高的硬度和耐磨性,而内部保持较高的强度和韧性。常用于处理齿轮,使其既耐磨又能承受冲击
高频淬火	G		
渗碳淬火	S	在渗碳剂中将钢件加热至 900～950 ℃,停留一段时间,将碳渗入钢件表面,深度 0.5～2 mm,再淬火后回火	增加钢件的耐磨性能、表面硬度、抗拉强度和疲劳极限。适用于低碳、中碳结构钢的中小型零件
渗氮	D	在 500～600 ℃通入氨的炉内,向钢件表面渗入氮原子,渗氮层 0.25～0.8 mm,渗氮时间需 40～50 h	增加钢件的耐磨性能、表面硬度、疲劳极限和抗蚀能力。适用于合金钢、碳结钢和铸铁零件
氰化	Q	在 820～860 ℃的炉内通入碳和氮,保温 1～2 h,使钢件表面同时渗入碳、氮原子,可得到 0.2～0.5 mm 的氰化层	增加表面硬度、耐磨性、疲劳强度和耐蚀性。适用于要求硬度高、耐磨的中小型或薄片零件及刀具
时效处理		低温回火后,精加工之前,将机件加热到 100～180 ℃,保持 10～40 h。 铸件常在露天放一年以上,称为天然时效	使铸件或淬火后的钢件慢慢消除内应力,稳定形状和尺寸
发黑发蓝		将零件置于氧化剂中,在 135～145 ℃温度下进行氧化,表面形成一层呈蓝黑色的氧化层	防腐、美观
镀铬、镀镍		用电解的方法,在钢件表面镀一层铬或镍	

附录 B 螺纹

附表 3 普通螺纹(摘自 GB/T 193、196—2003)

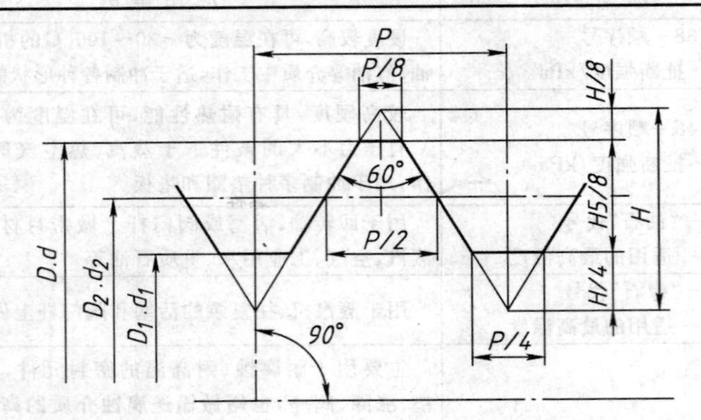

标记示例：

M12−5g(粗牙普通外螺纹、公称直径 $d=12$、右旋、中径及大径公差带均为 5g、中等旋合长度)

M12×1.5LH−6H(普通细牙内螺纹、公称直径 $D=12$、螺距 $P=1$、左旋、中径及小径公差带均为 6H、中等旋合长度)

公称直径 D、d/mm			螺距 P/mm		粗牙螺纹
第一系列	第二系列	第三系列	粗牙	细　牙	小径 D_1、d_1/mm
4			0.7	0.5	3.242
5			0.8		4.134
6			1	0.75、(0.5)	4.917
		7			5.917
8			1.25	1、0.75、(0.5)	6.647
10			1.5	1.25、1、0.75、(0.5)	8.376
12			1.75	1.5、1.25、1、(0.75)、(0.5)	10.106
	14		2		11.835
		15		1.5、(1)	13.376
16			2	1.5、1、(0.75)、(0.5)	13.835
	18		2.5	2、1.5、1、(0.75)、(0.5)	15.294
20					17.294
	22				19.294
24			3	2、1.5、1、(0.75)	20.754
		25		2、1.5、(1)	22.835
27			3	2、1.5、(1)、(0.75)	23.752
30			3.5	(3)、2、1.5、(1)、(0.75)	26.211
	33				29.211
		35		1.5	33.376
36			4	3、2、1.5、(1)	31.670
	39				34.670
		40		(3)、(2)、1.5	36.752
42			4.5	(4)、3、2、1.5、(1)	37.129
	45				40.129
48					42.587

注：1. 优先选用第一系列，其次是第二系列，第三系列尽可能不选用。

2. M14×1.25 仅用于火花塞，M35×1.5 仅用于滚动轴承锁紧螺钉。

3. 括号内尺寸尽可能不选用。

附表4 六角头螺栓

六角头螺栓—C级(摘自 GB/T 5780—2000)

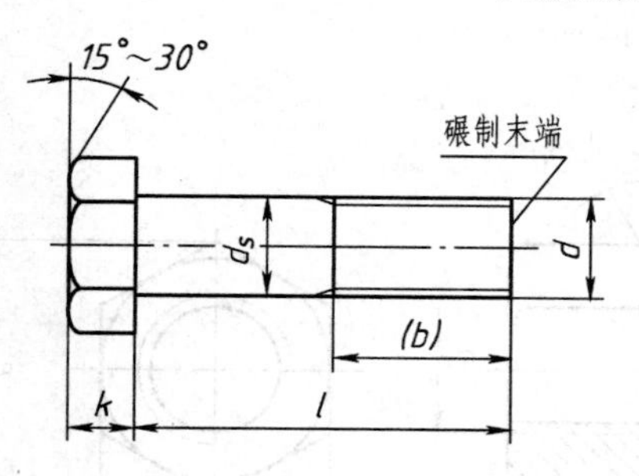

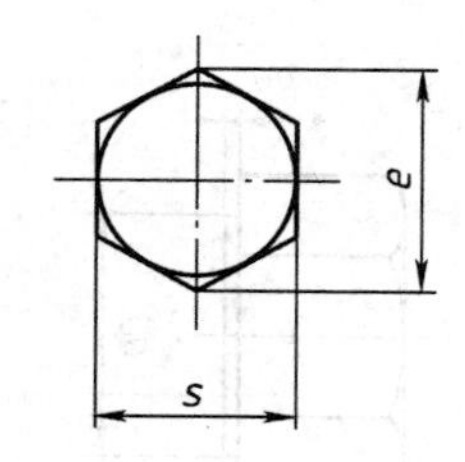

标记示例：
螺栓 GB/T 5780—2000 M16×90
(螺纹规格 d=16、公称长度 l=90、性能等级为 4.8 级、不经表面处理、杆身螺纹、C级的六角头螺栓)

六角头螺栓—全螺纹—C级(摘自 GB/T 5781—2000)

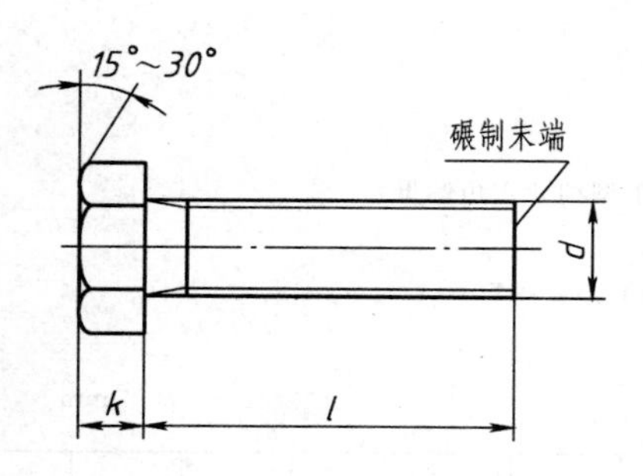

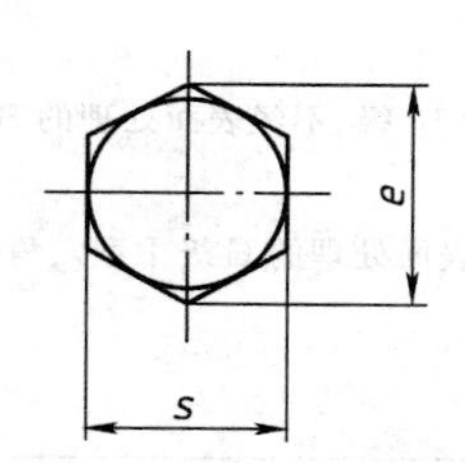

标记示例：
螺栓 GB/T 5781—2000 M20×100
(螺纹规格 d=20、公称长度 l=100、性能等级为 4.8 级、不经表面处理、全螺纹、C级的六角头螺栓)

mm

螺纹规格 d		M5	M6	M8	M10	M12	M16	M20	M24	M30	M36	M42	M48
$b_{参考}$	$l \leqslant 125$	16	18	22	26	30	38	40	54	66	78	—	—
	$125 \leqslant l \leqslant 200$	—	—	28	32	36	44	52	60	72	84	96	108
	$l > 200$	—	—	—	—	—	57	65	73	85	97	109	121
k		3.5	4	5.3	6.4	7.5	10	12.5	15	18.7	22.5	26	30
S_{max}		8	10	13	16	18	24	30	36	46	55	65	75
e_{min}		8.63	10.89	14.20	17.59	19.85	26.17	32.95	30.55	50.85	60.79	72.02	82.6
d_{smax}		5.84	6.48	8.58	10.58	12.7	16.7	20.8	24.84	30.84	37	43	49
l 范围	GB/T 5780	25~50	30~60	35~80	40~100	45~120	55~160	65~200	80~240	90~300	110~300	160~420	180~480
	GB/T 5781	10~40	12~50	16~65	20~80	25~100	35~100	40~100	50~100	60~100	70~100	80~420	90~480
l 系列		10、12、16、18、20~50(5 进位)、(55)、60、(65)、70~160(10 进位)、180、220~500(20 进位)											

注：1. 括号内的规格尽可能不用，末端按 GB/T 2—1985 的规定。

2. 螺纹公差为 8g(GB/T 5780—1986)、6g(GB/T 578—1986)，力学性能等级：4.6、4.8。

Ⅰ型六角螺母—A级和B级(摘自GB/T 6170—2000)

Ⅰ型六角螺母—细牙—A级和B级(摘自GB/T 6171—2000)

Ⅰ型六角螺母—C级(摘自GB/T 41—2000)

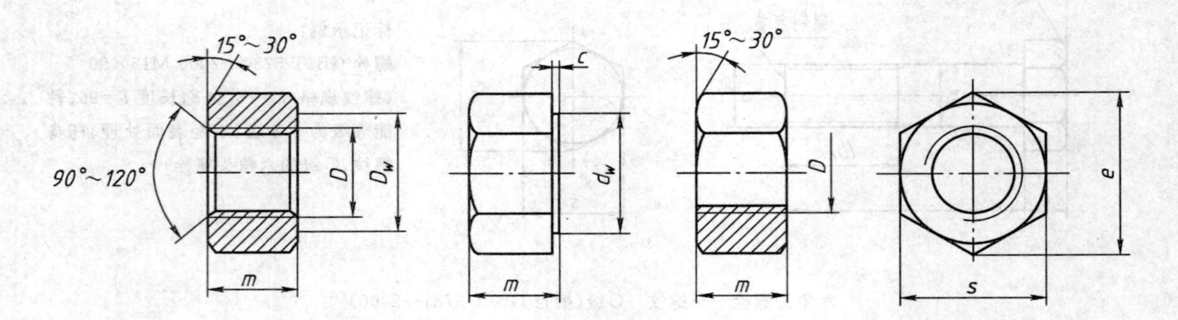

标记示例:

螺母　GB/T 6171—2000　M20×2

(螺纹规格 D=20、螺距 P=2、性能等级为10级、不经表面处理的B级Ⅰ型细牙六角螺母)

螺母　GB/T 41—2000　M16

(螺纹规格 D=16、性能等级为5级、不经表面处理的C级Ⅰ型六角螺母)

mm

螺纹规格	D	M4	M5	M6	M8	M10	M12	M16	M20	M24	M30	M36	M42	M48
	$D\times P$	—	—	—	M8×1	M10×1	M12×1.5	M16×1.5	M20×2	M24×2	M30×2	M36×3	M42×3	M48×3
C		0.4	0.5		0.6			0.8						1
S_{max}		7	8	10	13	16	18	24	30	36	46	55	65	75
e_{max}	A、B	7.66	8.79	11.05	14.38	17.77	20.03	26.75	32.95	39.55	50.85	60.79	72.02	82.6
	C	—	8.63	10.89	14.2	17.59	19.85	26.17	32.95	39.55	50.85	60.79	72.07	82.6
m_{max}	A、B	3.2	4.7	5.2	6.8	8.4	10.8	14.8	18	21.5	25.6	31	34	38
	C	—	5.6	6.1	7.9	9.5	12.5	15.9	18.7	22.3	26.4	31.5	34.9	38.9
d_{wmin}	A、B	5.9	6.9	8.9	11.6	14.6	16.6	22.5	27.7	33.2	42.7	51.1	60.6	69.4
	C	—	6.9	8.9	11.6	14.6	16.6	22.5	27.7	33.2	42.7	51.1	60.6	69.4

注:1. A级用于 $D\leqslant 16$ 的螺母;B级用于 $D>16$ 的螺母;C级用于 $D\geqslant 5$ 的螺母。

2. 螺纹公差:A、B级为6H,C级为7H。力学性能等级:A、B级为6、8、10级,C级为4、5级。

附表 6　垫圈

平垫圈—A 级(摘自 GB/T 97.1—2002)　平垫圈倒角型—A 级(摘自 GB/T 97.2—2002)

小垫圈—A 级(摘自 GB/T 848—2002)　平垫圈—C 级(摘自 GB/T 95—2002)　大垫圈—A 和 C 级(摘自 GB/T 96—2002)

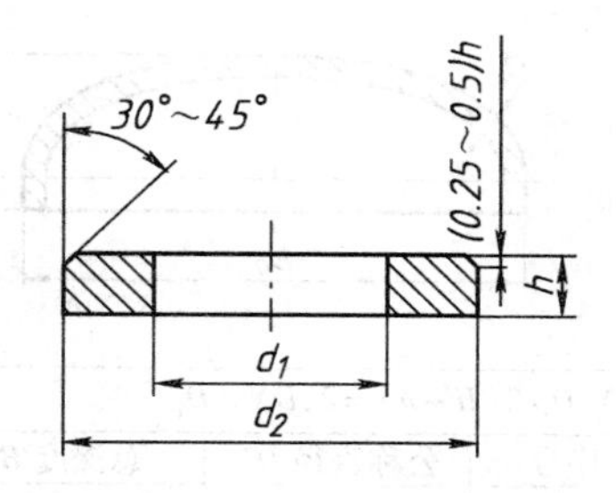

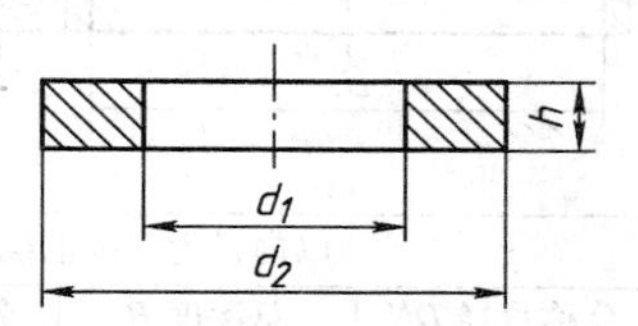

标记示例:

垫圈　GB/T 95—2002　10—100HV

(标准系列、公称尺寸 d=10、性能等级为 100 级、不经表面处理的平垫圈)

垫圈　GB/T 97.2—2002　10—A140

(标准系列、公称尺寸 d=10、性能等级为 A140 级、倒角型、不经表面处理的平垫圈)

mm

公称直径 d(螺纹规格)		4	5	6	8	10	12	14	16	20	24	30	36	42	48
GB/T 848—2002(A 级)	d_1	4.3	5.3	6.4	8.4	10.5	13	15	17	21	25	31	37	—	—
	d_2	8	9	11	15	18	20	24	28	34	39	50	60	—	—
	h	0.5	1	1.6	1.6	1.6	2	2.5	2.5	3	4	4	5	—	—
GB/T 97.1—2002(A 级)	d_1	4.3	5.3	6.4	8.4	10.5	13	15	17	21	25	31	37	—	—
	d_2	9	10	12	16	20	24	28	30	37	44	56	66	—	—
	h	0.8	1	1.6	1.6	2	2.5	2.5	3	3	4	4	5	—	—
GB/T 97.2—2002(A 级)	d_1	—	5.3	6.4	8.4	10.5	13	15	17	21	25	31	37	—	—
	d_2	—	10	12	16	20	24	28	30	37	44	56	66	—	—
	h	—	1	1.6	1.6	2	2.5	2.5	3	3	4	4	5	—	—
GB/T 95—2002(C 级)	d_1	—	5.5	6.6	9	11	13.5	15.5	17.5	22	26	33	39	45	52
	d_2	—	10	12	16	20	24	28	30	37	44	56	66	78	92
	h	—	1	1.6	1.6	2	2.5	2.5	3	3	4	4	5	8	8
GB/T 96—2002(A 级和 C 级)	d_1	4.3	5.6	6.4	8.4	10.5	13	15	17	22	26	33	39	45	52
	d_2	12	15	18	24	30	37	44	50	60	72	92	110	125	145
	h	1	1.2	1.6	2	2.5	3	3	3	4	5	6	8	10	10

注:1. A 级适用于精装配系列,C 级适用于中等装配系列。

2. C 级垫圈没有 $R_a3.2$ 和去毛刺的要求。

附表 7　椭圆形封头(摘自 JB/T 4746—2002,钢制压力容器用封头)

以内径为基准的椭圆形封头(EHA)

以外径为基准的椭圆形封头(EHB)

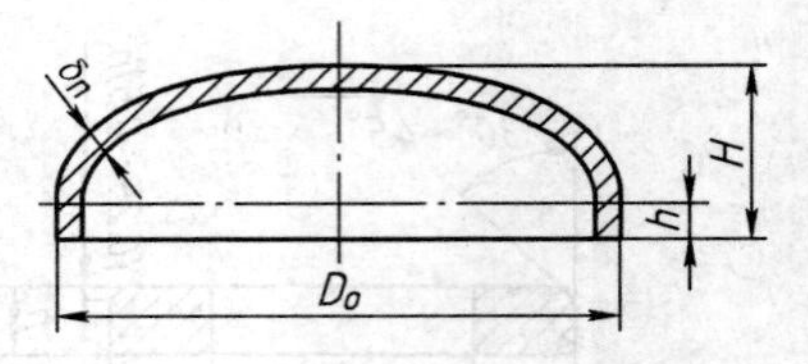

mm

以内径为基准的椭圆形封头(EHA),$D_i/2(H-h)=2, DN=D_i$

序号	公称直径 DN	总深度 H	名义厚度 δ_n	序号	公称直径 DN	总深度 H	名义厚度 δ_n
1	300	100	2 ~ 8	34	2 900	765	10 ~ 32
2	350	113	2 ~ 8	35	3 000	790	10 ~ 32
3	400	125	3 ~ 14	36	3 100	815	12 ~ 32
4	450	138	3 ~ 14	37	3 200	840	12 ~ 32
5	500	150	3 ~ 20	38	3 300	865	16 ~ 32
6	550	163	3 ~ 20	39	3 400	890	16 ~ 32
7	600	175	3 ~ 20	40	3 500	915	16 ~ 32
8	650	188	3 ~ 20	41	3 600	940	16 ~ 32
9	700	200	3 ~ 20	42	3 700	965	16 ~ 32
10	750	213	3 ~ 20	43	3 800	990	16 ~ 32
11	800	225	4 ~ 28	44	3 900	1 015	16 ~ 32
12	850	238	4 ~ 28	45	4 000	1 040	16 ~ 32
13	900	250	4 ~ 28	46	4 100	1 065	16 ~ 32
14	950	263	4 ~ 28	47	4 200	1 090	16 ~ 32
15	1 000	275	4 ~ 28	48	4 300	1 115	16 ~ 32
16	1 100	300	5 ~ 32	49	4 400	1 140	16 ~ 32
17	1 200	325	5 ~ 32	50	4 500	1 165	16 ~ 32
18	1 300	350	6 ~ 32	51	4 600	1 190	16 ~ 32
19	1 400	375	6 ~ 32	52	4 700	1 215	16 ~ 32
20	1 500	400	6 ~ 32	53	4 800	1 240	16 ~ 32
21	1 600	425	6 ~ 32	54	4 900	1 265	16 ~ 32
22	1 700	450	8 ~ 32	55	5 000	1 290	16 ~ 32
23	1 800	475	8 ~ 32	56	5 100	1 315	16 ~ 32
24	1 900	500	8 ~ 32	57	5 200	1 340	16 ~ 32
25	2 000	525	8 ~ 32	58	5 300	1 365	16 ~ 32
26	2 100	565	8 ~ 32	59	5 400	1 390	16 ~ 32
27	2 200	590	8 ~ 32	60	5 500	1 415	16 ~ 32
28	2 300	615	10 ~ 32	61	5 600	1 440	16 ~ 32
29	2 400	640	10 ~ 32	62	5 700	1 465	16 ~ 32
30	2 500	665	10 ~ 32	63	5 800	1 490	16 ~ 32
31	2 600	690	10 ~ 32	64	5 900	1 515	16 ~ 32
32	2 700	715	10 ~ 32	65	6 000	1 540	16 ~ 32
33	2 800	740	10 ~ 32	—	—	—	—

以外径为基准的椭圆形封头(EHB),$D_o/2(H-h)=2, DN=D_o$

序号	公称直径 DN	总深度 H	名义厚度 δ_n	序号	公称直径 DN	总深度 H	名义厚度 δ_n
1	159	65	4 ~ 8	4	325	106	6 ~ 12
2	219	80	5 ~ 8	5	377	119	8 ~ 14
3	273	93	6 ~ 12	6	426	132	8 ~ 14

注:名义厚度 δ_n 系列:2,3,4,5,6,8,10,12,14,16,18,20,22,24,26,28,30,32。

附表 8 管道法兰及垫片

凸面板式平焊钢制管法兰

（摘自 JB/T 81—1994）

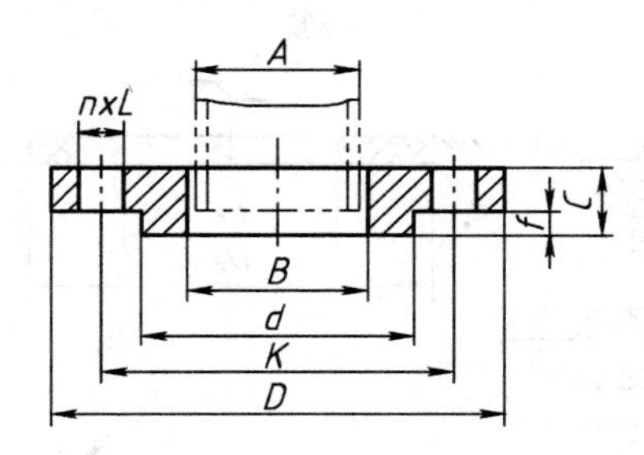

管道法兰用石棉橡胶垫片

（摘自 JB/T 87—1994）

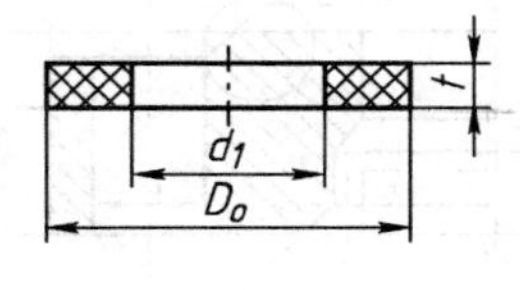

mm

凸面板式平焊钢制管法兰																
公称压力 PN/MPa	公称直径 DN	10	15	20	25	32	40	50	65	80	100	125	150	200	250	300
直径																
0.25 0.6 1.0 1.6	管子外径 A	14	18	25	32	38	45	57	73	89	108	133	159	219	273	325
	法兰内径 B	15	19	26	33	39	46	59	75	91	110	135	161	222	276	328
	密封面厚度 f	2	2	2	2	2	3	3	3	3	3	3	3	3	3	4
0.25 0.6	法兰外径 D	75	80	90	100	120	130	140	160	190	210	240	265	320	375	440
	螺栓中心直径 K	50	55	65	75	90	100	110	130	150	170	200	225	280	335	395
	密封面直径 d	32	40	50	60	70	80	90	110	125	145	175	200	255	310	362
1.0 1.6	法兰外径 D	90	95	105	115	140	150	165	185	200	220	250	285	340	395	445
	螺栓中心直径 K	60	65	75	85	100	110	125	145	160	180	210	240	295	350	400
	密封面直径 d	40	45	55	65	78	85	100	120	135	155	185	210	265	320	368
厚度																
0.25	法兰厚度 C	10	10	12	12	12	12	14	12	14	14	14	16	18	22	22
0.6		12	12	14	14	16	16	16	16	16	18	20	20	22	24	24
1.0		12	12	14	14	16	16	18	20	20	22	24	24	24	26	28
1.6		14	14	16	18	18	20	22	24	24	26	28	28	30	32	32
螺栓																
0.25	螺栓数量 n	4	4	4	4	4	4	4	4	4	4	8	8	8	12	12
1.0		4	4	4	4	4	4	4	4	4	8	8	8	8	12	12
1.6		4	4	4	4	4	4	4	4	8	8	8	8	12	12	12
0.25 0.6	螺栓孔直径 L	12	12	12	12	14	14	14	14	18	18	18	18	18	18	23
	螺栓规格	M10	M10	M10	M10	M12	M12	M12	M12	M16	M16	M16	M16	M16	M16	M20
1.0	螺栓孔直径 L	14	14	14	14	18	18	18	18	18	18	18	23	23	23	23
	螺栓规格	M12	M12	M12	M12	M16	M16	M16	M16	M16	M16	M16	M20	M20	M20	M20
1.6	螺栓孔直径 L	14	14	14	14	18	18	18	18	18	18	18	23	23	26	26
	螺栓规格	M12	M12	M12	M12	M16	M16	M16	M16	M16	M16	M16	M20	M20	M24	M24
管道法兰用石棉橡胶垫片																
0.25,0.6	垫片外径 D_0	38	43	53	63	76	86	96	116	132	152	182	207	262	317	372
1.0		46	51	61	71	82	92	107	127	142	162	192	217	272	327	377
1.6		46	51	61	71	82	92	107	127	142	162	192	217	272	330	385
垫片内径 d_1		14	18	25	32	38	45	57	76	89	108	133	159	219	273	325
垫片厚度 t		2														

附表 9　设备法兰及垫片

甲型平焊法兰(平密封面)
(摘自 JB/T 4701—2000)

非金属软垫片
(摘自 JB/T 4701—2000)

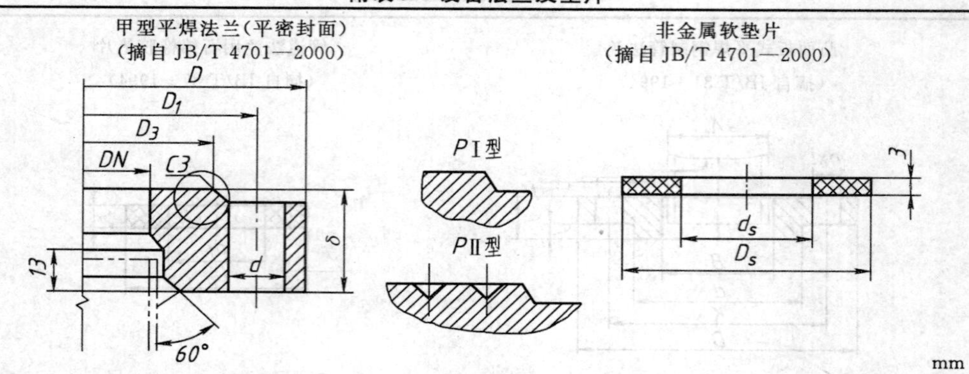

mm

公称直径	甲型平焊法兰					螺　柱		非金属软垫片	
DN	D	D_1	D_3	δ	d	规格	数量	D_s	d_s
PN=0.25 MPa									
700	815	780	740	36			28	739	703
800	915	880	840	36	18	M16	32	839	803
900	1 015	980	940	40			36	939	903
1 000	1 130	1 090	1 045	40			32	1 044	1 004
1 200	1 330	1 290	1 241	44			36	1 240	1 200
1 400	1 530	1 490	1 441	46			40	1 440	1 400
1 600	1 730	1 690	1 641	50	23	M20	48	1 640	1 600
1 800	1 930	1 890	1 841	56			52	1 840	1 800
2 000	2 130	2 090	2 041	60			60	2 040	2 000
PN=0.6 MPa									
500	615	580	540	30	18	M16	20	539	503
600	715	680	640	32			24	639	603
700	830	790	745	36			24	744	704
800	930	890	845	40			24	844	804
900	1 030	990	945	44	23	M20	32	944	904
1 000	1 130	1 090	1 045	48			36	1 044	1 004
1 200	1 300	1 290	1 241	60			52	1 240	1 200
PN=1.0 MPa									
300	415	380	340	26	18	M16	16	339	303
400	515	480	440	30			20	439	403
500	630	590	545	34			20	544	504
600	730	690	645	40			24	644	604
700	830	790	745	46	23	M20	32	744	704
800	930	890	845	54			40	844	804
900	1 030	990	945	60			48	944	904
PN=1.6 MPa									
300	430	390	345	30			16	344	304
400	530	490	445	36	23	M20	20	444	404
500	630	590	545	44			28	544	504
600	730	690	645	54			40	644	604

附表 10　人孔与手孔

常压人孔（摘自 JB 577—1979）

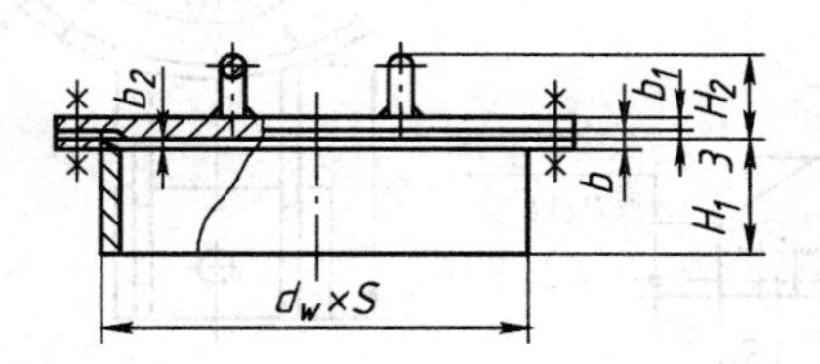

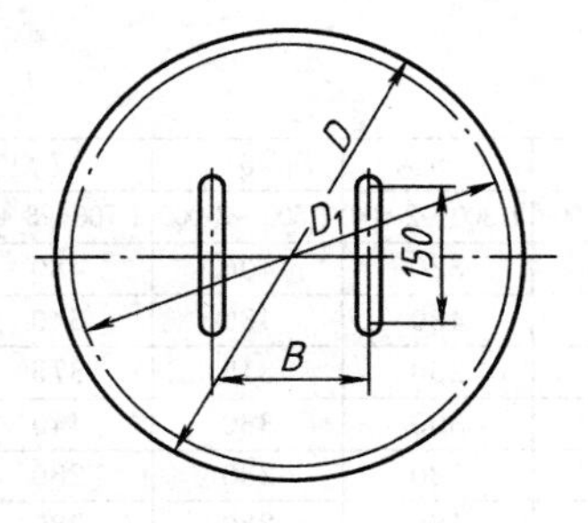

平盖手孔（摘自 JB 589—1979）

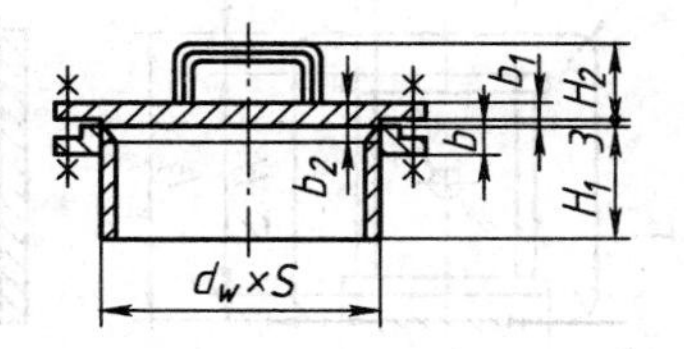

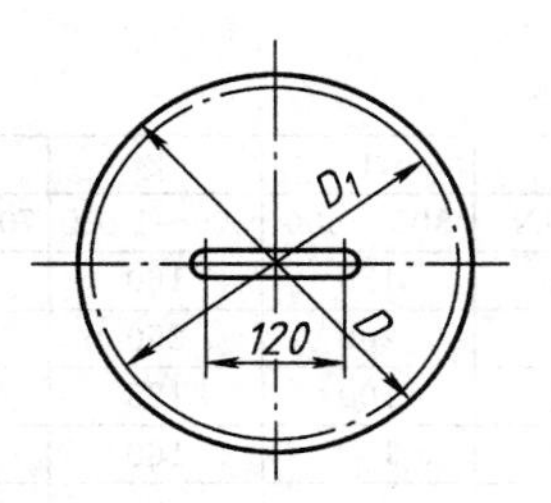

常　压　人　孔

mm

公称压力	公称直径	$d_w \times S$	D	D_1	b	b_1	b_2	H_1	H_2	B	螺　栓	
											数量	规格
常压	400	426×6	515	480	14	10	12	150	90	250	16	M16×50
	450	480×6	570	535	14	10	12	160	90	250	20	M16×50
	500	530×6	620	585	14	10	12	160	92	300	20	M16×50
	600	630×6	720	685	16	12	14	180	92	300	24	M16×50
平　盖　手　孔												
1.0	150	159×4.5	280	240	24	16	18	160	82	—	8	M20×65
	250	273×8	390	350	26	18	20	190	84	—	12	M20×70
1.6	150	159×6	280	240	28	18	20	170	84	—	8	M20×70
	250	273×8	405	355	32	24	26	200	90	—	12	M22×85

附表 11　耳式支座(摘自 JB/T 4712.2—2007)

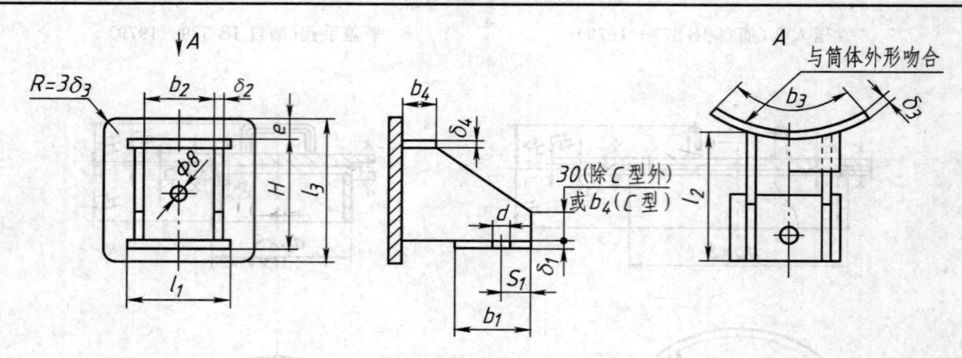

mm

支座号			1	2	3	4	5	6	7	8
适用容器公称直径 DN			300～600	500～1 000	700～1 400	1 000～2 000	1 300～2 600	1 500～3 000	1 700～3 400	2 000～4 000
高度 H		A、B 型	125	160	200	250	320	400	480	600
		C 型	200	250	300	360	430	480	540	650
底板	l_1	A、B 型	100	125	160	200	250	315	375	480
		C 型	130	160	200	250	300	360	440	540
	b_1	A、B 型	60	80	105	140	180	230	280	360
		C 型	80	80	105	140	180	230	280	360
	δ_1	A、B 型	6	8	10	14	16	20	22	26
		C 型	8	12	14	18	22	24	28	30
	S_1	A、B 型	30	40	50	70	90	115	130	145
		C 型	40	40	50	70	90	115	130	140
	c	C 型	—	—	—	90	120	160	200	280
肋板	l_2	A 型	80	100	125	160	200	250	300	380
		B 型	160	180	205	290	330	380	430	510
		C 型	250	280	300	390	430	480	530	600
	b_2	A 型	70	90	110	140	180	230	280	350
		B 型	70	90	110	140	180	230	270	350
		C 型	80	100	130	170	210	260	310	400
	δ_2	A 型	4	5	6	8	10	12	14	16
		B 型	5	6	8	10	12	14	16	18
		C 型	6	6	8	10	12	14	16	18
垫板	l_3	A、B 型	160	200	250	315	400	500	600	700
		C 型	260	310	370	430	510	570	630	750
	b_3	A、B 型	125	160	200	250	320	400	480	600
		C 型	170	210	260	320	380	450	540	650
	δ_3	A、B、C 型	6	6	8	8	10	12	14	16
	e	A、B 型	20	24	30	40	48	60	70	72
		C 型	30	30	35	35	40	45	45	50
盖板	b_4	A 型	30	30	30	30	30	50	50	50
		B、C 型	50	50	50	70	70	100	100	100
	δ_4	A 型	—	—	—	—	—	12	14	16
		B 型	—	—	—	—	—	14	16	18
		C 型	8	10	12	12	14	14	16	18
地脚螺栓	d	A、B 型	24	24	30	30	30	36	36	36
		C 型	24	30	30	30	30	36	36	36
	规格	A、B 型	M20	M20	M24	M24	M25	M30	M30	M30
		C 型	M20	M24	M24	M24	M25	M30	M30	M30

注:A、B 型,支座号 1～5,无盖板;C 型,支座号 4～8,双地脚螺栓,二螺栓孔水平中心距为 c。

附表 12 鞍式支座(摘自 JB/T 4712.1—2007)

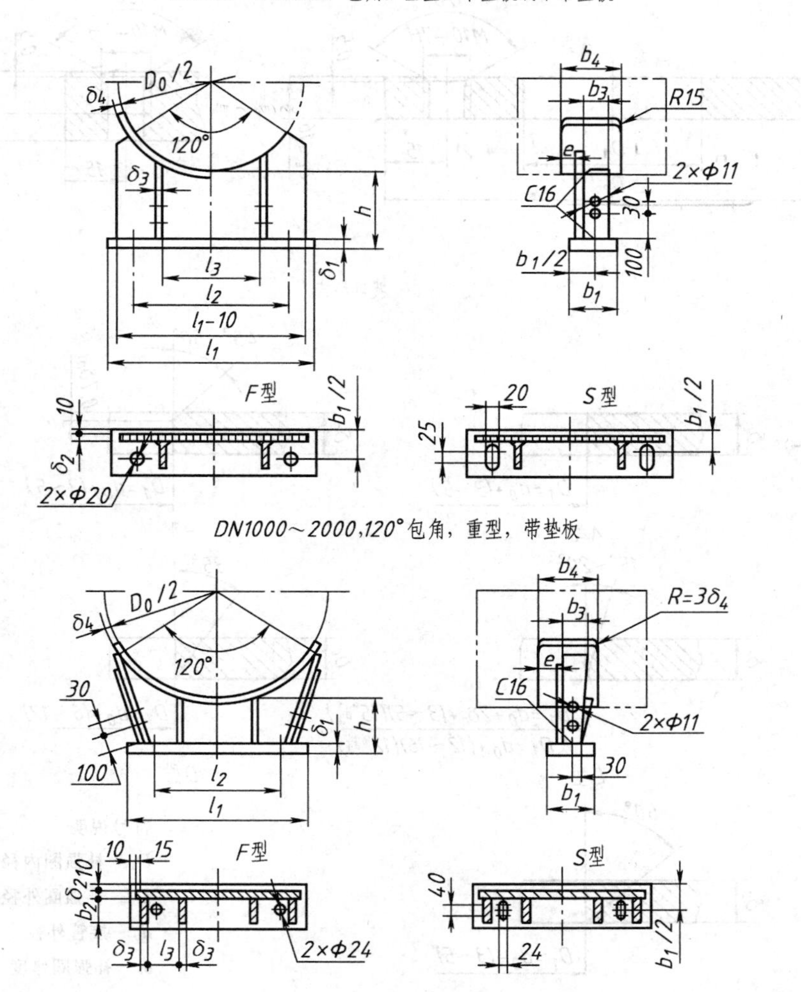

mm

型式特征	公称直径 DN	鞍座高度 h	底板			腹板 δ_2	肋板				垫板				螺栓间距
			l_1	b_1	δ_1		l_3	b_2	b_3	δ_3	弧长	b_4	δ_4	e	l_2
DN500～900	500		460				250				590				330
120°包角	550		510				275				650				360
重型带垫板	600		550			8	300			8	710	200		56	400
或不带垫板	650	200	590	159	10		325	—	120		770		6		430
	700		640				350				830				460
	800		720			10	400			10	940	260		65	530
	900		810				450				1 060				590
DN1000～2000	1 000		760			8	170			8	1 180				600
120°包角	1 100		820				185				1 290				660
重型带垫板	1 200	200	880	170	12		200	140	200		1 410	350	8	70	720
	1 300		940			10	215			10	1 520				780
	1 400		1 000				230				1 640				840
	1 500		1 060				240				1 760				900
	1 600		1 120	200		12	255	170	240		1 870	440			960
	1 700	250	1 200		16		275			12	1 990		10	90	1 040
	1 800		1 280				295				2 100				1 120
	1 900		1 360	220		14	315	190	260		2 220	460			1 200
	2 000		1 420				330				2 330				1 260

附表 13 补强圈(摘自 JB/T 4736—2002)

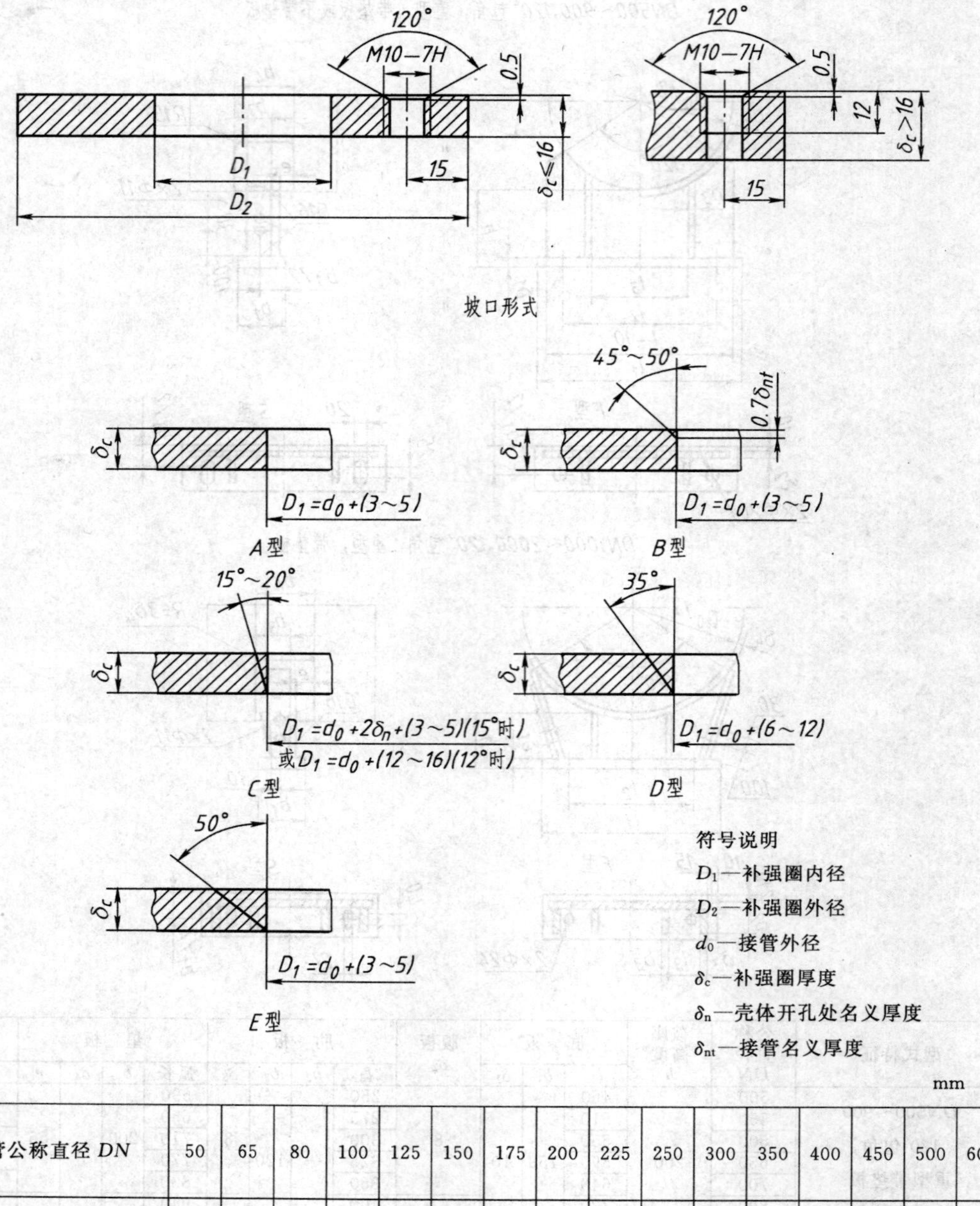

符号说明

D_1—补强圈内径

D_2—补强圈外径

d_0—接管外径

δ_c—补强圈厚度

δ_n—壳体开孔处名义厚度

δ_{nt}—接管名义厚度

mm

接管公称直径 DN	50	65	80	100	125	150	175	200	225	250	300	350	400	450	500	600
外径 D_2	130	160	180	200	250	300	350	400	440	480	550	620	680	760	840	980
内径 D_1	按补强圈坡口类型确定															
厚度系列 δ_c	4,6,8,10,12,14,16,18,20,22,24,26,28,30															

附录 E　化工工艺图常用设备代号和图例

附表 14　化工工艺图常用设备代号和图例(摘自 HG 20519.31—1992)

名称	符号	图　例	名称	符号	图　例
容器	V	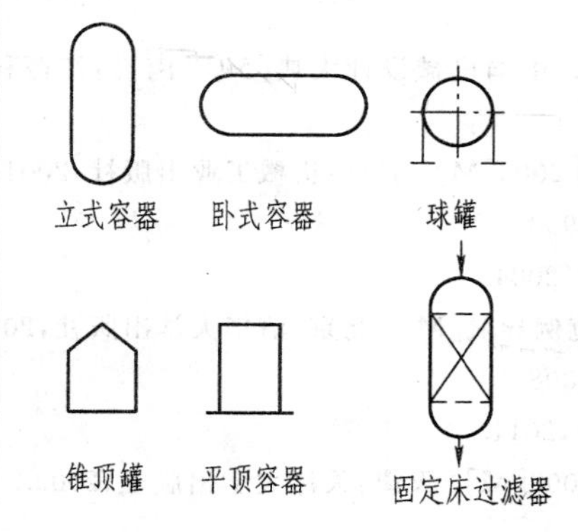 立式容器　卧式容器　球罐 锥顶罐　平顶容器　固定床过滤器	反应器	R	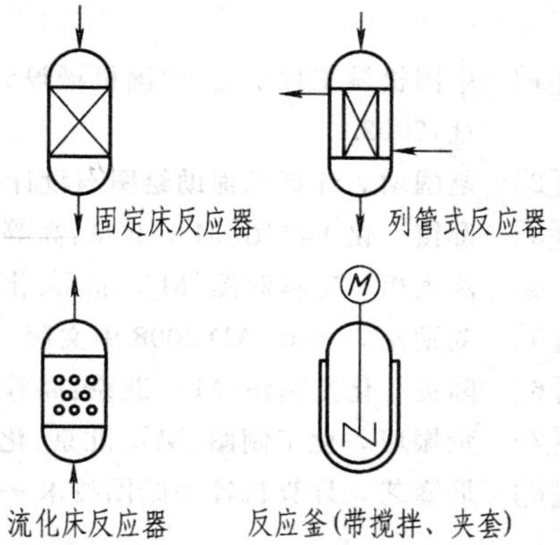 固定床反应器　列管式反应器 流化床反应器　反应釜(带搅拌、夹套)
塔器	T	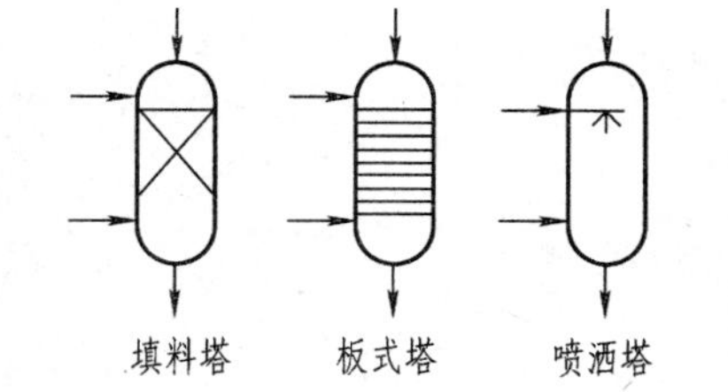 填料塔　板式塔　喷洒塔	压缩机	C	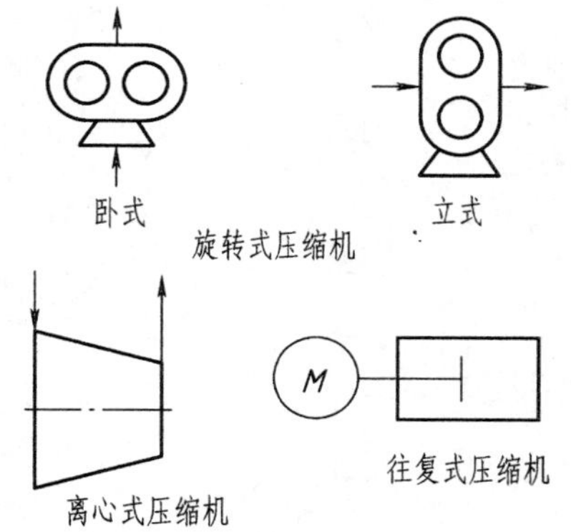 卧式　旋转式压缩机　立式 离心式压缩机　往复式压缩机
换热器	E	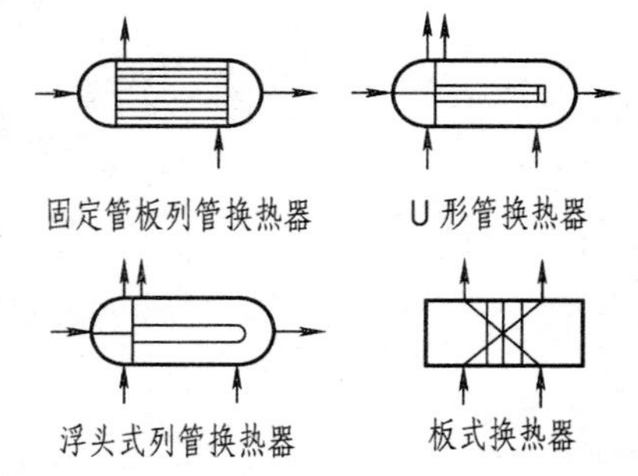 固定管板列管换热器　U 形管换热器 浮头式列管换热器　板式换热器	泵	P	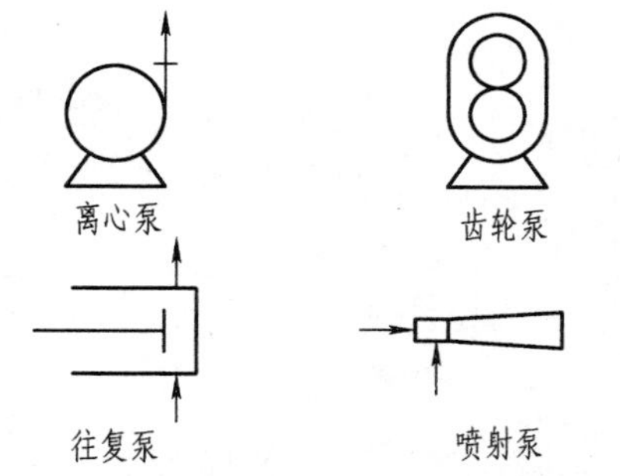 离心泵　齿轮泵 往复泵　喷射泵
动力机		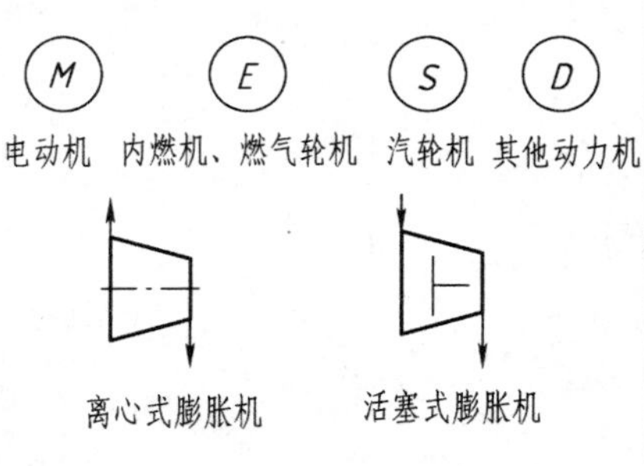 电动机　内燃机、燃气轮机　汽轮机　其他动力机 离心式膨胀机　活塞式膨胀机	火炬烟囱		 火炬　烟囱

参 考 文 献

[1] 中国机械工程学会,中国机械设计大典编委会. 中国机械设计大典[M]. 南昌:江西科学技术出版社,2002.

[2] 赵国增. 计算机辅助绘图与设计——AutoCAD 2000[M]. 北京:机械工业出版社,2001.

[3] 邸镇. 化工制图[M]. 北京:高等教育出版社,1993.

[4] 路大勇. 工程制图[M]. 北京:化学工业出版社,2004.

[5] 刘劲松. AutoCAD 2008 中文版——机械设计范例导航[M]. 北京:清华大学出版社,2007.

[6] 陆英. 化工制图[M]. 北京:高等教育出版社,2008.

[7] 董振珂. 化工制图[M]. 北京:化学工业出版社,2011.

[8] 邢锋芝. 计算机辅助绘图技术——AutoCAD 2009[M]. 天津:天津大学出版社,2009.